普通高等教育"十二五"规划教材

材料成形设备

周志明　直　妍　罗　静　主编

黄伟九　主审

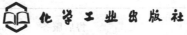

·北京·

本书共分九章，第一章概述了材料成形设备的地位、发展概况及发展趋势，第二～九章分别系统地介绍了曲柄压力机、其他类型压力机（挤压机、双动拉深压力机、热模锻压力机、精冲压力机、高速压力机等）、螺旋压力机、液压机、锻锤、塑料挤出机、注射机和压铸机等材料成形设备的工作原理、典型结构、控制系统、性能特点、主要技术参数与使用等。本书内容深入浅出，图文并茂，为便于教学，并配套电子课件。

本书可作为高等工科院校机械制造及其自动化专业、材料成型及控制工程专业、模具设计专业的"材料成形设备"课程教材，也可作为高职高专相关专业教材，还可供与本专业有关的生产和技术人员参考。

图书在版编目（CIP）数据

材料成形设备/周志明，直妍，罗静主编．北京：化学工业出版社，2015.12（2022.2重印）
普通高等教育"十二五"规划教材
ISBN 978-7-122-24280-8

Ⅰ.①材…　Ⅱ.①周…②直…③罗…　Ⅲ.①工程材料-成型-设备-高等学校-教材　Ⅳ.①TB3

中国版本图书馆 CIP 数据核字（2015）第 128699 号

责任编辑：韩庆利　　　　　　　　　　　文字编辑：张绪瑞
责任校对：宋　玮　　　　　　　　　　　封面设计：关　飞

出版发行：化学工业出版社（北京市东城区青年湖南街 13 号　邮政编码 100011）
印　　装：天津盛通数码科技有限公司
787mm×1092mm　1/16　印张 15½　字数 402 千字　2022 年 2 月北京第 1 版第 3 次印刷

购书咨询：010-64518888　　　　　　　　售后服务：010-64518899
网　　址：http://www.cip.com.cn
凡购买本书，如有缺损质量问题，本社销售中心负责调换。

定　价：45.00 元

前　言

本书是根据高等院校材料成型及控制工程专业、机械制造及其自动化专业所要求的教学大纲编写的。本书可作为高等工科院校机械制造及其自动化专业、材料成型及控制工程专业、模具设计专业的"材料成形设备"课程教材，也可作为高职高专相关专业教材，还可供装甲车辆工程、武器系统与工程、特种能源技术与工程等兵器类专业相关的生产和技术人员参考。

由于全国各兄弟院校的专业基础、专业方向、专业定位、教学计划和教学重点等不尽相同，因此在培养模式及培养计划等方面均存在较大差异。对材料成形设备课程的内容、重点、学时数等方面的要求也有较大的差别，所以本书编写时只能根据一般的要求，对材料成形设备课程的内容作必要的保证，各兄弟院校在使用过程中完全可以根据本校教学上的要求，在内容上作必要的取舍与补充，讲授顺序也可适当调整。鉴于多数院校的学生在学习本课程之前已学习了液压传动课程，故在本书中对液压传动的基本内容不再重复。

全书共分九章，第一章概述了材料成形设备的地位、发展概况及发展趋势，第二～九章分别系统地介绍了曲柄压力机、其他类型压力机（挤压机、双动拉深压力机、热模锻压力机、精冲压力机、高速压力机等）、螺旋压力机、液压机、锻锤、塑料挤出机、注射机和压铸机等材料成形设备的工作原理、典型结构、控制系统、性能特点、主要技术参数与使用等。

本书由重庆理工大学的周志明、直妍、罗静主编，全书由周志明进行统稿，由黄伟九主审。周志明编写第一章并撰写了前言，第二、三、四章由直妍编写，第五、六章由罗静编写，第七、八章由直妍与罗静编写，第九章由直妍与周志明编写。涂坚、柴林江与黄灿参与了部分编写与校稿。

本书在编写过程中分别得到重庆市和重庆理工大学教育教学改革研究项目、重庆市研究生教育教学改革项目、重庆理工大学重大教学改革培育项目和重庆理工大学规划教材基金等资助，在此谨致谢意。

本书配套有电子课件，可赠送给用本书作为主教材的院校和老师，如果有需要，可登陆www.cipedu.com.cn下载。

由于时间仓促，水平有限，对书中存在的疏漏和欠妥之处，恳请读者批评指正。

编者

目 录

第一章　绪　　论

一、材料成形加工在现代工业生产中的地位和作用

装备制造业的整体能力和水平决定着国家的经济实力、国防实力、综合国力和在全球经济形势下的竞争与合作能力，决定着国家实现现代化和民族复兴的进程。装备制造业承担着为国民经济各行业提供装备的重任，带动性强，涉及面广。装备制造业的技术水平不仅决定了相关产业的质量、效益和竞争力的高低，而且是传统产业借以实现产业升级的基础和根本手段。没有强大的装备制造业，就不可能实现生产力的跨越发展；就不会有现代化和国家的富强，经济的繁荣；国防和军事装备现代化，国家军事和政治的安全也就无从谈起。

知识经济的出现和信息技术的发展，无不以制造业作为物质载体。目前发达国家的装备制造业仍占重要地位，如美国、德国和日本的装备制造业是世界上最发达和最先进的，在国际市场上的竞争力也是最强的，这三个国家始终把装备制造业作为支撑产业和立国强国之本，从未受到削弱。由此看来，高度发达的装备制造业和先进制造技术已成为衡量一个国家国际竞争力的重要标志，是在竞争激烈的国际市场上获胜的关键因素。

材料成形加工（以模具为基本工具使制件获得所需的尺寸和形状）具有生产率高，材料利用率高和改善了制件的内部组织及力学性能等显著特点，因此在装备制造业中占有举足轻重的地位。例如塑性成形时，移动材料单位体积的速度比切削加工快，生产效率高，而且可大量节约原材料；塑性成形不仅能改善材料内部的结构和缺陷，还能充分利用成形过程中形成的纤维组织的方向性，从而大大提高制件的力学性能；一般的冲压件、塑料件或压铸件一经成形即为成品，无需再进行切削加工或只需很少量的切削加工，因此制件重量轻、材料利用率高；一个设计好的塑料件，往往可以代替数个传统的结构件，并可利用其弹性和韧性设计为卡装结构，使产品装配所需的各种紧固件成倍减少，大大降低了金属的消耗量和加工、装配工时；成形生产制件的精度稳定，特别适合于大批量生产，用模具生产的最终产品的价值，往往是模具自身价值的几十倍、上百倍。用模具生产的制件所表现出来的高精度、高复杂程度、高一致性、高生产率和低消耗，是其他加工制造方法所无法比拟的。由于材料成形加工所具有的独特优点，使得材料成形技术在生产中的应用范围在逐步扩大，成形技术的发展也越来越引起世界各国的重视。材料成形技术生产的零件数量在各行各业中所占的比例很大，如：在航空工业中占85%以上；汽车工业中占80%以上；电器、仪表工业中占90%以上；农机、拖拉机工业中占70%以上。

材料成形加工主要有两种：一是成形（Forming），即毛坯（一般指固态金属或非金属）在外界压力的作用下，借助于模具通过材料的塑性变形来获得模具所给予的形状、尺寸和性能的制品；二是成型（Moulding），它是指液态或半固态的原材料（金属或非金属）在外界压力（或自身重力）作用下，通过流动填充模型（或模具）的型腔来获得与型腔的形状和尺寸相一致的制品。由于二者都是借助于外界压力的作用，通过模具来实现生产的，故在本书的一般性叙述中对二者未加严格的区分，而统一使用成形。

因此，材料成形加工水平的高低已成为衡量一个国家产品制造水平的重要标志，直接影响着产品生产的质量、效益和新产品的开发能力，在很大程度上决定了一个企业在市场竞争中的反应速度和能力。随着精密成形、少无切削技术的发展，降低生产成本、减少产品重量、提高产品性能和质量要求的不断提高，成形生产在工业、国防、航空航天以及其他各种

装备制造业中的作用会越来越大。目前精密成形技术（Net Shape Forming）和准精密成形技术（Near Net Shape Forming）是成形技术领域研究的重点。各种成形技术如粉末注射成形（Powder Injection Molding，PIM）和快速成形（Rapid Prototyping，RP）等技术的发明，为材料加工成形注入了全新的概念。目前，基于自由成形（Free Form Fabrication）原理的多种技术和方法已进入了实用阶段，如激光液相烧结技术（Stereo Lithography Apparatus，SLA）、选择性激光烧结（Selective Laser Sintering，SLS）、分层压制模技术（Laminated Object Modeling，LOM）、熔化沉积制模技术（Fused Deposition Modeling，FDM）、3D打印技术（3-D Printing Processes）等。这些技术的发展和应用已引起成形技术的一场变革，并正在改变着传统的机械制造业。

二、材料成形设备在材料成形加工中的作用

材料成形设备是指用以实现材料成形的装置，它随着材料成形技术的发展而发展，又为材料成形技术的发展和进步提供了有利的支撑和保障。在各种成形生产中，成形设备都是保证生产正常进行和技术不断进步的重要手段和主要组成部分，更是工业和国民经济发展所必需的基础装备之一。成形设备的装备水平、工作能力、完善程度及其使用潜力的发挥对于提高产品质量、降低生产成本、改善劳动条件、实现新工艺等都具有重要的作用。

材料成形设备不仅影响着成形加工的水平、数量和质量，而且关系到我国装备制造业的能力和水平。材料成形设备的技术水平、生产能力和自动化程度直接影响着我国工业、农业、国防、航空航天等行业的发展和技术进步，影响着我国现代化进程。随着计算机技术、自动控制技术、网络通信技术和新材料技术的发展，研制开发新型材料成形设备，提高材料成形设备技术性能、产品质量、生产能力和自动化程度，对于加快我国装备制造业的发展，促进工业、农业、国防和航空航天等行业的技术进步和现代化进程，具有重要意义。实现材料成形设备高度的自动化在经济方面和社会方面也将获得很大的效益，这些作用和效益主要表现在如下几个方面。

（1）大大提高了生产率，降低了工人的劳动强度。以现代压铸机为例，每小时可压铸60～180次，最高可达500次，可实现自动化、半自动化生产，故在生产率大为提高的同时，工人的劳动强度大大降低。除自动化的单机生产外，计算机控制的全自动生产加工流水线、装备线等，能自动完成从原材料的输送与准备、多工序的成形加工、零件处理直至产品库存等众多工部，同时完成产品质量的在线检测与控制，生产现场的工人少，操作人员只需在控制室内监视生产过程。

（2）提高了产品质量与精度，降低了原材料消耗。机械化、自动化生产可避免人力生产中的人为因素影响（如疲劳、情绪等），保障产品的质量与精度、大大降低原材料的消耗。例如精密模锻成形的零件的尺寸精度和表面质量要大大优于自由锻成形的零件，前者通常的尺寸精度为IT7～IT8，表面粗糙度为$Ra=3.2\sim0.8\mu m$，而后者的尺寸精度通常为IT11～IT12，表面粗糙度为$Ra=12.5\mu m$；在原材料的利用率方面，精密模锻成形工艺也要远远高于自由锻成形工艺。

（3）缩短了产品设计至实际投产时间。以往新产品研制的周期长，费用高，修改困难。快速成形（RP）技术及装备的出现，使得新产品的设计、（原型）评价、修改、制造等过程形成了一个整体的闭环系统。大大缩短了新产品的研制时间和开发费用。RP技术可以在较短的时间内（数小时或数天）将设计图纸或CAD模型制成即实体零件原型，设计人员可根据零件原型对设计方案进行评定、分析、模拟试验、生产可行性评估，并能迅速取得用户对设计方案的反馈信息，通过CAD对设计方案作修改和再验证。用RP装备制作的零件原型还可直接用于产品装配试验或作某些特殊的功能试验。新产品的快速研制与定型，也大大缩

短了产品大规模生产的时间。

（4）减少制品的库存。实现生产管理的装备与自动化，可通过各个管理子系统及时、准确地处理大量数据，对器件、设备、人力、技术资料进行组织、协调，保证在规定的时间、人力和消耗限额内完成生产任务，生产的制品也可及时地输出，因此可大大减少生产制品的库存量。

（5）改善操作环境，实现安全和清洁生产。随着环境保护和安全生产的意识不断加强，环保和清洁生产工艺与装备大量采用。除尘设备、降噪设备的使用，使得工人的操作环境及劳动条件大为改善；生产废料（废渣、废气、废水等）再生回用（或无害处理），大大减少了生产资源浪费和对环境的污染，符合绿色可持续发展的时代要求。

由于成形生产所涉及的领域很宽，成形设备的种类也名目繁多，受篇幅所限，在本书中仅就成形生产中最常见到的部分设备，如锻压设备和压铸等金属成形设备、塑料成型设备等进行介绍，详细的分类情况请参阅有关国家标准。

三、我国成形设备的发展概况和现状

金属材料锻造成形的历史可追溯到 2000 多年以前，然而直到第一次工业革命，手工锻造才被机器锻造所取代。伴随着蒸汽机的发明和蒸汽作为动力的应用，19 世纪出现了工业汽锤，有关热力学理论和蒸汽锤的设计理论也逐渐完善。1650 年法国人帕斯卡（Blaise Pascal）提出了封闭静止流体中压力传递的帕斯卡原理，1795 年英国人约瑟·步拉默（Joseph Bramah）根据帕斯卡原理发明了世界上第一台水压机。1870 年，应用液压传动技术的液压机、挤压机、剪切机和铆接机等锻压设备已得到了普遍应用。电气技术的发展和电动机驱动的应用，促进了机械压力机的发展；以矿物油作为工作介质的液压元件的出现和液压技术的发展，促进了液压机和液气驱动锻锤的发展。特别是 20 世纪 50 年代以后，随着计算机技术、控制技术、液压技术、加工制造技术和材料科学的发展，材料成形设备得到了快速发展，设备能力进步提高，产品种类和应用范围进一步扩大，设备性能进一步完善，控制手段更趋先进，在装备制造业中发挥了和正在发挥着越来越大的作用。

我国材料成形设备的设计制造在 1949 年以前几乎是空白，新中国成立以后，通过引进技术、仿制和自行研制等方式，我国材料成形设备的设计制造从无到有，从小到大，建立了较完整的设计、研制和生产体系，逐步发展成为国民经济建设的重要装备来源。概括地说，我国成形设备工业的发展大体可以分为如下几个阶段：

（1）测绘仿制逐步过渡到自行设计制造阶段。从新中国成立初期到 20 世纪 60 年代末，我国首先从测绘和引进技术入手，仿制国外 20 世纪三四十年代的成形设备，如蒸汽-空气自由锻锤和模锻锤、小型摩擦压力机和曲柄压力机、小型四柱式液压机、塑料制品液压机等，到 1957～1962 年间，我国已开始自行设计和制造各种成形设备，成形设备产品已逐步由测绘仿制发展到改进设计阶段，产品的产量和品种都有了很大的增长，同时也初步建立起了一支从事成形设备设计和制造的技术队伍。20 世纪 60 年代初，以万吨水压机为代表的各种金属成形设备的研制成功，标志着我国装备制造业有了自己的脊梁，为我国工业、农业、国防等行业的发展提供了强有力的支撑。20 世纪 60 年代末期，我国开始大力发展成形设备的新品种，到 20 世纪 70 年代末，我国成形设备产品在数量、品种、质量和技术水平等方面都有了长足的发展，这主要表现在以下几个方面：成形设备的拥有量迅速增长，占到全国机床总量的 20% 以上，产量达到了 1949 年的 150 多倍；我国能够自行设计和制造的品种大幅度增加，其中不少填补了我国的空白，部分产品开始向国外出口，如 60000kN 锻造液压机、8000kN 闭式双点压力机、数控冲模回转头压力机、塑料挤出成型机；制定了各类设备的系列参数标准和重要产品的技术条件与精度标准，使成形设备的设计和制造工作初步走上了

规范化、专业化的道路；对有关的基础理论、设计方法开始进行较为深入、系统的研究，各种新技术开始在生产和制造中获得应用，并取得了一定的成就。

（2）引进、吸收与合作生产阶段。进入 20 世纪 80 年代，我国实行改革开放政策，材料成形设备制造行业大力推进技术进步和科技创新，采取自主开发，引进国际先进技术和合作生产等多种方式，大大提高了设计开发能力和制造水平。首先，通过广泛引进消化吸收国外的先进技术，并将其移植推广到原有产品的设计和制造中去，促进了产品的更新换代，提高了产品的技术水平，并发展了一批高性能、高水平的产品，加快了产品结构调整的步伐。如广东东莞东华机械公司生产了标称注射量达 $74000cm^3$ 的注射机，这是当时我国生产的最大型号的注射机，该厂生产的标称注射量为 $19520cm^3$ 的 TTI-2500 注射机达到了 20 世纪 90 年代国际先进水平。锻压机械方面，济南第二机床厂引进吸收了美国威尔森公司的机械压力机设计制造技术，黄石锻压机床厂消化吸收了比利时 LVD 公司的液压剪板机和液压折弯机产品的设计技术等。其次，通过广泛开展科研工作并将其成果大量应用于成形设备的设计制造中，提高了产品的设计、制造水平，并取得了显著的技术经济效益。如华中科技大学与黄石锻压机床厂于 1991 年研制成功的国家"七五"重点攻关项目——RD-W67 K-135/300 型板材柔性加工单元，这是一种机电一体化的高科技产品，广泛用于机械、电子、轻纺、航空、交通、船舶等行业。如由济南铸造锻压机械研究所承担完成的"压力机 CAD 系统开发应用"课题成果可用于 J21 系列及其派生系列开式压力机的设计，不仅提高了产品设计水平，还使设计速度提高 5 倍以上。北京化工大学与湖南华云机械厂研制成功的 SJ35-20 D 双螺杆挤出机，适用于多种热塑性塑料的挤出，特别适合于热敏性聚氯乙烯粉状物料的直接挤出成型，主要技术指标达到了国外同类产品 20 世纪 80 年代的水平。另外，由于微电子技术、数控和计算机数控技术获得较为广泛的应用，研制、生产出了一批技术水平高、产品质量好，可满足我国重点行业、重点项目的适用产品。如济南第二机床厂自主研发机电一体化的 J47-1250/2000 闭式四点双动拉深压力机，为我国轿车工业提供了急需的关键设备，标志着我国机械压力机的设计、制造达到了国际 20 世纪 80 年代末同类产品的技术水平，填补了国内的空白。此外，在制造生产通用设备的同时，注重各种专用设备的研制，如金刚石成形液压机，铜材、铝材挤压机等。在开发生产金属成形设备的同时，大力发展各种非金属材料的成形加工设备。

（3）数控化、柔性化和专业化的自主创新高速发展阶段。20 世纪 90 年代中期以后随着市场需求的加大、国家经济结构的调整和与国际接轨步伐的加快，成形设备行业步入了新一轮的高速增长阶段，自主开发能力进一步增强，专业化生产发展迅速，并取得了快速的发展。大型关键成套设备的设计制造能力有了明显提高，如济南第二机床厂为通用五菱青岛汽车分公司生产的单臂送料全自动快速冲压生产线，在关键核心技术上实现了众多突破，集成了国际先进的快速送料、大吨位长行程八连杆驱动、压力机多点卸荷、全自动换模等新技术，每分钟可生产 12 个轿车大型覆盖件，全线全自动换模时间不到 5min。随后为上海通用烟台东岳汽车开发研制的 42000kN 全自动双臂快速送料冲压线，其技术水平再次攀升，冲压次数由 12 件/min 提高到 15 件/min，快速送料系统实现了由单臂到双臂，运行模式由断续运行到连续运行，同时采用了打破国外垄断的数控液压拉伸垫技术，是目前国内汽车行业应用功能最全、性能和标准最高的冲压生产线。这一项目的研制成功，打破了国外企业在国内高端汽车市场的垄断地位，对国内汽车工业发展产生了重要影响。此外，产品的结构构成更为合理，品种规格有所增加，产品的可靠性和制造水平得到进一步提高。例如在金属锻造行业中，进行电液驱动改造和新型电液驱动锻锤替代传统的蒸汽-空气锻锤，更好地适应了不同产品的锻造生产技术要求。最后，产品的数控化、柔性化程度和比例得到显著提高。如在锻压机械中，CNC回转头压力机、板材柔性制造系统加工FMS、板材折弯柔性单元、数控四边折边机、伺服压力机等数控加工设备发展迅速。

目前，我国制造的材料成形设备，不仅保证了良好的性能、质量和可靠性，在成套制造、生产线、数控化和自动化等方面也有了长足的发展，已经能开发、设计、制造大型精密高效的成套设备、自动化生产线、柔性制造单元（FMC）等具有高新技术、高附加值的材料成形设备，不仅为国民经济各部门提供了基础装备、关键设备和成套装置，还扩大了出口创汇。以汽车覆盖件冲压设备为例，在产品门类上，实现了从单台主机到冲压线、多工位、级进模、落料线等整线设备的延伸；在技术发展上，实现了从消化吸收引进到完全自主创新、与国际最新技术发展保持同步的跨越；在产品研制上，实现了从人工上下料、机械手上下料、机器人送料冲压线，到全自动单臂、双臂快速线等成套集成制造的突破；在服务水平上，实现了从单台主机"量体裁衣"到成线"交钥匙"服务，再到项目"总承包"的提升；在市场拓展上，实现了从装备自主品牌汽车企业，以服务日、美、德系合资汽车公司，到装备世界冲压配套商、国际汽车巨头整车工厂的飞跃。尽管如此，我国的材料成形设备仍然是工业体系中的薄弱环节，与工业发达国家相比，我国材料成形设备的技术和水平还有一定的差距。如品种和规格不全，特别是大、高、精、尖的锻压设备有些还依赖进口；主机可靠性和自动化程度还有待于进一步提高，在国际市场上还缺乏竞争力；设备种类的比例不合理，如模锻设备比例偏低；成套连线技术装置进展缓慢；先进的工艺和设备所占比例小，如加热设备、下料设备和成形设备在能耗、精度、材料利用率、生产率和环保方面有待提高和改进；技术创新能力有待进一步增强。为了适应科学技术发展的需要，满足国内装备制造业的需求，扩大出口创汇，促进经济发展，应该加快我国装备制造业的发展，改造传统材料成形设备，加快科技进步和技术创新，提高我国材料成形设备的技术水平和自动化程度。

四、材料成形设备的发展趋势

材料成形技术是制造技术的重要组成部分，材料成形设备是实现先进成形技术和保证材料成形质量的重要基础。目前常规成形设备的品种已基本发展成为规格齐全、结构成熟、辅机完整的系列产品。近年来，由于受世界性产业结构、产品结构的调整，材料科学进步和社会消费观念变化诸因素的影响，以及受以微电子技术为中心的检测、控制技术成就的促进，材料成形设备又取得了惊人的发展，其面貌正在发生根本的变化。为满足汽车、国防工业、电子电信、电器等行业的需求，材料成形设备正朝着精密、高质、高效、节能、低噪声及可持续发展的方向迈进，其发展趋势大体有以下几个方面。

（1）数字化、网络化、智能化、柔性化。随着计算机和现代控制技术的发展，材料成形设备的数字化和智能化趋势已日益呈现，这是现代化生产的必然要求，也是控制技术、物流技术、计算机技术等各个方面综合水平提高的体现。智能制造——制造业数字化、网络化、智能化是新一轮工业革命的核心技术，是德国工业4.0和"中国制造2025"战略的核心。制造业数字化、网络化、智能化、柔性化是工业化和信息化深度融合的必然结果，已成为各国占领制造技术制高点的重点领域。智能制造应该作为制造业创新驱动、转型升级的制高点、突破口和主攻方向。柔性制造系统（FMS）是一种微电子工程学和机械工程学相结合的系统，是以多品种、小批量生产为目的，由数控加工机械、机器人、自动更换工具系统及无人送料小车和自动料库组成，并由中央计算机进行集中管理和控制的一种灵活易变的制造系统。目前世界各国都十分重视FMS技术的研究，并已取得了显著的成果，在板料加工领域，柔性制造系统正日趋完善，已经向着计算机集成制造系统（CIMS）或"工厂自动化"（FA）的方向迈进。工业机器人是典型的数字化、网络化、智能化制造装备，是新工业革命的重要内容，是"制造业皇冠顶端的明珠"。"机器人革命"将创造数万亿美元的市场。机器人的研发、制造、应用是衡量一个国家科技创新和高端制造业水平的重要标志。例如，大型多工位压力机一般由拆垛机、大型压力机、三坐标工件传送系统和码垛工位等组成，其主要特点是生产效率高，制件质量高，满足了汽车工业大批量生产对冲压设备的需求，其生产速度可达 16～25 件/min，是手工送料流水线的 4～5 倍，是单机连线自动化生产线的 2～3 倍。多工位压力机为全自动化、智能化，整个系统只需 2～3 人监控，全自动化换模，整个换模时间小于 5min。

这是自动化技术、数控技术和机器人技术等多种技术领域综合发展的成果，也是现在产品向多品种小批量方向发展的必然产物。

（2）高精度、高质量。这不仅是设备用户的要求，同时也是设备制造商不变的追求。近年来，随着对成形产品生产要求的不断提高，精确成形技术发展迅速。例如在汽车制造行业中，普遍推行"2mm 工程"［即采用车身制造综合误差指数 CII（Continuous Improvement Indicator）来控制车身制造重量］，这就需要材料成形中的冲模精度、冲压件、检夹精度、焊夹精度和操作等综合因素来保证，并要求严格控制成形工业设备的加工和检测精度。例如上海冲剪机床厂生产的 ME50/2550 型机械电子伺服数控板料折弯机，其折弯滑块由 2 台伺服电动机同步驱动，使滑块平衡快速运行的同时，滑块挠度得到有效补偿。该机公称压力为 500kN，工作台长度为 2550mm，滑块行程为 115mm，空程速度为 70mm/s，折弯速度为 10～20mm/s，滑块定位精度和重复定位精度分别为 0.035mm 和 0.01mm，后挡料定位精度和重复定位精度分别为 0.07mm 和 0.01mm。

（3）高速化与高效化。材料成形设备的高速和高效关系到成形加工产品的生产成本和生产周期，并进一步关系到生产过程的资源利用乃至影响到成形设备的生命力。高速压力机是提高设备的行程次数和工作速度的典型代表。目前，已经开发出速度为 4000 次/min 且具有实用性质的超高速压力机，如日本电产京利的 MACH-100 型超高速精密压力机，在 100kN，8mm 冲程条件下，速度即可以达到 4000 次/min。高速压力机的行程次数基本都提高到 1000 次/min 以上。注射机的启闭模速度，已由过去的 20～30m/min 提高到 40～50m/min，最高达到 70m/min，注射速度从过去的 100mm/s 提高到现在的 300m/s，有的达到 750m/s。压铸机的压射速度已由过去的 1～2m/s 提高到 5m/s，有的已达到 8～9m/s。由于数控技术的广泛应用，使产品向高效率的方向发展，如在回转头压力机上配备激光切割系统、自动上下料装置、成品分选装置等设施，并由计算机集中控制，从而大大提高了生产效率和机动时间，并能实现夜班无人看管。

（4）微型化与大型化并重。为了满足汽车、电子、信息、生物等领域的需求，成形设备的规格正在向两极扩展。如目前虽然已有质量为 10^{-4}g 的注射制品成形加工技术装备，但日本已提出开发质量为 10^{-5}g 的注射制品成形加工技术装备。用于成形替代人体血管的直径小于 0.5mm 的塑料管生产设备，已在一些国家的研发当中。在金属成形中，微冲压、微锻造、微挤压等方面的研究发展迅速，也对相关的微成形设备提出了迫切需求。近年来在世界制造业中，特别是小汽车创造业中，正力求使汽车向自重轻、能耗低的方向发展，因此，轻金属及塑料零件的应用比例越来越高，其尺寸和质量在逐步增加，冲压件也越来越整体化，这都使得所用成形设备逐步走向大型化，如压铸机一次浇注量已达 76kg（Al），其压射力达 20000kN；塑料注射机的注射量已达 $1.7×10^5$g，合模力为 150MN；对精冲液压机，14000kN 级目前已生产了近 20 台，25000kN 级的世界最大精冲液压机已在美国安装使用；美国航天工业协会正在对 200 万千牛级锻造液压机进行技术和经济性分析，拟用其来制造大多数飞机的整体零件，一旦该机制成并投入使用，将使世界上现有的数十万千牛级的液压机相形见绌。

（5）节能、低噪、环保。随着可持续发展、绿色生产的呼声越来越高，材料成形设备降噪、环保也是社会可持续发展的需要。如海天伺服电动机驱动液压系统注射机利用同步伺服电动机的高反应性能、高重复精度及节省能耗的优点，结合精密高效的齿轮泵，加上具有反馈的闭环控制系统，使整机的注射重复精度可达 0.3％，从 0 到 99％的压力及流量爬升速度最快可达 50m/s，节能效果与一般定量泵相比，最高可达 80％，当环境温度为 40℃以下时，可以不用冷却水。国际标准化组织（ISO）推荐的噪声标准，要求连续工作 8h 的工作环境中，操作者感受到的噪声声压级不得超过 85～90dB，大部分国家规定为 90dB，瑞典等少数国家甚至规定为 85dB。因此许多国家冲压机械制造厂家都十分重视解决噪声问题，如德国舒勒（Schuler）公司 1974 年生产的 1250kN 高速冲裁压力机，行程次数达 400 次/min，在操作位置测定，空运转时的噪声为 84dB，负载工作时为 95dB。如日本 AIDA 公司的 NS1-1500D 伺服压力机，可以在无声模式下运转，既不降低生产率，又实现了低噪声、低振动。这种无声或低噪声模式与通用机械压力机相比，可大幅减少噪声。同时，由于模具振动大大减小，大幅度地提高了模具的使用寿命。

五、学习本课程的目的与要求

本课程是在学完机械原理、机械设计、材料科学基础、材料成形原理等技术基础课程的基础上，与冲压工艺学、塑料成型工艺学、压铸工艺学等工艺与模具设计课程相互配合、衔接而进行教学的一门专业课程，是本专业的主要必修课之一。

成形设备是完成各种成形生产的必要硬件条件。本课程的任务是讲授成形生产中常用的各种成形设备的工作原理与特点、典型结构、设备性能、主要技术参数及其选用原则。此外对生产中常用的一些其他成形设备也进行了简单介绍。本教材以设备的应用为主线，强调理解设备的功能与实现方法，强调设备与工艺和模具的结合。本教材没有把重点放在设备的结构设计和理论计算上，而是着眼于通过让学生学习设备的工作原理和过程来掌握设备的主要结构与性能、工艺适应性与技术参数，从而能根据成形生产的要求、模具结构等因素，经济、有效地使用设备，合理地选择工艺，正确地设计模具，保证成形生产能够经济、合理地进行，提高学生在成形工艺和模具方面的综合设计水平，提高学生解决实际问题的能力。

受篇幅所限，本书只对金属和塑料成形设备中的部分设备进行了介绍，对其他成形设备有兴趣的读者可参阅有关著作和参考文献。

第二章　曲柄压力机

第一节　概　述

曲柄压力机是属于机械传动类压力机，是采用曲柄滑块机构的锻压机械，能进行各种冲压与模锻工艺，直接生产零件或毛坯。它是材料成形中应用非常广泛的压力机之一，主要应用在汽车工业、航空工业、电子仪器仪表工业和国防工业等领域。

一、曲柄压力机的工作原理及结构组成

曲柄压力机的工作原理包括压力机的传动原理、功能学原理以及工作机构（曲柄滑块机构）运动学、静力学原理。

曲柄压力机的传动原理是通过传动部件减速将电动机的旋转运动传递给曲轴。当曲轴旋转时，曲柄滑块机构将旋转运动变换成滑块的直线往复运动，带动上模实现冲压加工所需的动作。图 2-1、图 2-2 为曲柄压力机的常见结构及传动原理图。图 2-1 所示的开式曲柄压力机工作原理如下：电动机 1 通过 V 带把运动传给大带轮 3，再经过小齿轮 4、大齿轮 5 传给曲柄 7，通过连杆 9 转化为滑块 10 的直线往复运动。上模装在滑块 10 上，下模装在工作台 14 上。当材料放在上下模之间时，即能进行相应的材料成形加工。由于工艺操作的需要，滑块时而运动，时而停止，因此装有离合器 6 和制动器 8，离合器和制动器能使曲柄压力机间歇或连续工作。

曲柄压力机的功能学特点是采用电动机-飞轮拖动系统。因为曲柄压力机工作载荷具有

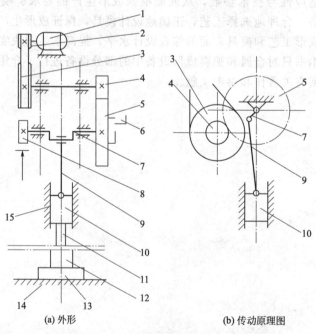

(a) 外形　　　　　　　　　　　　　(b) 传动原理图

图 2-1　开式曲柄压力机结构及传动原理图

1—电动机；2,3—带轮；4,5—齿轮；6—离合器；7—曲柄；8—制动器；9—连杆；
10—滑块；11—上模；12—下模；13—垫板；14—工作台；15—机身

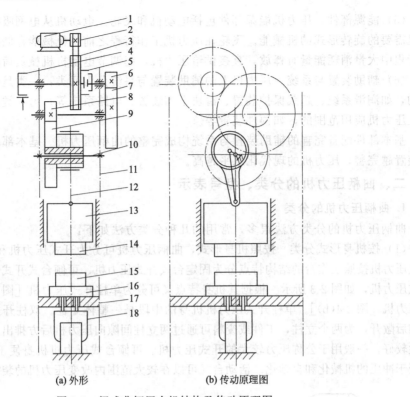

(a) 外形　　　　　　(b) 传动原理图

图 2-2　闭式曲柄压力机结构及传动原理图

1—电动机；2,3—带轮；4—制动器；5—离合器；6～8—齿轮；9—偏心齿轮；10—芯轴；11—机身；
12—连杆；13—滑块；14—上模；15—下模；16—垫板；17—工作台；18—液压气垫

不均匀性。工作时，上模接触工件毛坯后的工作载荷很大，大量消耗能量，而在上模接触毛坯前（空程和回程）能量消耗很少。采用电动机-飞轮拖动可利用飞轮的调速作用调节电动机的机械载荷，这样可以减小电动机的安装功率，提高能源利用效率。

工作机构的静力学原理是利用曲柄连杆机构能产生足以克服材料变形抗力的工作压力，并被机身的弹性变形抗力所平衡而不传往地基。同时，由于曲柄连杆机构的运动学特性，滑块运动到下死点附近运动速度很低，故曲柄压力机的工作载荷具有准静态特性。

综上所述，曲柄压力机的工作原理是利用曲柄滑块机构产生往复运动满足冲压加工的运动需要，利用机构力放大性质和飞轮的力矩放大和快速释放能量的作用，满足曲柄压力机的峰值压力和能量需要。从物理本质上看，曲柄压力机乃是一种压力和功率放大装置。

任何机器都是由多个零件组成，相互联系具有一定功能的零件集合称为部件。曲柄压力机也由许多部件组成，其主要部件如下：

（1）传动部件　传动部件包括带轮、带、齿轮和传动轴及相应的轴承。其功能是传递电动机的运动和能量，并起减速作用。

（2）工作机构　由曲柄、连杆、滑块和机身上的导轨构成曲柄滑块机构，其功能是将旋转运动变换为滑块的直线往复运动。

（3）操纵系统　由离合器、制动器组成。它们的主要功能是在电动机正常运转的条件下控制曲柄和滑块的运动或停止。

（4）机身　机身是压力机的支承零件，所有零件安装在机身相应位置上组成一部完整的机器。其自身质量完全靠机身支承。在压力机工作时，要靠机身平衡工作载荷和各传动零件之间的相互作用力，保证各个运动零件的正确位置和滑块的导向精度。

（5）能源部件 压力机能源部件包括电动机和飞轮。电动机从电网吸收电能并转换成压力机需要的旋转形式的机械能。飞轮在压力机工作行程之前将机械能存储起来，在压力机工作行程中大量消耗能量时释放，直接供给压力机，起调节电动机机械负荷的作用。

（6）辅助装置与系统 压力机上的辅助装置与系统分为两类：一类是保证压力机正常运转的，如润滑系统、超载保护装置、滑块平衡装置、电路系统等；另一类是为了操作方便和扩大压力机应用范围的，如顶件装置等。

基本部件配备完善的辅助装置与系统构成完整的曲柄压力机。基本部件的品质越高，附属装置越完善，压力机的现代化水平越高。

二、曲柄压力机的分类、型号表示

1. 曲柄压力机的分类

曲柄压力机的分类方法很多，常用的几种分类方法如下：

（1）按机身形式分类 按照机身形式，曲柄压力机可分为开式压力机和闭式压力机两种。开式压力机按照工作台的结构特点分为固定台式开式压力机、可倾台式开式压力机、活动台式开式压力机，如图2-3所示。根据其机身特点又可分为单柱开式压力机 ［图2-4(a)］ 和双柱开式压力机 ［图2-4(b)］。单柱开式压力机机身的中段是一整体立柱。双柱开式压力机的机身中部前后敞开，为两个立柱，工件或废料可通过两立柱间隙向压力机后方排出。固定台式压力机刚性较好，一般用于公称压力较大的开式压力机。可倾台式压力机机身便于从机身背部卸料，有利于冲压的机械化和自动化。活动台式可以在较大范围内改变压力机的装模高度。

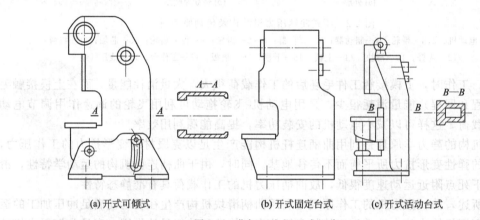

(a) 开式可倾式　　　　　(b) 开式固定台式　　　(c) 开式活动台式

图 2-3　曲柄压力机开式机身

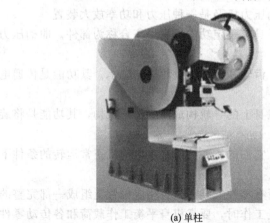

(a) 单柱　　　　　　　　　　　　(b) 双柱

图 2-4　开式压力机

开式压力机特点是机身呈"C"形结构，机身左、右和前面均处于敞开，操作者可从三个方向接近模具，便于模具安装、调整和操作。但开式压力机机身刚度较差，受力后容易产生垂直变形和角变形（图2-5），角变形对冲压件的精度和模具的寿命有很大影响。由于角变形的存在，所以开式压力机多应用于小型压力机。

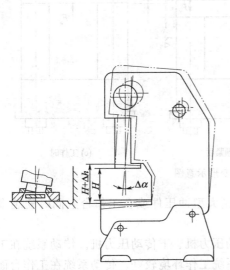
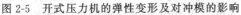

图2-5 开式压力机的弹性变形及对冲模的影响

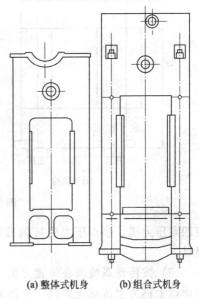

(a) 整体式机身　(b) 组合式机身

图2-6 曲柄压力机闭式机身

闭式曲柄压力机机身如图2-6所示。闭式机身呈框架结构，机身前后敞开，受力后只产生垂直变形，不产生角变形，刚度好，广泛应用于大中型曲柄压力机。闭式压力机分为整体式的机身和组合式机身。整体式机身［图2-6(a)］加工装配工作量小，但需大型加工设备运输和安装困难。组合式机身［图2-6(b)］由横梁、底座、立柱和拉紧螺栓四个部分安装而成，加工运输比较方便。组合式机身装配时立柱和横梁之间的连接需要预紧，以避免压力机在工作时受力产生间隙和横向错移。机身组装时应用较多的预紧是采用加热法预紧拉紧螺栓，先将各部分安装好并拧紧螺母做上标记，计算预紧所需拧紧的螺母转角，加热预先绕在拉紧螺柱上的电阻丝，使螺柱受热伸长，将螺母旋转，计算好角度值，电阻丝断电后即可达到预紧状态。紧固后使机身预紧。预紧时螺栓和立柱变形示意图见图2-7。

（2）按工艺用途分类

① 板料冲压压力机　板料冲压压力机又可分为通用压力机、拉深压力机、板冲高速压力机、板冲多工位压力机。

② 体积模锻压力机　体积模锻压力机又可分为热模锻压力机、挤压机、精压机、平锻机、冷镦自动机、精锻机。

③ 剪切机　剪切机又可分为板料剪切机、棒料剪切机。

（3）按滑块数量分类　可分为单动压力机和双动压力机。单动指的是工作机构只有一个滑块，双动是指工作机构有两个滑块，分内、外滑块。双动压力机主要用于大型拉深件的拉深，如汽车覆盖件等。

（4）按连杆数量分类　可分为单点压力机、双点压力机和四点压力机。工作台面相对较小的只有一个连杆，称为单点压力机。大台面的压力机大多设置两个或四个连杆，称为双点

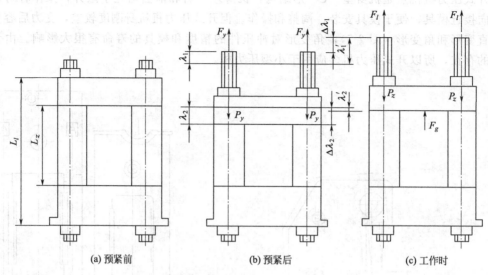

(a) 预紧前　　　　　　　　(b) 预紧后　　　　　　　(c) 工作时

图 2-7　螺栓和立柱变形示意图

或四点压力机。多点压力机抗偏载能力强，可冲制大型冲压件或在工作台上同时安装多套模具。

（5）按传动系统所在位置分类　可分为上传动压力机、下传动压力机。传动系统在工作台面以上称为上传动压力机，上传动压力机传动系统工作环境较好。传动系统在工作台面以下称为下传动压力机。下传动压力机使设备重心降低，提高设备运行平稳性，如高速压力机、长行程拉深压力机均采用下传动机构。

2. 曲柄压力机型号表示

根据 JB/T 9965 的规定，曲柄压力机型号由汉语拼音、英文字母和数字表示，表示方法如下：

J　（□）　□　□　-　□　（□）
(1)　(2)　(3)　(4)　(5)　(6)　(7)

（1）——类代号，以汉语拼音首字母代替，如 J 表示机械压力机、Y 表示液压机。

（2）——变形设计代号，以英文字母表示次要参数在基本型号上所作的改进，依次以 A、B、C 表示。

（3）——压力机组别，以数字表示，如 2 组为开式曲柄压力机，3 组为闭式曲柄压力机。

（4）——压力机型别，以数字表示，如 1 型为固定台式曲柄压力机，2 型为活动台式曲柄压力机。

（5）——分隔符，以横线表示。

（6）——设备工作能力，为设备的主要参数，以数字表示，如 160 表示压力机标称压力为 160×10kN。

（7）——改进设计代号，以英文字母表示，对设备的结构和性能所作的改进，依次以 A、B、C 表示。

若是标准型号，则（2）、（7）位无内容，例如 J31-315 表示闭式单点机械压力机，标称压力 3150kN；JB23-63 表示开式双柱可倾压力机，标称压力 630kN。

部分压力机型谱见表 2-1，其中组别和型别中空出为待开发用。

表 2-1　部分压力机型谱表（JB/T 9965—1999）

组	型	名称	组	型	名称	组	型	名称	组	型	名称
单柱压力机	11	单柱固定台压力机	开式压力机	21	开式固定台压力机	闭式压力机	31	闭式单点压力机	拉深压力机	41	闭式单点单动拉深压力机
	12	单柱活动台压力机		22	开式活动台压力机		32	闭式单点切边压力机		42	闭式双点单动拉深压力机
	13	单柱柱形台压力机		23	开式可倾压力机		33	闭式侧滑块压力机		43	开式双动拉深压力机
										44	底传动双动拉深压力机
				25	开式双点压力机					45	闭式单点双动拉深压力机
							36	闭式双点压力机		46	闭式双点双动拉深压力机
							37	闭式双点切边压力机		47	闭式四点双动拉深压力机
										48	闭式三动拉深压力机

三、曲柄压力机的主要技术参数

压力机参数分为基本参数和样本参数。基本参数指压力机的主要技术指标，通常由国家标准规定。而样本参数顾名思义是指样本中所列参数，除了包括基本参数之外，还应有压力机主要尺寸、质量、电动机功率等运输和安装所需的参数。样本多数由设备制造厂家提供。

基本参数表示压力机的主要技术能力。包括压力机能提供的压力、模具空间和行程次数等，可表示压力机能加工的零件尺寸范围和生产率。它是设计和使用压力机的依据。通用曲柄压力机的基本参数如下。

1. 标称压力 F_g 及标称压力行程 s_g

标称压力是压力机的主参数，是指滑块运动到下止点前某一特定距离 s_g 时，或者曲柄旋转到离下止点前某一特定角度时，滑块所能承受的最大作用力。该距离 s_g 称为标称压力行程，根据滑块行程与曲柄位置的对应关系，与标称压力行程对应的曲柄转角称标称压力角。根据我国部颁标准（JB/T 1647—2012），闭式单、双点压力机的标称压力行程为 $s_g=13mm$，开式压力机（GB/T 14347—2009）为 $s_g=3\sim15mm$。所以，标称压力又可表达为曲柄转至标称压力角时允许长期使用的最大压力。

标称压力已经系列化，按优先数系列（公比为 1.6 和 1.25）排列，如 40kN、63kN、100kN、160kN、250kN、315kN、400kN、630kN、800kN、1000kN、1250kN、1600kN、2000kN、2500kN、3150kN、4000kN……。

2. 滑块行程

滑块可移动的最大距离称为滑块行程。滑块运动到最上位置时其速度为零，该位置称上止点，运动到最下位置时速度也为零，称下止点。上、下止点间的距离为滑块行程。显然，滑块的最大行程等于曲柄半径的两倍，即 $s=2R$（R 为曲柄半径），而滑块行程等于模具的开启高度。因此滑块行程可表示能取出最大零件的尺寸和能配备机械化、送件机构的最大空间。所以，滑块行程是表示压力机工作空间的参数。

3. 滑块行程次数

滑块行程次数指压力机空载连续运转时滑块每分钟往复运动的次数，可直接或间接表示压力机的生产率。当压力机有载荷工作时滑块行程次数略有降低。如果有自动上、下料装置时，滑块行程次数近似等于压力机的生产率。手工上、下料时滑块行程次数间接表示生产率。实际生产率可用行程利用系数 C_n 表示。因此，滑块行程次数是表示压力机生产率的参数。

4. 最大装模高度和装模高度调节量

装模高度是压力机上允许安装模具的高度尺寸范围，指滑块运动到下死点时工作台垫板上表面到滑块下底面的距离。这个距离是允许安装模具的高度范围。为适应模具高度的制造偏差和模具修磨后的高度变化，装模高度是可调的，调节的范围称装模高度调节量。当滑块调节到最高时装模高度最大，称最大装模高度，滑块调节到最低时为最小装模高度。最大、最小装模高度之差为装模高度调节量。最大装模高度和装模高度调节量由有关标准规定。有的标准（GB/T 14374—2009）规定最大封闭高度和封闭高度调节量，最大封闭高度和最大装模高度之间相差一个工作台垫板厚度（见图 2-8）。曲柄压力机上绝对不可安装高于最大装模高度的模具，否则会造成压力机损坏事故。高度小于最小封闭高度的模具可增加垫板。

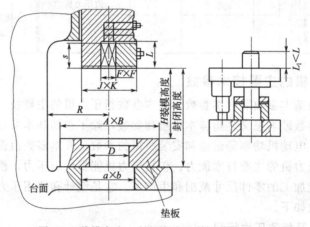

图 2-8　装模高度、封闭高度及其调节量的关系

在通用曲柄压力机的有关标准中，基本参数还有工作台尺寸、滑块底面尺寸、立柱间距，开式压力机还规定喉口深度和模柄孔直径等项目。尽管如此，依据这些资料选用压力机仍然是不够的，还必须查阅产品样本。设备制造厂提供的样本中除能查到基本参数外，还能查到压力机轮廓尺寸、质量、安装基础尺寸、电动机功率、气源压强等参数。样本参数可作为工厂设计时选择设备的依据。对于塑性成形加工技术人员还必须查阅设备使用说明书，才能获得模具安装方式和连接尺寸、顶料杆的分布和尺寸、压力机的许用负荷曲线等资料。

第二节　曲柄滑块机构的运动学及受力分析

曲柄滑块机构是曲柄压力机工作机构的主要类型，这种机构将电动机的旋转运动转变为工作机构的往复直线运动，并直接承受工件变形力，是设计曲柄压力机的基础，曲柄滑块机构运动学分析是曲柄压力机的理论基础之一，也是研究曲柄压力机功能学的基础。通过对曲柄滑块机构运动学及静力学的研究，可以从定性和定量两方面认识曲柄压力机的工作特性。

一、曲柄滑块机构运动学分析

曲柄滑块机构运动分析使用的是曲柄滑块机构原理图（图 2-9）。图中 R 为曲柄半径，L

为连杆长度，ω 为曲柄的旋转方向和角速度。根据滑块与连杆的连接点 B 的运动轨迹是否位于曲柄旋转中心 O 和连接点 B 的连线上，将曲柄滑块机构分为结点正置［如图 2-9(a) 所示］以及结点偏置两种［图 2-9(b)、(c)］，结点偏置又有正偏置和负偏置之分。节点偏置结构主要用于改善压力机的受力状态和运动特性，从而适应工艺的需要。节点正偏置滑块有急进特性，常用在平锻机上。节点负偏置滑块有急回特性，其工作行程速度较小，回程速度较大，有利于冷挤压工艺，常在冷挤压机中使用。

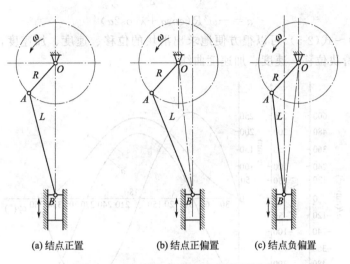

(a) 结点正置　　　　(b) 结点正偏置　　　　(c) 结点负偏置

图 2-9　曲柄滑块机构运动分析原理图

下面仅对结点正置的曲柄滑块的情况进行分析，建立滑块运动的一般规律。

B_0 和 B_0' 分别代表滑块的上止点和下止点。由于曲柄压力机滑块是在接近下止点的一段区间工作的，因此，在研究运动规律时，取滑块行程的下止点 B_0 为行程的起点，滑块从 B_0 到 B 点为滑块的位移 s。位移 s 的正方向由 B_0 指向曲柄旋转中心 O，曲柄转角由 A_0 点算起，由顺时针方向（和曲柄实际转动方向相反）转动到 A 点时，曲柄转角为 α。

为方便工业生产，机械压力机停机时滑块一般都位于上止点，当系统再次开机时，时间零点位于上止点，而曲柄转角 α 则定义在上止点处。设 ω 为旋转角速度，α 为曲柄相对下止点对应的坐标零点的偏转角，β 为连杆相对上止点的旋转角，s 为滑块位移，其零点定义为滑块下止点位置 B_0，滑块位移的正方向朝上，L 为连杆长度。

由图 2-10 所示几何关系，可写出滑块行程 s 与曲柄转角 α 之间的表达式

$$s = (R+L) - R\cos\alpha - L\cos\beta \qquad (2\text{-}1)$$

若令

$$\lambda = \frac{R}{L}$$

则根据图 2-10 的几何关系可将式(2-1) 整理为

$$s = R\left[(1-\cos\alpha) + \frac{1}{\lambda}(1-\sqrt{1-\lambda^2\sin^2\alpha})\right] \qquad (2\text{-}2)$$

为简化工程计算，将上式中根号内的部分采用幂级数

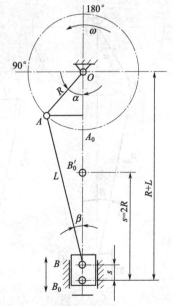

图 2-10　曲柄滑块机构运动示意图

展开后取前两项近似值，从而有

$$s = R\left[(1-\cos\alpha) + \frac{\lambda}{4}(1-\cos2\alpha)\right] \tag{2-3}$$

滑块速度和加速度可对式(2-3) 分别对时间求一次和两次导数，将上式整理后得到速度 v 为

$$v = \omega R\left(\sin\alpha + \frac{\lambda}{2}\sin2\alpha\right) \tag{2-4}$$

加速度 a 为
$$a = -\omega^2 R(\cos\alpha + \lambda\cos2\alpha) \tag{2-5}$$

利用式(2-3)～式(2-5) 可以很方便地求出滑块的位移、速度、加速度，图 2-11 为 J31-160 型压力机的滑块位移、速度、加速度曲线。

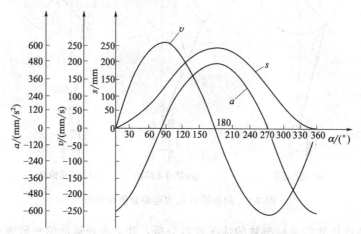

图 2-11　滑块位移、速度和加速度曲线

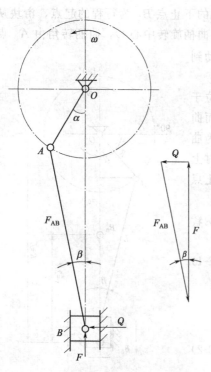

图 2-12　通用曲柄滑块机构受力简图

了解滑块的位移、速度、加速度，有利于设备的正确选用，因为不同的成形工艺和成形材料常要求不同的成形速度和加速度。例如：在拉深时需要较慢的变形速度，且普通碳钢和不锈钢的最大成形速度会相差一倍左右，分别为 400mm/s 和 180mm/s。

二、曲柄滑块机构静力学分析

曲柄滑块机构静力学分析的目的是确定机构中各个零件的受力情况，了解曲柄压力机承载能力及工作特性。力学分析对于压力机的安全分析是十分有用的。这种分析也为曲柄压力机功能学分析打下了基础。

在理想（不考虑摩擦）状态下，曲柄滑块机构的受力简图如图 2-12 所示。图中 F 为冲压力，Q 为机身导轨对滑块的约束反力，F_{AB} 为连杆对滑块的作用力。考虑节点 B 的平衡有

$$F = F_{AB}\cos\beta$$
$$Q = F_{AB}\sin\beta$$

因为在滑块工作行程范围内 β 角较小，$\cos\beta \approx 1$，$\sin\beta = \lambda\sin\alpha$，故有

$$F_{AB} \approx F$$

$$Q = F\lambda\sin\alpha \tag{2-6}$$

然后分析曲轴所受扭矩，图 2-13 为曲轴受力分析图，曲轴受连杆作用力 F_{AB}，齿轮驱动力 F_n 和机床支承力 $R_1 R_2$ 作用，其在冲压力 F 作用下曲轴所受的扭矩 M_e 为

$$M_e = F m_e \tag{2-7}$$

其中 m_e 为图 2-13(a) 中的 OD 线段长度，它相当于力臂。因为没考虑摩擦，故称 m_e 为理想当量力臂。而 M_e 称为曲轴的理想扭矩。由图 2-13 中的几何关系

$$m_e = R\sin(\alpha + \beta) = R(\sin\alpha\cos\beta + \cos\alpha\sin\beta)$$

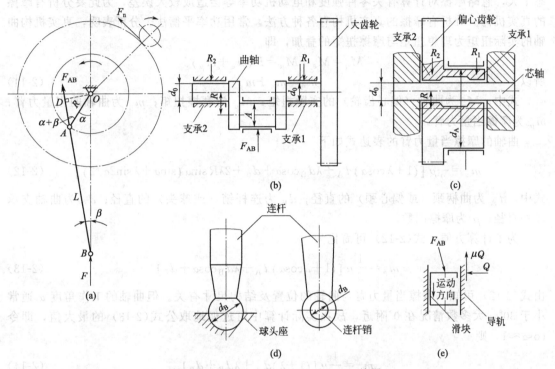

图 2-13　曲柄、连杆、滑块受力分析简图

取 $\cos\beta \approx 1$，而 $\sin\beta = \lambda\sin\alpha$，代入上式整理得到

$$m_e = R\left(\sin\alpha + \frac{\lambda}{2}\sin 2\alpha\right) \tag{2-8}$$

$$M_e = F m_e = FR\left(\sin\alpha + \frac{\lambda}{2}\sin 2\alpha\right) \tag{2-9}$$

由式(2-9) 可知，在机械压力机所受变形抗力一定时，曲轴所受的扭矩随曲柄转角 α 变化而变化。α 越大，m_e 越大，则 M_e 越大，所以，前面所述的压力机公称压力行程 s_g 或公称压力角 α_g 的含义就可以从式(2-9) 得到反映。很显然，曲轴上可承受的最大扭矩 M_{emax} 为

$$M_{emax} = F_g\left(\sin\alpha_g + \frac{\lambda}{2}\sin 2\alpha_g\right) \tag{2-10}$$

前面已指出曲柄滑块机构具有压力放大特性，下面的分析可以给出证明。考虑曲轴的力矩平衡，$M_e = F m_e = F_n R_g$，其中 F_n 为大齿轮的切向力，R_g 为大齿轮节圆半径。由式(2-8) 滑块可输出的力 F 为

$$F = \frac{F_n R_g}{R[\sin\alpha + (\lambda\sin 2\alpha)/2]} = K F_n$$

其中

$$K = \frac{R_g}{R \left[\sin\alpha + (\lambda \sin2\alpha)/2 \right]}$$

当曲柄工作角度 $\alpha = 30°$、$\lambda = 0.2$ 和 $R_g/R = 5$ 时，$F = 8.5F_n$。即曲柄滑块机构把大齿轮上的作用力放大约 8.5 倍。反过来说大齿轮上的作用力比滑块上的工作载荷小得多，因此在后面校核曲轴强度时才可以略去大齿轮上的作用力。K 即为曲柄滑块机构的放大比或称机构的力增益。

实际上，在冲压力作用下曲柄滑块机构中有很大的摩擦力，各零件的实际受力比理想状态下大，忽略摩擦对计算有关零件强度和电动机功率等会造成较大误差，为此要分析有摩擦的真实机构。分析有摩擦的真实机构有各种方法，常用功率平衡法。分析表明，真实机构曲轴的实际扭矩为理想扭矩与摩擦扭矩的叠加，即

$$M_q = M_e + M_\mu = F(m_e + m_\mu)$$

所以

$$m_q = m_e + m_\mu \tag{2-11}$$

式中，M_q 为曲轴（偏心齿轮）的实际扭矩；M_μ 为摩擦扭矩；m_q 为曲轴的当量力臂；m_μ 为摩擦当量力臂。

曲轴的摩擦当量力臂的表达式如下

$$m_\mu = \frac{1}{2}\mu \left[(1 + \lambda\cos\alpha)d_A + \lambda d_B\cos\alpha + d_0 + 2\lambda R\sin\alpha(\sin\alpha + \lambda\sin2\alpha/2) \right] \tag{2-12}$$

式中，d_A 为曲柄颈（或偏心颈）的直径；d_B 为连杆销（或球头）的直径；d_0 为曲轴支承颈的直径；μ 为摩擦因数。

为了计算方便，式（2-12）可简化为

$$m_\mu = \frac{1}{2}\mu \left[(1 + \lambda\cos\alpha)d_A + \lambda d_B\cos\alpha + d_0 \right] \tag{2-13}$$

由式（2-12）可知，摩擦当量力臂与曲轴的位置及结构尺寸有关。但曲轴的工作角度 α 通常小于 30°，大多数情况在 0°附近，故在实际计算中可近似地取公式（2-13）的最大值，即令 $\cos\alpha \approx 1$，则

$$m_\mu = \frac{1}{2}\mu \left[(1 + \lambda)d_A + \lambda d_B + d_0 \right] \tag{2-14}$$

摩擦因数 μ 随机械式压力机的种类不同而不同，对于开式压力机 $\mu = 0.04 \sim 0.05$，对于闭式压力机 $\mu = 0.045 \sim 0.055$。

三、滑块许用负荷图

从以上分析可以看出，曲柄压力机曲轴所受的转矩 M_q 与滑块所承受的工艺力 F 成正比外，还与曲柄转角 α 有关，α 越大，当量力臂 m_q 越大，则 M_q 越大，即在较大的曲柄转角下工作时，曲柄轴所受转矩较大，在设计和使用曲柄压力机时，必须对工作时的 α 值加以限制。在压力机基本参数中就规定了标称压力机 α_g。标称压力角是指与标称压力行程 s_g 对应的曲柄转角。在设计曲柄压力机时，若标称压力角定的太大，压力机固然能在较大的角度下用标称压力进行工作，但这时曲轴所受的转矩很大，设备强度储备必然会过大，造成浪费；反之，若 α_g 定的较小，又会限制压力机的工艺使用范围。一般小型压力机的标称压力角 $\alpha_g = 30°$，中大型压力机的标称压力机 $\alpha_g = 20°$。在使用压力机时，只在标称压力角 α_g 内，允许滑块承受标称压力，在 α_g 之外，允许作用在滑块上的力应当相应减小，以保证机床零件不发生强度破坏。

1. 曲轴的强度校核

校核曲轴强度时通常把曲轴简化为简支直梁，各轴颈的分布力简化为集中力或均布力。

由简化带来的误差在选择许用应力中考虑。

根据材料力学分析，曲轴的 $C\text{-}C$、$B\text{-}B$ 截面为危险截面，见图 2-14。在曲柄颈危险截面 $C\text{-}C$ 处，受到弯矩和转矩的联合作用，但由于此处的转矩比弯矩小很多，故可以忽略转矩对应力的影响，只考虑抗弯强度问题。由于曲轴的弯矩是由力 F 引起的，则在设计压力机时，用标称压力来设计或校核该截面的弯曲强度。自然，由曲轴截面 $C\text{-}C$ 的强度条件为

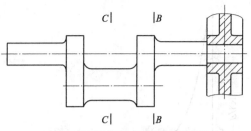

图 2-14 校核曲轴强度所用简图

$$[F]_{C\text{-}C}=F_\mathrm{g} \qquad (2\text{-}15)$$

式中 $[F]_{C\text{-}C}$——曲轴 $C\text{-}C$ 截面许用负荷强度。

在曲轴支承颈危险截面 $B\text{-}B$ 上也受到弯矩和转矩联合作用，但此处弯矩比转矩小很多，可以忽略弯矩的影响，只考虑扭转强度问题。由于曲轴支承颈处所受转矩为 M_q，则该截面强度的设计和校核是按曲轴的公称转矩 M_qg 计算的。所谓公称转矩是指曲柄转角等于公称压力角 α_g，滑块负荷等于公称压力 F_g 时，曲轴上所承受的转矩，即

$$M_\mathrm{qg}=F_\mathrm{g}\left[R\left(\sin\alpha+\frac{\lambda}{2}\sin2\alpha\right)+\frac{\mu}{2}(d_\mathrm{A}+\lambda d_\mathrm{A}+\lambda d_\mathrm{B}+d_0)\right]$$

故有曲轴截面 $B\text{-}B$ 的强度所决定的使用原则为

$$[M_\mathrm{g}]=M_\mathrm{qg}$$

即

$$M_\mathrm{qg}=[F]_{B\text{-}B}\left[R\left(\sin\alpha+\frac{\lambda}{2}\sin2\alpha\right)+\frac{\mu}{2}(d_\mathrm{A}+\lambda d_\mathrm{A}+\lambda d_\mathrm{B}+d_0)\right]$$

所以

$$[F]_{B\text{-}B}=\frac{M_\mathrm{qg}}{R\left(\sin\alpha+\dfrac{\lambda}{2}\sin2\alpha\right)+\dfrac{\mu}{2}(d_\mathrm{A}+\lambda d_\mathrm{A}+\lambda d_\mathrm{B}+d_0)}=\frac{M_\mathrm{qg}}{m_\mathrm{q}} \qquad (2\text{-}16)$$

式中，M_qg 为公称转矩；$[F]_{B\text{-}B}$ 为曲轴 $B\text{-}B$ 截面强度所允许的滑块作用力；$[M_\mathrm{g}]$ 为曲轴许用转矩。

2. 曲柄压力机滑块许用负荷图

从上述滑块许用负荷计算公式(2-15) 和式(2-16)可知，曲轴危险截面 $C\text{-}C$ 截面处所允许的滑块作用力 $[F]_{C\text{-}C}$ 只与压力机公称压力有关，而且其大小等于压力机公称压力；危险截面 $B\text{-}B$ 处所允许的滑块作用力 $[F]_{B\text{-}B}$ 除与压力机公称压力有关外，还与当量力臂 m_q 成反比。所以当转角 α 从 0°到 90°增大时，m_q 随之增大，则 $[F]_{B\text{-}B}$ 相应减小。根据式(2-15)和式(2-16) 可以绘出如图 2-15 所示的滑块许用负荷图。该图纵坐标表示压力机滑块许用负荷 $[F]$，横坐标表示曲柄转角 α。

在使用压力机时，需要注意工作角度和最大滑块负荷，应使工艺力的最大值落在图 2-15 的安全区内，方能保证设备安全工作。尤其是在通用曲柄压力机上进行冷挤压工艺或用复合模进行冲压加工时，更要注意此问题。要防止由于工作角度太大而出现机器超载。

例如图 2-16 中压力机许用负荷图与冲压工艺力计算图的比较，从图中看出，曲线 1 冲裁和曲线 3 校正弯曲可以初选此压力机，而落料和拉深复合模的冲压工艺力曲线则在安全区外，所以需要另选设备。为了方便使用，在压力机使用说明书或铭牌上，一般将标称压力角 α_g 换算成标称压力行程 s_g。一般国产压力机 $s_\mathrm{g}=3\sim16\mathrm{mm}$，闭式压力机 $s_\mathrm{g}=13\mathrm{mm}$。

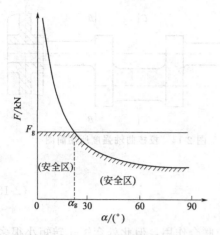
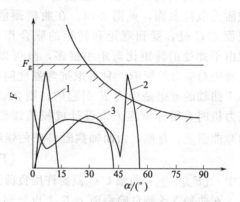

图 2-15　J23-63 压力机滑块许用负荷图　　　　图 2-16　压力机许用负荷图与冲压力计算图的比较
1—冲裁；2—落料拉深复合；3—校正弯曲

第三节　通用曲柄压力机的主要零部件

一、曲轴、连杆、滑块

（一）曲轴

通用曲柄压力机所用曲轴有四种主要结构形式：曲柄轴、偏心轴、曲拐轴及偏心齿轮和芯轴，如图 2-17 所示。

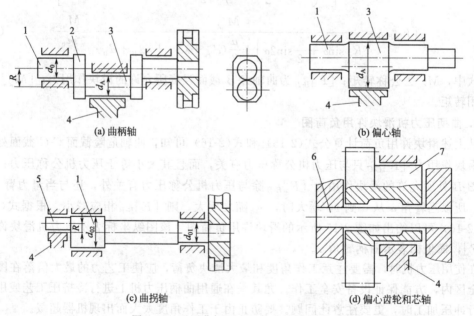

图 2-17　通用曲柄压力机的曲轴结构形式
1—支承颈；2—曲柄臂；3—曲柄颈；4—连杆；5—曲拐颈；6—芯轴；7—偏心齿轮

1. 曲柄轴 ［图 2-17(a)］

它的主要特征是有两个对称的支承颈 d_0 和一个曲柄颈 d_A，由曲柄臂连为一体。因为有曲柄臂，曲柄半径可做得比较大，能满足曲柄压力机行程较大的要求。支承颈由机身上有轴瓦的轴孔支承，而曲柄颈与连杆连接。压力机工作时，冲压载荷通过滑块、连杆传至曲轴后再传给机身。曲柄轴可做成有两个曲柄的双拐曲轴，用于大台面双点、四点压力机。曲柄轴的曲柄颈较小，传动效率较高，是中、小压力机上广泛应用的结构。

2. 偏心轴

如图 2-17(b) 所示。曲轴部分短而粗，支座间距小，结构紧凑，刚性好。但是偏心部分直径 d_A 大，摩擦损耗多，制造比较困难，适用于行程小的压力机。

3. 曲拐轴

曲拐轴的曲柄颈为一悬臂端，如图 2-17(c) 所示，刚性较差。为了满足压力机所需的行程，大端支承颈直径较粗，影响传动效率。其优点是结构简单，容易制造。适用于小行程开式单柱压力机。通常垂直于机身正面安装，即所谓纵向放置。可以减小压力机宽度尺寸，有利于多台压力机组成生产线。在曲柄颈上加偏心套，可实现行程大小有级调节。

图 2-18 为曲拐轴行程调节装置的典型结构之一。曲拐轴 2 上装有偏心套 1，连杆 3 套在偏心套 1 的外圆上。因此，曲柄半径由两部分组成，即曲拐的偏心距和偏心套的偏心距。改变偏心套的位置便可改变偏心套偏心距和曲拐偏心距的相对位置，从而达到调节工作行程的目的。图 2-19 为工作行程调节示意图。

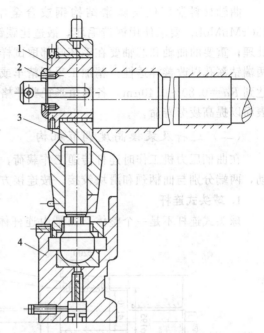

图 2-18 JB21-100 压力机曲柄滑块机构结构图
1—偏心套；2—曲拐轴；3—连杆；4—滑块

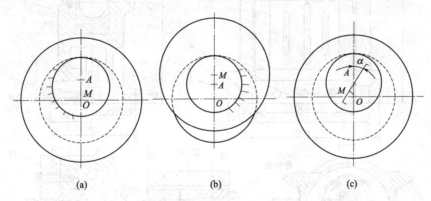

图 2-19 工作行程调节示意图
O—主轴中心；A—偏心轴中心；M—偏心套中心

4. 偏心齿轮和芯轴

图 2-17(d) 为偏心齿轮结构，由图看出，曲柄颈是大齿轮上带的偏心部分，所以称做偏心齿轮。偏心齿轮通过芯轴安装在机身上，芯轴与大齿轮同心。大齿轮旋转时偏心颈起曲柄作用。偏心距等于曲柄半径。偏心齿轮的结构紧凑，刚性好，并能安装在机身

的箱体中构成闭式传动。同时，改善了齿轮的工作条件和压力机外观，在大型压力机上基本取代了曲柄轴。偏心距要满足压力机行程的要求，因此偏心颈尺寸较大，导致摩擦损耗增大。

5. 曲轴材料与制造

曲轴材料常用优质碳素结构钢或合金结构钢，其钢号为 45、40Cr、37SiMn2MoV、18CrMnMoB。要求使用锻造毛坯，锻造比碳钢为 2.5～3，合金钢应大于 3。粗加工后调质处理，重要的曲轴和芯轴要在毛坯端部取试样做力学性能检测，大尺寸的曲轴和芯轴要在轴两端钻深孔以改善淬透性。精加工采用精车或用曲轴磨床磨削到图样尺寸，表面粗糙度要求达到 $Ra=0.80\sim0.40\mu m$，各圆角半径要严格保证图样尺寸和表面品质，最后采用滚压强化表面以提高疲劳寿命。

（二）连杆及装模高度调节机构

在曲柄压力机工作时连杆传递工作载荷，要求有足够的强度。运动中连杆作平面复合运动，两端分别与曲柄颈和滑块铰接。按连接方式连杆分为球头式连杆和柱销式连杆。

1. 球头式连杆

球头式连杆不是一个整体，而是由连杆体和调节螺杆组成，如图 2-20 所示。球头式连

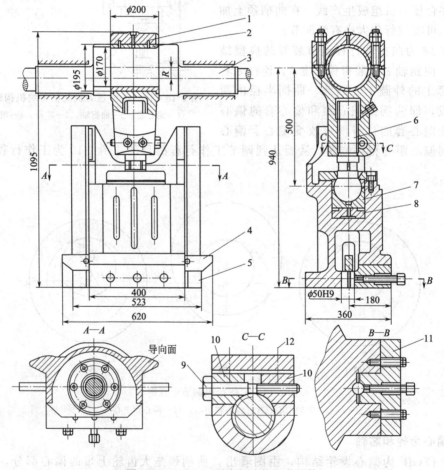

图 2-20　JB23-63 压力机连杆调节机构

1—连杆体；2—轴瓦；3—曲轴；4—顶料杆；5—滑块；6—调节螺杆；7—下支承座；
8—保护装置；9—锁紧螺钉；10—锁紧块；11—模具夹持器

杆为长度可调连杆，调节螺杆旋进旋出可改变连杆的长度，用来调节压力机的装模高度。连杆大端有整体式或剖分式连杆盖，内孔衬有轴瓦。轴瓦材料常用铸造锡青铜 ZCuSn10Pb1，近年来多用导热性更好的锌铝合金。连杆盖上的轴瓦负荷较轻，有的用酚醛塑料代替金属。连杆体为铸件，一般用灰铸铁 HT200、球墨铸铁 QT450-10、大连杆用铸钢 ZG270-500。连杆体下段有内螺纹与调节螺杆连接。球头连杆的主要尺寸见表 2-2。

表 2-2　球头连杆的主要尺寸

(a) 连杆	(b) 调节螺杆

符　　号	经验尺寸/mm
d_B	$(3.9 \sim 5.7) \sqrt{F_0}$
d_0	$(0.59 \sim 0.83) d_B$
d_2	$(0.83 \sim 1.0) d_0$
d_3	$(0.9 \sim 1.0) d_B$
d_4	$(1.5 \sim 1.86) d_0$
H(螺纹最小工作高度)	$(1.5 \sim 2.3) d_0$

注：F_0 是连杆上的作用力（kN）。

2. 柱销式连杆

柱销式连杆是一个整体，如图 2-21 所示。连杆体多为工字型截面，大端多半是剖分式的，小端通过柱销与调节螺杆连接。柱销式连杆小端与调节螺杆的连接形式有两种：图 2-21(a) 为柱面传力连接，图 2-21(b) 为三点传力连接。柱面连接能增加压力机工作行程时的传力面积，压力靠连杆直接传递不通过柱销，柱销只在压力机回程时承受滑块的重力和开模力、卸料力、摩擦力等辅助性载荷，因此柱销直径较小。这种连接和球面连接的传力方式相似，但柱面的精加工比球面的精加工困难得多。三点传力柱销比一般柱销中部增加了一个

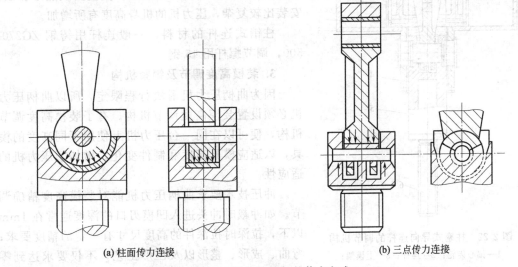

(a) 柱面传力连接　　　　　　　　　　(b) 三点传力连接

图 2-21　柱销式连杆的传力方式

支承面，显著改善了柱销的抗弯曲条件，加工也比柱面容易，一般用于大型压力机。柱销式连杆的主要尺寸见表 2-3。

表 2-3　柱销式连杆的主要尺寸　　　　　　　　　　　　　　　　mm

符　　号	经验尺寸/mm
d_B	$2.7\sqrt{F_0}$
b_1	$(1.4\sim1.5)d_B$
d_3	$(2.9\sim3.52)d_B$
L_1	$(1.0\sim1.16)d_B$
L_2	$(2.6\sim2.96)d_B$
L_3	$(2.66\sim3.2)d_B$
d_0	$(1.40\sim1.86)d_B$
d_2	$(0.43\sim0.61)d_0$
H（螺纹最小工作高度）	$(0.9\sim1.3)d_0$

注：F_0 是连杆上的作用力（kN）。

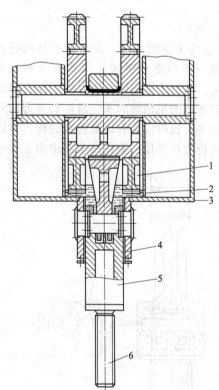

图 2-22　柱塞式导向连杆的调节机构
1—偏心齿轮；2—连杆；3—上模架；
4—导套；5—导向柱；6—调节螺杆

柱销式连杆导向设在滑块里，导向较短，连杆的侧向力通过滑块传给机身对导轨工作不利。柱塞导向连杆的导向设在机身的上横梁上，见图 2-22。这样偏心齿轮就可以完全密封在机身的上梁中，变为浸油式润滑，可减少齿轮磨损，降低噪声。此外，导向柱塞在导向导套 4 滑动，相当于加长了滑块的导向长度，提高了压力机的运动精度。因此，在中大型压力机中得到了广泛应用。其主要缺点是加工、安装比较复杂，压力机的机身高度有所增加。

柱销式连杆的材料，一般连杆用铸钢 ZG270-500，调节螺杆用 45 钢。

3. 装模高度调节及锁紧机构

因为曲柄压力机滑块行程限定，所以曲柄压力机必须设置装模高度调节机构。有了装模高度调节机构，便可以在同一台压力机上使用不同高度的模具，以适应模具高度和制件变化，增加了压力机的适应性。

冲压技术要求曲柄压力机能对装模高度精确调节。如冲裁时冲头进入凹模刃口的深度通常在 1mm 以下，拉深时拉深件的高度尺寸有一定的精度要求；弯曲、成形、整形以及压形工艺，不仅要求达到零件尺寸，还要求控制冲压力。这些都要求通过精确调节装模高度来实现。

　　装模高度调节装置还应锁紧可靠。否则，工作中出现松动引起装模高度变化，将造成废品，甚至造成安全事故。如装模高度变大产品达不到尺寸要求，变小将造成闷车、过载、损坏模具和压力机零件。在实际生产中每换一套模具就要经过模具安装调整工序。装模高度调节机构使用次数频繁，因此要求调节方便省力。

　　下面分析通用曲柄压力机常用的几种装模高度调节与锁紧机构。

　　(1) 调节连杆长度及锁紧机构　调节连杆长度的装模高度调节方式分为手动调节和动力调节。手动调节及锁紧机构（图 2-20）适用于小规格压力机。其调节机构是由连杆体与调节螺杆组成的螺旋机构。C—C 剖面反映了它的锁紧机构。调节螺杆上有扳手用六方，调整时先用扳手转动调节螺杆，通过改变连杆长度改变滑块的高度，达到调节目的。为了调节方便，有的在螺杆上安装棘轮扳手。它的锁紧机构由一对圆柱形带齿的锁紧块 10 和锁紧螺钉 9 组成。锁紧块安装在连杆体上的横孔中，齿形与连杆体的内螺纹一起加工，与调节螺杆的外螺纹相吻合，以便增加接触面。锁紧块一块内孔有内螺纹，另一块为光孔或者两块各为左右螺纹，用螺钉将其相互栓紧，相对压紧调节螺杆使其与连杆体不能相对运动。两个小螺钉是防止锁紧块反转并起固定作用。

　　这种锁紧装置存在不少缺点。锁紧块把调节螺杆压向一边，导致螺杆和连杆体螺纹接触不均匀，使用中调节螺杆经常发生永久弯曲变形，锁紧块与螺杆接触面较小，局部应力较大，锁紧块常出现磨损、变形等损坏情况。

　　动力调节机构主要用于较大规格的压力机。由于滑块、上模的质量和行程调节量均较大，手工调节费时费力，所以采用动力调节方式。图 2-23 为球头式连杆的调节机构。其调节原理是用电动机通过蜗轮蜗杆机构带动球头上支座正、反旋转，球头上支座下端有两个槽卡住球头上的两只短销，球头上支座旋转时便带动球头旋转而改变连杆的长短达到调节目的。球头上支座是一个组合件，外圈是青铜蜗轮。

　　使用球头式连杆的机动调节机构有时在工作时滑块内部有撞击声，装模高度容易改变。检修时发现球头短柱销或球头上支座槽口严重磨损，分析其原因多半为槽口尺寸设计或制造不准确。调整装模高度时球头上的短柱销可能停在平面 360°内的任意位置，压力机工作时连杆摆动，短柱销母线的运动轨迹是空间曲面。如果短柱销与槽口之间的间隙小，静止装配时发现不了，在某一位置工作时就有可能发生干涉，造成噪声、松动，锁紧不可靠。

　　机动调节机构的可靠性由蜗轮蜗杆机构和调节螺杆本身的螺旋机构双重保证，主要靠蜗轮蜗杆机构。为了提高可靠性，有的压力机在蜗杆上增加了闭锁装置或制动装置，有的用户自己改小蜗杆螺旋升角。

　　机动调节机构的缺点是电动机和传动部件装在滑块上，造成滑块质量偏心，破坏了压力机的工作平衡性。近年来国外的大、中型压力机由于广泛采用了机械化送料机构或机械手，行程次数有所提高，对滑块质量偏心更为敏感。为了减轻滑块质量偏心的影响，提高压力机的工作平衡性，减少振动，用专用气动马达挂在机身旁，代替滑块中的电动机。

　　(2) 调节滑块高度　如图 2-24 所示，这种结构连杆 3 是一个整体，用连杆销 8 与调节螺杆 2、滑块 6 连接，通过蜗轮 4 和蜗杆 7 转动，能驱动调节螺杆 2 与滑块产生相对移动，实现封闭高度的调节。

　　压力机装模高度调节的精度与调节速度有直接关系。调节速度快调节精度低，调节速度慢能提高调节精度，但延长调节时间。通用曲柄压力机调节的速度范围为 20～95mm/min。根据使用经验，速度为 40～60mm/min 能较好地控制调节精度，调节也比较省时。

　　(3) 调节工作台高度

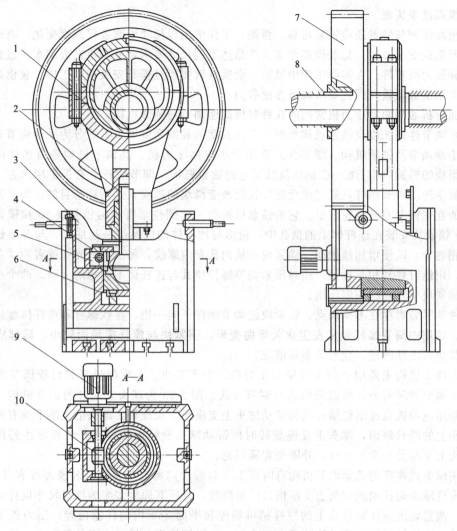

图 2-23　J31-315 压力机连杆调节机构

1—连杆体；2—调节螺杆；3—滑块；4—拨块；5—蜗轮；6—保护装置；
7—偏心齿轮；8—芯轴；9—电动机；10—蜗杆

调节工作台高度多用于小型压力机，如图 2-3(c) 所示。

（三）滑块

1. 滑块的作用

滑块是压力机工作机构的重要组成元件。它将连杆的摆动转变为直线往复运动，为模具提供初步导向。所谓初步导向是因为成形过程要求的精确导向还要靠模具上的导柱、导锁、导板等保证。在滑块底面安装上模，构成压力机的执行机构，将机构的作用力通过模具传给工件。在工作时连杆产生的侧向力通过滑块导轨传至机身。此外，在滑块上安装其他辅助装置，如打料杆、超载保护装置、装模高度调节装置等。滑块对压力机的运动精度和工作精度有直接影响。因此，对滑块有一定的加工精度、强度和刚度的要求，并在使用中对压力偏心、载荷分布有一定限制，尤其是对宽台面压力机、双点压力机和四点压力机。

2. 滑块与导轨结构

滑块为箱形结构，它的上端与连杆连接，下部安装在模具的上模，并沿机身的导轨上下

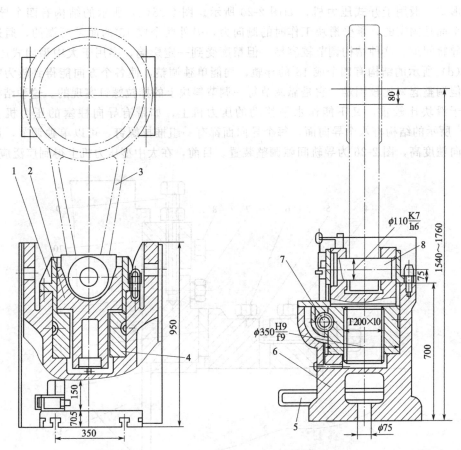

图 2-24 JA31-160 连杆及装模高度调节装置

1—导套；2—调节螺杆；3—连杆；4—蜗轮；5—顶料杆；6—滑块；7—蜗杆；8—连杆销

运动。为了保证滑块底平面与工作台上平面的平行度，保证滑块运动方向与工作台的垂直度，滑块的导向面必须与底平面垂直。导轨和滑块的导向面应保持一定间隙，而且能进行调整。图 2-25 所示为常见的滑块导轨形式。

图 2-25(a)、(b) 所示为 V 形导轨，一个固定，一个可调，只能单面调节导轨间隙，这

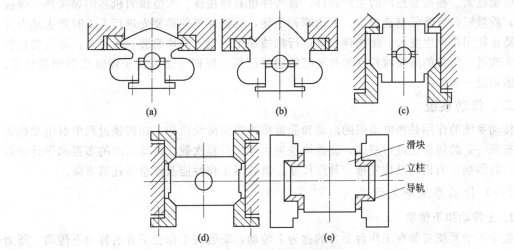

图 2-25 滑块导轨形式

种结构形式一般用于开式压力机，如图 2-20 所示。图 2-25（c）所示的结构有四个导轨面，其中两个面是固定的，承受滑块工作时的侧向力，另外两个成 45°的面是可调的，通过螺栓来调节导轨间隙。这种结构调节较容易，但精度受到一定影响，多用于大中型闭式压力机。图 2-25（d）所示的结构有四个成 45°的导轨，均能单独调整，使各个方向能得到较为精确的间隙，但调整起来比较困难。它是靠调节每一调节斜块上的推拉螺钉实现的。这种结构形式主要用于滑块比较重，又不能作水平移动的压力机上，如带有导向柱塞的压力机上。图 2-25（e）所示的结构有八个导向面，每个导向面都有一组推拉螺钉，可以单独调节，调整方便，导向精度高，图 2-26 为导轨间隙调整装置。目前，在大中型压力机上得到广泛应用。

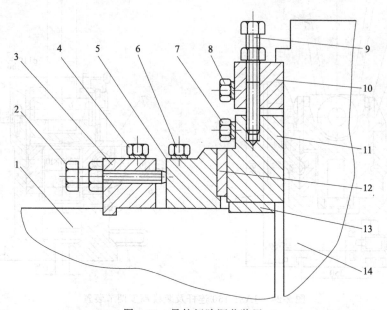

图 2-26　导轨间隙调节装置

1—滑块；2,9—推拉螺钉组；3,10—固定挡块；4,6～8—固定螺钉组；5—调整块；
11—导轨；12,13—导向面镶条；14—机身立柱

3. 滑块制造

小规格开式压力机滑块一般为铸件。较大型开式和闭式压力机包括双点、四点压力机的滑块质量较大。根据制造厂的生产条件，有铸件也有焊接件。大型压力机多用焊接件。焊接滑块，质量轻，可降低制造成本。无论哪种毛坯，机械加工前都要先进行人工时效去除内应力，防止使用中产生变形。按图样要求进行机械加工后投入滑块组装。近年来，导轨的材料有很大改进，传统的减摩材料逐步被酚醛树脂层压板、锌铝合金或离子硬氮化钢镶条代替，摩擦因数进一步降低。

二、传动系统

传动系统的作用是将电动机的运动和能量传给曲柄滑块机构，在传递过程中对电动机的转速按照一定的传动比进行减速，使滑块获得所需的行程次数。传动系统的布置和设计是否合理，将影响压力机的结构安排、外形尺寸、离合器工作性能及能量损耗等方面。

（一）传动系统布置方式

1. 上传动和下传动

整个传动系统安装在工作台上方的称为上传动，安装在工作台下方的称为下传动。压力机采用下传动的优点有：压力机重心低，运转平稳，振动和噪声较小，劳动条件好；地面以

上高度小，不要求高厂房；有条件增加滑块高度和导向长度，改善滑块运动精度，提高模具帮助和工件品质；由拉杆承受主要载荷，减轻立柱和上梁的受力。其缺点是：压力机平面尺寸较大，地面下尺寸较大，总高度与上传动相差不多，而总质量一般比上传动大10%～20%；传动系统在地坑中，维修时无法利用车间吊车。因此，选用上传动或下传动压力机需经全面技术经济论证。现有通用压力机多采用上传动形式，只有在有特殊要求（如旧车间添置大压力机）时，采用下传动压力机才有明显的合理性。

2. 曲轴平行放置与垂直放置

压力机传动系统的安放形式有垂直于压力机正面的，也有平行于压力机正面的，如图2-27所示。旧式通用压力机多采用平行于压力机正面放置。目前小规格开式压力机也多采用这种形式。平行放置的曲轴和传动轴较长，轴承间跨距较大，受力情况不好，增加压力机宽度，外形不够美观。大型压力机多采用垂直于压力机正面放置。双点压力机采用两根曲轴（或两套偏心齿轮），也不必采用双曲拐轴。目前小型压力机也广泛采用曲轴垂直放置形式，以减小压力机宽度尺寸，便于多台压力机联成机械化生产线。

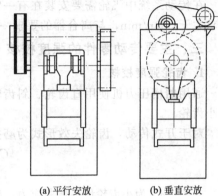

(a) 平行安放　　　(b) 垂直安放

图2-27　压力机传动系统安放形式示意图

3. 开式和闭式传动

齿轮装在机身外面的称为开式传动。开式传动的优点是维修方便。但齿轮工作条件恶劣，传动噪声直接扩散在车间之中，污染环境，机床不美观。闭式传动齿轮装在机身的油箱之内，改善了润滑条件，明显地降低了传动噪声，机床外形也比较美观。大型压力机多采用闭式传动。

4. 双边传动与单边传动

曲轴由一个大齿轮传动的称为单边传动，由两个大齿轮传动的称为双边传动。双边传动可以减小齿轮模数，改善曲轴受力条件。但是双边传动，制造成本提高，安装调整困难。如果制造装配精度不高，还会造成传力不均匀等情况。

（二）传动级数和各级速比分配

压力机的传动级数与电动机的转速和滑块每分钟的行程次数有关，行程次数低，总速比大，传动级数就应多些，否则每级的速比过大，结构不紧凑。行程次数高，总速比小，传动级数可少些。现有压力机标称压力为31.5～160kN的小规格开式压力机一般采用一级带传动，没有传动轴。标称压力为250～1600kN采用两级传动，个别的（J23-100A）采用三级传动，其中高速级为带传动。

压力机总传动比 $i_{总}=n_e/n$ （n_e 为电动机额定转速，n 为压力机每分钟行程次数）。而各级传动最大速比有一定限制，带传动为6～8，齿轮传动为7～9。这样，滑块行程次数 n、电动机转速 n_e 和传动级数可有表2-4所示的对应关系。

表2-4　电动机转速、滑块行程次数及传动级数之间的关系

电动机同步转速 n_e	750	1000	1500/1000	1500/1000	1500/1000
滑块行程次数 n	70～80	＞80	70～30	30～10	＜10
传动级数	1级	1级	2级	3级	4级

各级速比分配遵循"最大速比原则"和"速比递减原则"。最大速比原则即各级传动尽量用到允许的最大速比，速比递减原则即速比从高速轴到低速轴按（5.5～8.5）:（2.9～

3.9)∶(2～2.5) 递减。

（三）离合器和制动器的位置

通用曲柄压力机的离合器有刚性离合器和摩擦离合器两种。刚性离合器不适宜于在高速下工作，所以安装在曲轴上，如图 2-1 所示。摩擦离合器通常与飞轮一起安装在同一传动轴上。行程次数较高的小型压力机也有安装在曲轴上的，制动器的位置总与离合器同轴。摩擦离合器的位置是否合理，主要看它是否有良好的工作条件。装在低速轴上，接合时拖动的从动件少，工作阶段摩擦损失小，是有利的一面。但低速轴的扭矩大，因此要增大离合器的尺寸。闭式传动的低速轴在机身中，不便于离合器的安装调整，也不利于散热。

在传动系统中飞轮需要安装在有一定转速的传动轴上，转速太低，飞轮尺寸过大。一般要求大于 300r/min，与离合器的要求一致。

三、主要传动零件的强度校核

1. 齿轮强度校核

通用曲柄压力机使用直齿轮、斜齿轮或人字齿轮。齿轮强度按标称扭矩进行，通常只校核小齿轮。

对于开式传动，齿轮失效形式为磨损和断齿，一般只校核抗弯强度

$$\sigma_{\mathrm{w}} = \frac{C_{\mathrm{w}} K_{\mathrm{j}} K_{\mathrm{d}} M_{\mathrm{n_1}}}{m^2 BY} \leqslant [\sigma_{\mathrm{w}}] \tag{2-17}$$

式中，σ_{w} 为小齿轮齿根弯曲应力；M_{n1} 为小齿轮所受扭矩；C_{w} 为弯曲应力系数，$C_{\mathrm{w}} = 2/(z_1 \cos\alpha)$，$z_1$ 为小齿轮的齿数；α 为压力角，当 $\alpha = 20°$ 时，C_{w} 可查图 2-28，对直齿圆柱

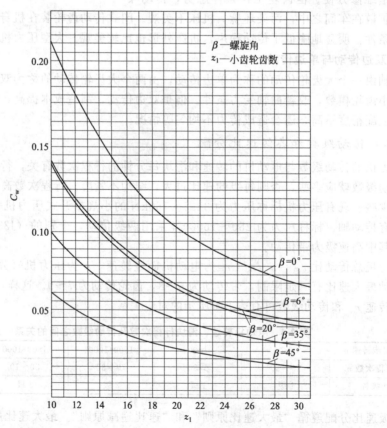

图 2-28 系数 C_{w}

齿轮查螺旋角 $\beta=0$ 的曲线，对于圆柱斜齿轮，可查图中相应螺旋角的曲线；B 为齿宽；m 为齿轮模数，当为斜齿轮时，用法向模数 m_n；Y 为齿形系数，对于直齿轮可直接查图 2-29 中的曲线，如果是斜齿轮按当量齿数 $z=z_1/\cos\alpha$ 来查，对于变位齿轮则按对应的变位系数 ξ 查找；K_j 和 K_d 分别为应力集中系数和动载系数，见表 2-5 和表 2-6；$[\sigma_w]$ 为许用弯曲应力，见表 2-7 和表 2-8。

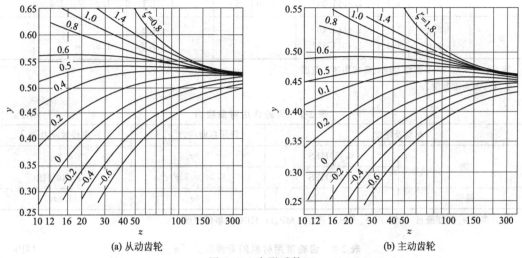

(a) 从动齿轮　　　　　　　　　　　　　　(b) 主动齿轮

图 2-29　齿形系数 Y

表 2-5　齿轮应力集中系数 K_j

ψ_m/z_1 或 B/d_1	齿轮与轴承的位置关系			
	位于两轴承之间			位于两轴承之外（悬臂布置）
	对称布置	刚性较大的轴不对称布置	刚性较小的轴不对称布置	
0.2	1	1.0	1.05	1.08
0.4	1	1.04	1.12	1.15
0.6	1.03	1.10	1.22	1.22
0.8	1.05	1.16	1.23	1.30
1.0	1.09	1.22	1.34	
1.2	1.14	1.26	1.40	
1.4	1.19	1.30	1.45	
1.6	1.25	1.35		

注：1. 表中数值适宜于未经跑合，硬度大于 350HBS 硬齿面齿轮。
　　2. 硬度小于 350HBS 的软齿面齿轮按下式修正：$K_j=1/2(K_{j表}+1)$。
　　3. 当其中一齿轮硬度小于 350HBS 时，$K_j=1$。

表 2-6　齿轮动载系数 K_d

工作平稳性精度	齿面硬度（HBS）	直齿				斜齿和人字齿			
		节圆圆周速度 $v/(\text{m/s})$							
		<1	1~3	3~8	8~12	<3	3~8	8~12	12~18
7	≤350		1.25(1.15)	1.45(1.30)	1.55	1	1.1	1.2	1.3
	>350		1.20(1.10)	1.30(1.25)	1.40	1	1.1	1.1	1.2

续表

工作平稳性精度	齿面硬度（HBS）	直齿				斜齿和人字齿			
		节圆圆周速度 v/(m/s)							
		<1	1～3	3～8	8～12	<3	3～8	8～12	12～18
8	≤350	1	1.35(1.20)	1.55(1.40)		1.1	1.3	1.4	
	>350	1.1	1.30(1.20)	1.40(1.35)		1.1	1.2	1.3	
9	≤350	1.1	1.45(1.40)			1.2	1.4		
	>350	1.1	1.40(1.35)			1.2	1.3		

注：1. 1～3、3～8 两栏为压机常规用速度范围。

2. （）内为推荐值。

表 2-7　齿轮许用弯曲应力　　　　　　　　　　　　　　MPa

材料及硬度		许用弯曲应力[σ_w]	许用接触应力[σ_c]
钢	≤350HBS	$0.8\sigma_s$	$3.1\sigma_s$
	>350HBS	$0.3\sim0.35\sigma_s$	4.2×10^2HRC
铸铁		$0.6\sigma_b$	$1.8\sigma_b$

注：表中 σ_s 为屈服点（MPa）；σ_b 为抗拉强度（MPa）；HRC 为洛氏硬度。

表 2-8　齿轮常用材料的弯曲应力 [σ_w]　　　　　　　　　　MPa

材料及热处理	45 调质	40Cr	ZG270-500 退火	HT200
[σ_w]	300	500	200	90

对于闭式传动，齿轮的失效形式主要是点蚀，因此应校核接触强度

$$\sigma_c = \frac{\alpha C_c}{A}\sqrt{K_j K_d M_{n_1}/B} \leqslant [\sigma_c] \tag{2-18}$$

式中，σ_c 为齿面工作接触应力；A 为中心距；α 为系数，直齿圆柱齿轮 $\alpha=1$，斜齿圆柱齿轮，螺旋角为 $\beta=6°\sim26°$ 时，$\alpha=0.88\sim0.93$；C_c 为接触应力系数，当压力角 $\alpha=20°$，钢对钢接触，当量弹性模量 $E_d=215$GPa 时直接查清华大学何誉德教授主编的《曲柄压力机》一书中图 5-20 上的曲线，当传动比 $i>1.5$ 时，该曲线可由下式精确模拟

$$C_c = k(i+3)\times10^2 N^{1/2}\cdot m \tag{2-19}$$

式中，k 为系数，锻钢对锻钢 $k=1$，锻钢对铸钢 $k=0.944$，锻钢对球墨铸铁 $k=0.915$，锻钢对灰铸铁 $k=0.858$；[σ_c] 为许用接触应力。其余符号同前。

2. 传动轴及连接件校核

传动轴理论计算很复杂。因为传动轴承受不稳定的动载荷，轴上有台阶、过渡圆角、键槽和安装轴承、齿轮等传动零件以及轴的表面加工品质等，均对传动轴的应力与寿命有直接影响。

对于传动轴，应进行静载强度和疲劳强度两方面的校核。一般只进行静载强度校核。先求出危险截面上的弯矩 M_w 和扭矩 M_n，再按下式校核强度

$$\sigma = \sqrt{(M_w^2+M_n^2)}/(0.1d^3) \leqslant [\sigma] \tag{2-20}$$

式中，M_w 和 M_n 分别为危险截面上的弯矩和扭矩 N·m；d 为计算截面直径，m；[σ] 为许用应力（MPa），按材料屈服点 σ_s 和安全系数 n 取 [σ]$=\sigma_s/n=\sigma_s/2.5$。表 2-9 是常用传动轴材料和推荐的许用应力。

表 2-9　传动轴常用材料及许用应力　　　　　　　MPa

材　料	热处理	硬度	抗拉强度 σ_b	屈服点 σ_s	许用应力 $[\sigma]$
45	正火	163~217HRB	580~600	290~300	120
45	调质	180~230HRB	650~800	350~560	180
40Cr	调质	230~280HRB	800~1000	550~850	300

当计算飞轮轴时应该考虑飞轮自重和皮带的压轴力。离合器和电动机之间的传动轴可以用电动机功率及转速确定扭矩。在飞轮离合器轴与曲轴之间的传动轴，必须用曲轴扭矩换算计算扭矩。这是因为轴的工作扭矩是由飞轮的惯性扭矩提供的。

齿轮啮合和飞轮平稳地工作很大程度上取决于轴的刚度。轴的挠度和扭转角通常给出如下限制：齿轮安装位置的挠度不大于 $(0.01~0.03)m$，m 为齿轮模数，安装飞轮的轴挠度不大于 $0.0003l$，l 为两支点间距离，传动轴的许用扭转角为 $0.5°/m$。

四、离合器与制动器

(一)离合器与制动器的作用与分类

离合器的作用是使工作机构与传动系统接合或分离。接合时它把压力机的工作机构与传动系统联系起来，使工作机构得到传动系统提供的运动和能量。制动器的作用是使滑块迅速停止运动并支持滑块的自身质量，防止滑块下滑造成人身事故。离合器与制动器协调配合以实现压力机的行程规范。

离合器与制动器有多种类型。离合器可分为刚性离合器和摩擦式离合器两大类。制动器多为摩擦式，有盘式和带式之分。

其中，刚性离合器用于小型压力机，常配合闸瓦式制动器完成压力机的操作控制。牙嵌式和滑销式刚性离合器，已基本上被转键式所取代。摩擦离合器和制动器的结构比较完善，普遍应用于大、中型压力机。近年来有向小型压力机普及的趋势。

(二)转键式离合器及其操纵装置

目前，在小型压力机上应用的刚性离合器中，转键式离合器几乎取代了其他形式的刚性离合器。下面分析它的工作原理以及与刚性离合器有关的问题。

1. 双转键式离合器的结构和工作原理

图 2-30 为双转键离合器的结构及工作原理，转键 16 是它的主要工作元件。按转键的工作截面形状分为半圆形转键和矩形转键。矩形转键的结构见图 2-31，圆形转键已经标准化，其尺寸见表 2-10。

表 2-10　圆形转键主要结构尺寸

标称压力 kN	结构尺寸/mm								
	d	L	l_1	l_2	l_3	B	R	a	D_1
32	18	93	15	23	47	14	46	15.5	35
63/100	25	135	15	31	74	24	61	25	56
160/250	35	214	20	51	98	35	76	36	80
400/630	50	277	20	74	154	44	—	48	108
200/1000	57	391	20	103	208	—	—	67	150

双转键式离合器采用圆形转键。转键 16 通过内套 2 和外套 6 装在曲轴 3 的右端。内、外套上有半圆槽与曲轴上的半圆槽组成圆孔时，转键装在此孔中可以自由转动。大齿轮的内

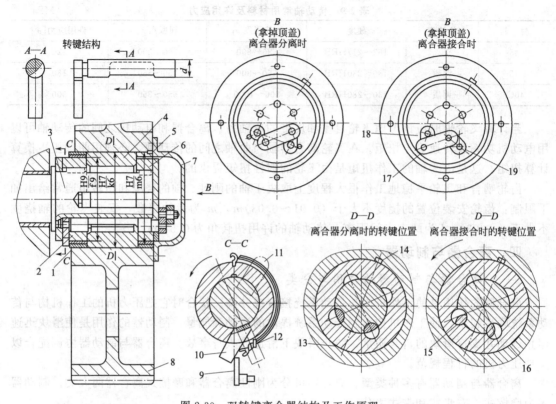

图 2-30　双转键离合器结构及工作原理

1,5—滑动轴承；2—内套；3—曲轴（右端）；4—中套；5—外套；6—端盖；7—大齿轮；9—关闭器；
10—尾板；11—凸块；12—弹簧；13—润滑棉芯；14—平键；15—副键；16—工作键；
17—拉板；18—副键柄；19—工作键柄

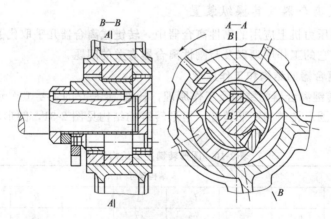

图 2-31　矩形转键结构

孔装有中套 4，中套内孔有 3～4 个半圆槽。压力机不工作时，由关闭器 9 挡住尾板 10（见 C-C 剖面），其工作截面处于图 D-D 剖面所在位置，转键与大齿轮不起连接作用，大齿轮可在内、外套支承下自由旋转，即脱离状态。当关闭器 9 放开尾板 10 时，键尾在弹簧 12 作用下转至剖面 D-D 所示接合状态。月牙形截面转出曲轴的半圆孔落入中套的半圆槽中，与大齿轮发生连接，大齿轮带动转键和曲轴一起旋转。这就是转键式离合器的工作原理。双转键式离合器有两个键，一个称工作键（图 2-30 中件 16），又称主键。主键传递工作扭矩。另一个称填充键（又称副键）。主键和副键之间由四连杆机构联动，有的采用扇形齿轮，有的直接用键尾联动。副键的作用是防止曲轴"超前"。曲轴"超前"的概念是指从动件的运动速度超过主动件的速度。当滑块向下行程时，由于制动器调得过松，滑块和上模自身质量可使曲轴加速旋转；在使用拉深垫或弹性压边圈和弹性顶料器作业中，滑块开始回程时滑块受到向上的弹力作用，亦可能造成超前，回程后期滑块作减速运动，产生向上的惯性力也可能造成超前。一旦出现超前，从图 2-30 D-D 剖面所示接合状态可以看出，如果没有副键15，主键16的工作面将出现间隙，间隙消失时会产生撞击和噪声。有副键15就不会出现超前现象。

2. 双转键式离合器的操纵装置

图 2-32 是刚性离合器操纵装置的一种。主要由关闭器10、齿轮-齿条机构和杠杆系统组成。这种操纵装置可控制压力机的滑块连续行程和单次行程。

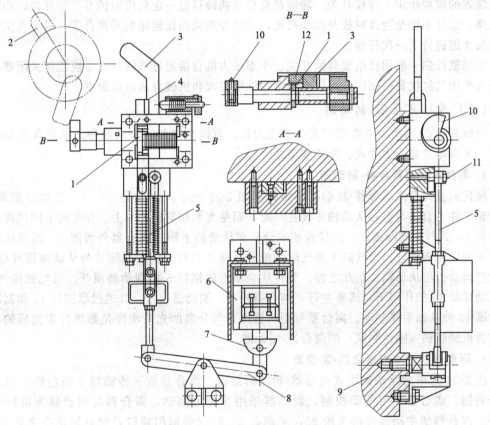

图 2-32　转键式离合器的操纵装置

1—齿轮；2—凸块；3—打棒；4—台阶面；5—拉杆；6—电磁铁；7—衔铁；8—摆杆；9—机身；
10—关闭器；11—销子；12—齿条

（1）连续行程　用销子11将拉杆5联到齿条12上，齿条在弹簧作用下上升，带动齿轮轴上的关闭器10处在图示位置，挡住键尾，转键呈分离状态，曲轴停在上死点。当电磁铁通电，吸引衔铁拉杆5拉下齿条，关闭器10逆时针旋转，放开键尾，在弹簧作用下带动转键向接合方向旋转。当空转的大齿轮中套上的某个半圆槽遇到转键，转键便迅速滑入槽中与中套接合，并与曲轴一起开始转动，滑块开始向下行程。在曲柄返回上死点前让电磁铁断电，弹簧将键尾复位，一起开始转动，滑块开始向下行程。在曲柄返回上死点前让电磁铁断电，弹簧将键尾复位，关闭器又可挡住键尾，在继续转动中转键对曲轴发生相对转动，回到分离状态。曲轴在制动器作用下停在上死点，滑块完成一次行程。如果电磁铁没有断电，即不释放按钮或脚踏开关，曲轴仍继续旋转，滑块进行连续行程。

（2）单次行程　实现单次行程时，先将拉杆 5 与打棒 3 连接，电磁铁通电，打棒 3 的台阶面压下齿条，同连续行程一样便可开始向下行程。在曲柄返回上死点前曲轴上的凸块 2 推开打棒，台阶面与齿条分离，齿条在弹簧作用下上升带动齿轮轴使关闭器复位挡住键尾，经过很短的转键脱离和制动过程曲轴停在上死点，实现了单次行程。进行下一次行程前须使电磁铁断电，让弹簧将打棒提起，台阶面重新扣住齿条才能进行下一次行程。

这种装置可以有效地防止连冲，因为在前一次行程返回前凸块已将打棒推开，即使没有及时释放按钮（电磁铁未断电），齿条仍在上方，关闭器仍处于关闭位置，所以不能发生连续行程。有的压力机不采用带打棒的操纵机构，而由电气联锁回路实现。它是利用曲轴另一端上装置的撞块作用于行程开关。转键接合后当曲轴转过一定角度时撞开行程开关，切断按钮电路。这样不管是否及时放开操作按钮，关闭器都能挡住键尾脱开离合器。只有再次按操纵按钮才能进行下一次行程。

电磁铁控制一般用按钮或脚踏开关。小型压力机直接通过脚踏杠杆系统控制关闭器。有的压力机用气缸代替电磁铁，可以克服电磁铁噪声大和机械寿命短的缺点。

（三）摩擦离合器-制动器

摩擦离合器-制动器主要用于大中型压力机。有圆盘式和嵌块式两种。根据盘数和有无介质，又有单片式、多片式、干式和湿式之分。

1. 圆盘式摩擦离合器-制动器

现代圆盘式摩擦离合器-制动器的结构如图 2-33 所示。左端是离合器，右端是制动器。大带轮 7 并不直接与空心从动轴 4 装在一起，而是支承在滚动轴承上。在带轮上固接离合器内齿圈 8，其与主动摩擦片 9 的轮齿相啮合。在从动轴上固接离合器外齿圈 3，其与从动摩擦片 6 的轮齿相啮合。当气缸 1 进气时，推动活塞 2 右行，主动摩擦片与从动摩擦片接合，带轮把运动传给从动轴。在此之前，装在从动轴上的推杆 5 把制动器顶开。当气缸排气时，在制动弹簧 10 的作用下，活塞左行，离合器松开，制动器接合，并通过摩擦片 12 和制动器外齿圈 13 使从动系统制动。离合器与制动器接合与分离的先后次序是靠顶杆来完成的，故又称为机械联锁（刚性联锁）的离合器-制动器。

2. 浮动嵌块式摩擦离合器-制动器

图 2-34 为单盘浮动嵌块式离合器-制动器结构。离合器装于传动轴 9 的左侧，制动器装于右侧。离合器采用气动控制，制动器采用弹簧力制动，离合器与制动器为机械刚性联锁。离合器的主动部分由飞轮 25，主动盘 2、26（分别用螺钉及销钉固定在飞轮 25 和活塞 7 上），气缸 6，活塞 7 和推杆 5 组成。气缸和飞轮用双头螺柱 29 固定在一起，其间有定距套管 28 和调整垫片组 27，活塞 7 固定于气缸和飞轮的导向杆 8 上，可轴向滑动。离合器的从动部分由传动轴 9、保持盘 3、摩擦块 1 等组成，其中保持盘 3 用键与传动轴相连接。

离合器动作过程如下：当离合器结合时，要接通电磁空气分配阀，压缩空气进入离合器气缸 6，推动活塞 7。主动盘 2、推杆 5 和制动盘 10 克服弹簧 13 的阻力向右移动，使制动盘与保持盘 18 中的摩擦块 11 松开，即先失去制动作用。接着主动盘 2 和 26 夹紧保持盘上的传动轴。若气缸 6 排气，则在制动弹簧 13 的作用下，制动盘 12 向左移动，通过推杆 5 推动活塞 7 左移，使主动盘 2 与摩擦块 1 脱开。与此同时，制动盘 12 压紧转动的摩擦块 11，靠

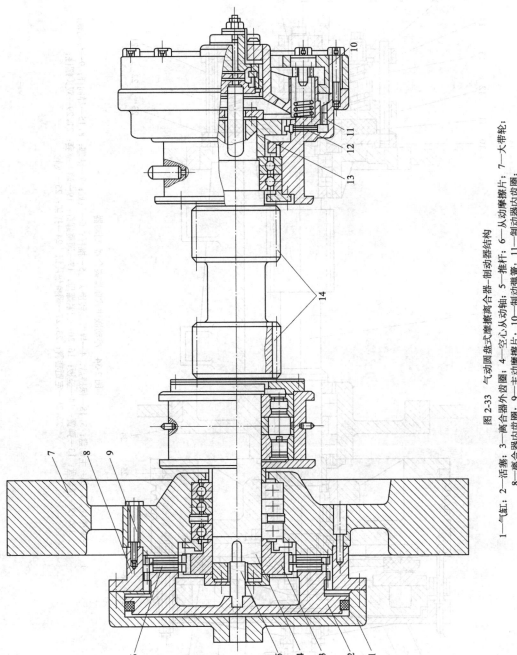

图 2-33 气动圆盘式摩擦离合器-制动器结构

1—气缸；2—活塞；3—离合器外齿圈；4—空心从动轴；5—推杆；6—从动摩擦片；7—大带轮；
8—离合器内齿圈；9—主动摩擦片；10—制动弹簧；11—制动器内齿圈；14—小齿轮；
12—摩擦片；13—制动器外齿圈；14—小齿轮；

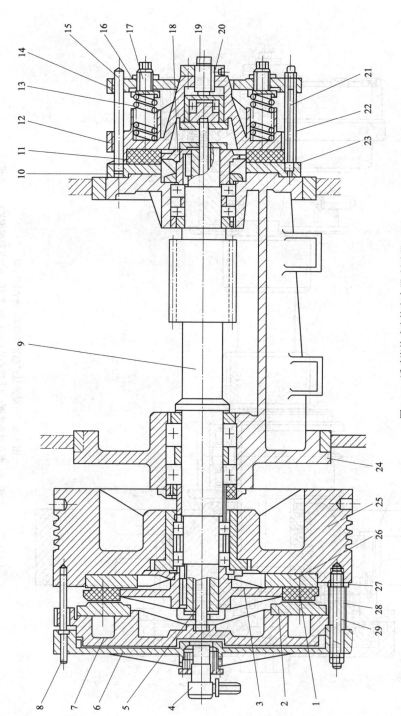

图 2-34　浮动嵌块式摩擦离合器-制动器

1, 11—摩擦块; 2, 26—主动盘; 3, 18—保持盘; 4—导气旋转接头; 5—推杆; 6—气缸; 7—活塞; 8, 15—导向杆; 9—传动轴;
10, 12—制动盘; 13—弹簧; 14—盖板; 16, 20—锁紧螺母; 17—调整螺钉; 19—调整螺套; 21, 29—双头螺柱;
22, 28—定距套管; 23, 27—调整垫片组; 24—托架; 25—飞轮摩擦力产生制动力矩，迫使传动轴停止转动。

下面说明几点有关摩擦离合器的结构常识。

① 在工作中要求离合器分离可靠。在结构上离合器从动片采用花键连接，保证其轴向自由移动，当气缸排气后各盘（片）能自动甩开。使用中要注意保持从动盘与花键轴正确配合。

② 摩擦材料磨损后要及时调节间隙。摩擦材料磨损后主、从动摩擦盘之间的间隙增大，加大了接合时从动摩擦盘的移动距离，不仅延长了接合时间，增加了压缩空气用量，而且造成较大撞击，影响摩擦材料寿命甚至碎裂。调节方法与离合器结构有关。图 2-33 是采用减少摩擦片 12 的方法调节。有的结构使用调节螺栓。

③ 对于干式摩擦离合器要注意保持摩擦表面干燥。一定不要让润滑油污染摩擦工作表面，否则摩擦因数减小，会降低传递扭矩的能力。使用中要注意密封是否完好。

④ 使用中要注意离合器的温升。离合器每接合一次都消耗一定的能量，变成摩擦热，使摩擦表面和相邻零件温度升高。温升超过允许值时摩擦因数迅速减小引起传递扭矩能力降低，导致摩擦材料剧烈磨损甚至烧毁，还会引起相邻金属零件产生永久变形。设计摩擦离合器时已经考虑到它的热平衡，如尽量增大相关零件的表面积，留有通风孔道，有的直接暴露在空气中，都是为了离合器散热。使用中压缩空气压强过低、接合次数超过压力机的允许行程次数，都可能是造成离合器发热的原因。

3. 湿式摩擦离合器-制动器

上述两种离合器-制动器的摩擦副都是暴露在空气中，故称为干式摩擦离合器-制动器。湿式摩擦离合器的结构与干式圆盘式摩擦离合器大致相同，但它的摩擦机理不相同。干式靠主、从动盘直接接触产生的库仑摩擦力传递扭矩，为了增加摩擦力需要覆盖摩擦材料。湿式在主、从动盘之间充入机油，靠剪切油液产生的牛顿摩擦力传递扭矩，主、从动盘互不接触，因此不会磨损。湿式摩擦离合器噪声小，散热条件好，但由于油的切应力通常比摩擦因数小，同等条件下传递扭矩能力不如干式摩擦离合器。为此湿式摩擦离合器采用多片式结构，通常为 3～6 片。

（四）制动器

根据制动器的分类，制动器有圆盘式、闸瓦式和带式三种。其中圆盘式制动器一般与圆盘式摩擦离合器配合使用，其结构前面已经介绍过。带式制动器一般与刚性离合器配合使用，主要用于小型压力机。带式制动器有三种形式，即偏心带式制动器、凸轮带式制动器和气动带式制动器。

1. 偏心带式制动器

图 2-35 为偏心带式制动器结构示意图。由制动轮 6、制动钢带 4、摩擦材料 5、制动弹簧 2、调节螺钉 1 等组成。制动轮 6 固定在曲轴的一端，在其外沿包有制动钢带 4，制动钢带的一端与机身铰接，另一端用制动弹簧 2 张紧。制动轮与曲轴有一偏心距 e，当曲轴接近上死点时，制动带崩的最紧，制动力矩也最大，可以将滑块制动在上死点附近。曲轴在其他位置时，制动带也不松开，仍然保持一定的制动力矩。制动力矩的大小可用调节螺钉 1 上的螺母进行调节。这种制动器结构简单，但因有制动力矩的作用，压力机的能耗大，摩擦材料的磨损严重。

2. 凸轮带式制动器

图 2-36(a) 所示为凸轮带式制动器，制动带 6 的张紧是靠制动弹簧 5，而松开是靠凸轮 1、滚轮 3 和杠杆 4，因此，压力机在非制动行程时，可以完全松开制动带，能量损耗较小。

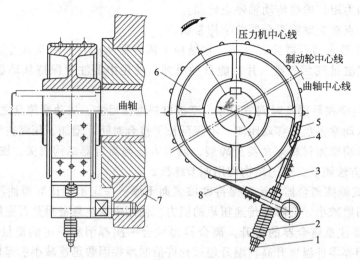

图 2-35　偏心带式制动器

1—调节螺钉；2—制动弹簧；3—松边；4—制动钢带；5—摩擦材料；6—制动轮；7—机身；8—紧边

但是由于小型压力机一般没有滑块平衡装置，因此，在压力机空程向下时，为了防止连杆滑块等零件的"超前"现象，制动器应提供一定的制动力矩。故非制动行程一般指滑块回程。

3. 气动带式制动器

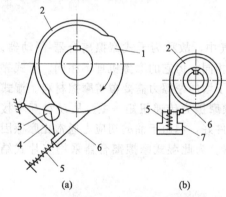

图 2-36　带式制动器

1—凸轮；2—制动轮；3—滚轮；4—杠杆；
5—制动弹簧；6—制动带；7—气缸

图 2-36（b）为气动带式制动器结构示意图。它有一套使制动带张紧、放松制动带的装置，由气缸、活塞、弹簧等组成。制动力是由制动弹簧产生的。气缸进气，推动活塞压缩制动弹簧，制动带松开；排气时，在制动弹簧的作用下拉紧制动带，产生制动作用。气动制动器一般与摩擦离合器配合使用，可以在任意角度制动曲轴。这种制动器在非制动时，制动带与制动轮完全不接触，故能量损耗最小。

带式制动器的优缺点：带式制动器结构简单，制造容易，成本低廉；它与转键式离合器配合使用广泛地用于小型压力机；由于这种制动器采用柔韧体摩擦原理，钢带较薄，时常有钢带断裂现象；尤其与转键离合器配合使用时，实际制动角很小。

五、电动机与飞轮

1. 曲柄压力机电力拖动特征

曲柄压力机的负载属于冲击负载，即在一个工作周期内只在较短的时间内承受工作负荷，而较长的时间是空程运转。若依此短暂的时间来选择电动机的功率，则电动机的功率将会很大。例如用 J31-315 压力机冲制直径为 100mm、厚度为 23mm 的 Q235 钢板时，工件变形力为 3150kN，工件变形功为 22800J，冲制工件时力的作用时间为 0.2s，冲裁时压力机的机械效率为 0.25，则所需功率为

$$N=\frac{A'}{t'\eta}=\frac{22800}{0.2\times0.25}=456\text{kW} \tag{2-21}$$

为减小电动机功率，在传动系统中设置了飞轮，这样电动机功率可以大为减小。传动系统中采用飞轮后，空载时，电动机带动飞轮旋转，使其储备动能。而在冲压工件的瞬间，主要靠飞轮释放能量。工件冲压后，负载减小，于是电动机带动飞轮加速旋转，使其在冲压下一个工件前恢复到原来的角速度。这样，冲压工件时所需的能量，不是直接由电动机供给，而是主要由飞轮供给。所以电动机功率便可大大减小。例如 J31-315 压力机传动系统安装飞轮后，电动机功率仅用 30kW 即可，为不用飞轮时的 7% 左右。

综上所述，飞轮起着储存和释放能量的作用。

图 2-37 中的曲线 a 为没有飞轮时所需功率的变化曲线，曲线所包含的面积即为一个工作循环所需的能量 A。若按直线 b 选择曲柄压力机的电动机功率，则按一个循环的平均能量或者大于平均能量的某一能量选择好电动机的功率以后，即可设计适当的飞轮。而且可以看到，如果选择的电动机的功率较大，例如在直线 c，需要飞轮补充的能量就较小，因而也就只需要较小的飞轮。所以，曲柄压力机的电动机功率和飞轮能量是相互依存的，电动机功率大一些，飞轮能量就可以小一些，反之亦然。

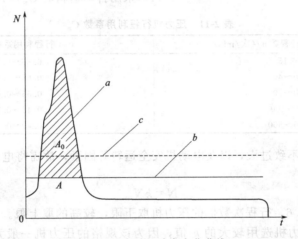

图 2-37　电动机功率变化曲线

实际上，曲柄压力机装置飞轮后，电动机的输出功率或输出扭矩不可能是不变的，即不可能是一直线，而是按照一曲线变化。因此，电动机的能量大小与飞轮的能量大小亦非成线性的比例关系。当电动机的功率小到一定程度时，飞轮的能量就急剧增加。

图 2-38 为 J23-10 压力机在冲裁工件时的功能变化示波图。从图可以看出，冲裁时飞轮速度降低（见曲线 1，其波峰间距变大），放出能量，冲裁后飞轮速度升高（波峰间距变小），储存能量。电动机的输出功率并不是均匀的，而是呈曲线变化（见曲线 3）。其变化的

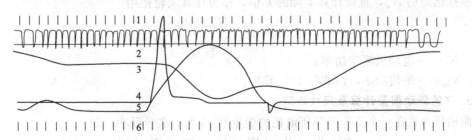

图 2-38　J23-10 压力机工作时功能变化示波图

1—飞轮转速变化波形；2—电动机功率零线；3—电动机功率变化曲线；4—冲裁力变化曲线；

5—滑块小位移曲线；6—时间信号

平缓与陡直程度，取决于飞轮能量大小。

2. 电动机功率计算

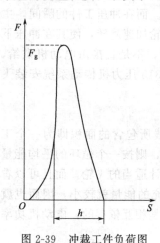

图 2-39　冲裁工件负荷图

综上所述，若按照一个循环的平均能量（图 2-39），其功率为

$$N_m = \frac{A}{t} \tag{2-22}$$

式中　N_m——平均功率；

A——工作循环所需的总能量；

t——工作循环时间。

$$t = \frac{1}{n C_n} \tag{2-23}$$

式中　n——压力机滑块行程次数；

C_n——压力机行程利用系数，采用手工送料时 C_n 值见表 2-11，采用自动送料时 $C_n = 1$。

表 2-11　压力机行程利用系数 C_n

压力机每分钟行程数 n/(次/min)	行程利用系数 C_n
<15	0.85~0.70
20~40	0.65~0.50
40~70	0.55~0.45
70~100	0.45~0.35
200~500	0.40~0.20

为了使飞轮尺寸不致过大，以及电动机安全运转等因素，故需将电动机的功率选得比平均功率大一些，即

$$N = k N_m \tag{2-24}$$

k 一般取 1.2~1.6，行程次数低的压力机取下限，较高的取上限。

行程次数高的压力机选用较大的 k 值，因为该规格的压力机一般为单级传动，此时飞轮转速较低，为 100r/min 左右，在一定的能量条件下，飞轮尺寸就要较大。为了使机器紧凑，因此选用较大功率的电动机。

由式（2-22）和式（2-23）两式得

$$N = \frac{kA}{t} \tag{2-25}$$

由式（2-25）即可算出所需的电动机的功率，然后查电动机手册，选出与 N 值相近的额定功率为 N_e 值的电动机。

根据选定的 N_e，重新计算实际的 k 值，作为计算飞轮使用。

$$k = \frac{N_e}{N_m} \tag{2-26}$$

式中　N_e——电动机额定功率；

N_m——平均功率，由式（2-22）算出。

3. 飞轮转动惯量计算及尺寸确定

曲柄压力机在一个工作循环所消耗的能量 W 称为一次行程功，即

$$W = W_1 + W_2 + W_3 + W_4 + W_5 + W_6 + W_7$$

式中，W_1 为工件变形功；W_2 为拉深垫工作功；W_3 为工作行程时，曲柄滑块机构的摩擦功；W_4 为工作行程时，压力机受力系统的弹性变形功；W_5 为压力机空程向上向下所消

耗的能量；W_6 为单次行程时，滑块停顿飞轮空转所消耗的功；W_7 是单次行程时，离合器结合所消耗的功。

（1）工件变形功 W_1　工艺不同，W_1 所需的能量不同，其负荷图是不同的。通用压力机以厚度冲裁的工作负荷图为设计依据。如图 2-39 所示，图中 h 为冲头进入板料使板料开始断裂的厚度，称为切断厚度。

$$h = 0.45h_0 \tag{2-27}$$

式中，h_0 为板料厚度。

若将图 2-39 看成三角形，则冲裁时的变形功为（三角形面积）

$$W_1 = \frac{1}{2}F_g h$$

考虑曲线呈鼓形，且有推料力

$$W_1 = 0.7F_g h = 0.315F_g h_0 \tag{2-28}$$

对于快速压力机（如一级传动压力机），$h_0 = 0.2\sqrt{F_g}$（mm）；对于慢速压力机（如两级或两级以上传动的压力计）$h_0 = 0.4\sqrt{F_g}$（mm）。

（2）拉深垫工作功 W_2　带拉深垫的压力机，在进行浅拉深工艺时，拉深垫压紧工件的边缘，并随滑块向下移动（反拉深），因此消耗一部分能量。其大小取决于其拉深垫的压紧力和工作行程。根据资料推荐取 $F_g/6$ 及 $s/6$。

$$W_2 = \frac{F_g}{6} \times \frac{s}{6} = \frac{1}{36}F_g s \tag{2-29}$$

式中，s 为滑块行程长度。

（3）工作行程时曲柄滑块机构的摩擦功 W_3　根据变形力在工作角度内所产生的摩擦积分计算，对于通用压力机，曲柄滑块机构的摩擦功用下式表示

$$W_3 = 0.5m_q F_g \alpha_g \tag{2-30}$$

式中，m_q 为摩擦当量力臂；α_g 为公称压力角，按弧度计算。

（4）工作行程时压力机受力系统的弹性变形功 W_4　受力系统因受载产生弹性变形，因而引起能量损耗。

$$W_4 = \frac{1}{2}F_g \Delta h \tag{2-31}$$

式中，Δh 为压力机总的垂直变形，$\Delta h = \dfrac{F_g}{C_h}$，$C_h$ 为压力机的垂直刚度，见表 2-12。

表 2-12　压力机的垂直刚度

压力机形式	$C_h/(\text{kN/mm})$	
	现有压力机统计值	推荐值
开式压力机	300～500	400
闭式压力机	500～700	700

（5）压力机空程向下和空程向上时所消耗的功 W_5　W_5 从表 2-13 中选取。

表 2-13　压力机空程消耗的功

F_g/kN	100	160	250	400	630	800	1000	1250	1600
W_5/J	100	160	250	500	1050	1500	2150	3100	1600
P_6/kW	0.16	0.23	0.34	0.50	0.75	0.75	0.92	1.35	1.68

续表

F_g/kN	2000	2500	3150	4000	5000	6300	8000	10000	12500
W_5/J	6300	9400	13200	19500	26800	38100	54800	76000	10700
P_6/kW	2.0	2.5	3.0	3.6	4.4	5.4	6.6	8.0	9.7

（6）滑块停顿飞轮空转所消耗的 W_6　　W_6 为

$$W_6 = P_6(t - t_1) \tag{2-32}$$

式中，t 为单次行程周期，$t = \dfrac{1}{nC_n}$，C_n 为行程利用系数；t_1 为曲轴回转一周所需时间，$t_1 = 1/n$；P_6 按照表 2-13 查出。

（7）单次行程离合器结合所耗的功 W_7　　W_7 为

$$W_7 = 0.2W \tag{2-33}$$

完成冲压工作所消耗的能量 W_g，主要靠飞轮释放能量，即

$$W_g = W_1 + W_2 + W_3 + W_4 \tag{2-34}$$

如果忽略电动机在这时输出的能量，那么

$$W_g = \frac{1}{2}J_0(\omega_1^2 - \omega_2^2)$$

令

$$\omega_m = \frac{1}{2}(\omega_1 + \omega_2) \qquad \delta = \frac{\omega_1 - \omega_2}{\omega_m}$$

所以

$$W_g = J_0\omega_m^2\delta \tag{2-35}$$

$$J_0 = \frac{W_g}{\omega_m^2\delta} \tag{2-36}$$

式中，J_0 为飞轮的转动惯量；ω_m 为飞轮的平均角速度，等于电动机额定转速下的飞轮角速度；δ 为飞轮转速不均匀系数，一般取 $\delta = 0.15 \sim 0.30$。

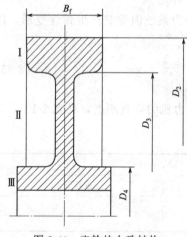

图 2-40　飞轮的大致结构

由转动惯量公式可见，飞轮储存的能量 W_g 与转动角速度的平方 ω_m^2 成正比，即转速高的大惯性轮起着飞轮的作用。当完成工作所需要的能量一定时，ω_m 越大，J_0 越小，但 ω_m 太高，离合器和制动器工作时就会发热，故一般飞轮的转速在 $300 \sim 400$r/min 为好。

在飞轮转动惯量求得后，即可设计飞轮尺寸。图 2-40 所示为飞轮的大致结构。设计飞轮尺寸主要是确定 D_2、D_3、B_f。

选好电动机后，D_1 可知，那么

$$D_2 = iD_1 \tag{2-37}$$

式中，i 为小带轮到飞轮的速比；D_1 为小带轮的直径；D_2 为飞轮的外径。

而飞轮的轮缘厚度 B_f 一般由传动带槽齿或齿宽要求确定，有时为了增加 J_0 而将 B_f 做宽。所以 B_f 也基本确定，那么来计算 D_3。

首先前面求出的 J_0 实际不仅包括飞轮本身的转动惯量，还应包括其他转动零件（主动部分）的转动惯量，对于小型通用压力机 $J_0' \approx J_0$；对于大型通用压机 $J_0' \approx (80\% \sim 90\%) J_0$。为简化计算，可以先假定飞轮的 J_0' 占全部的百分比例，由此来确定飞轮的必要尺寸。

由图 2-40 可看出飞轮的转动惯量由三部分组成，即轮缘、轮辐、轮毂。一般认为轮缘

的转动惯量比轮辐、轮毂的转动惯量大得多，故近似计算

$$J_0' = \frac{m_1}{8}(D_2^2 + D_3^2), \qquad m_1 = \rho \frac{\pi}{4} B_f(D_2^2 - D_3^2)$$

所以
$$D_3 = \sqrt[4]{D_2^4 - \frac{32J_0'}{\pi \rho B_f}} \qquad (2\text{-}38)$$

式中，ρ 为材料的密度，铸铁 $\rho = 7.2 \times 10^k g/m^3$，铸钢 $\rho = 7.8 \times 10^k g/m^3$；$B_f$ 为飞轮轮缘宽度。

算出的 D_3 还应满足结构要求，例如圆盘离合器的摩擦片是否装在飞轮内。若 D_3 不满足要求，可增加 B_f，重新计算 D_3。

另外计算完之后，还应该校核飞轮的圆周速度。若 v 过高，会使飞轮破裂，资料推荐：对于铸铁飞轮 $v \leqslant 25m/s$，可用到 $30m/s$；对于铸钢飞轮 $v \leqslant 40m/s$，可用到 $50m/s$。

第四节　通用曲柄压力机的辅助装置

一、过载保护装置

压力机正常使用时，由于被加工件的材质和料厚的误差、双料误送等原因，有可能造成压力机超载。为了设备安全，曲柄压力机采用各种过载保护装置。常用的过载保护装置分为两类：一类是破坏性的，如剪板式、压塌块式保护装置；另一类是非破坏性的，如液压过载保护装置和机械式、电动式仪表。

1. 压塌块式过载保护装置

过载保护装置见图 2-20 和图 2-23。从图中可以看出，压力机工作载荷通过压塌块传递。当压力机超载时，压塌块被剪断，滑块停止，但连杆可以空载继续向下运动一段距离，从而保护了压力机主要受力零件免遭破坏。在压塌块破坏的同时，安全开关切断电源。更换新压塌块后，压力机恢复正常工作。

压塌块有单剪切面和双剪切面两种，见图 2-41。压塌块的剪切面积是按保护载荷设计的。保护载荷通常为标称压力的 1.2～1.3 倍。要求保护载荷尽可能准确，材料的抗剪强度要通过试验测定。双剪切面压塌块的尺寸设计要考虑两个剪切面同时破坏。

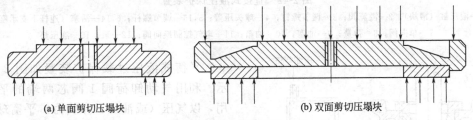

(a) 单面剪切压塌块　　　　　　　　　　(b) 双面剪切压塌块

图 2-41　压力机压塌块结构

压塌块式过载保护装置结构简单，制造成本低，应用较多。但它的破坏载荷不稳定，尤其与疲劳有关。使用一段时间以后，保护载荷下降，不超载时压塌块也出现破坏现象，限制了压力机发挥正常的工作能力。另外，由于压塌块保护载荷不稳定，不能用于多点压力机。因为压塌块不同时破坏，将会引起滑块严重倾斜。

2. 液压式过载保护装置

它是用液压垫代替压塌块作为过载保护装置。液压垫由液压系统充压，通过调节液压可以获得准确的保护载荷。当压力机出现过载时，液压压强升高自动打开卸荷阀，液压垫内的

液体被迅速排回液压系统，在滑块停止运动时，连杆可继续向下运动。同时限位开关发出过载信号，控制离合器脱离。检查并排除超载原因后，系统自动恢复保护液压，压力机可继续工作。液压过载保护装置是非破坏性的。

液压式过载保护装置有直接式和平衡式两种。图 2-42(a) 是直接式过载保护装置的结构。它利用滑块 1 作为液压缸，连杆的下支承座 6 作为活塞，组成液压垫。压力机工作时，工作压力通过 a 腔的油传递给连杆，工作压力越高，a 腔中的油压也越高。当压力机过载时，a 腔中的油压超过预调压力值，溢流阀 2 打开，a 腔的油流入 b 腔，使调节螺杆 5 能相对滑块 1 运动，从而起到保护压力机的作用。在滑块通过下止点后，由于其自重和弹簧 8 的作用，滑块相对于连杆向下运动，使 a 腔形成负压，单向阀 7 打开，b 腔中的油被压入 a 腔，重新形成液压垫，压力机便可继续工作。这种结构工作压力可以通过调节螺钉 3 调节，发生作用后能自动恢复，但液压垫刚性较差，因为其初始压力为零，工作中随着工作压力的增大，液压垫会被压缩。为此，有些压力机在液压回路中增加了液压泵，工作前给液压垫中加压，提高其刚度。如图 2-42(b) 所示，由泵 12、电气控制换向阀 11 和两个止回阀组成液压泵，这种结构压缩性小，动作快。

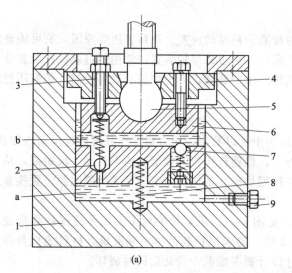
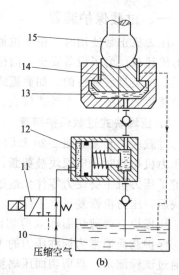

(a)　　　　　　　　　　　　　　　(b)

图 2-42　直接式液压保护装置

1—液压缸（滑块）；2—溢流阀；3—调节螺钉；4—球头压盖；5,15—调节螺杆；6,14—活塞（连杆下支承座）；7—单向阀；8—弹簧；9—油塞；10—油箱；11—电气控制换向阀；12—泵；13—液压垫

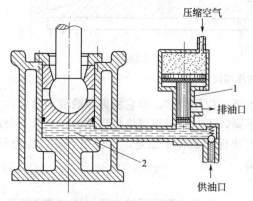

图 2-43　平衡式液压过载保护装置

1—气动卸荷阀；2—液压垫

平衡式液压过载保护装置如图 2-43 所示。利用气动卸荷阀 1 阀芯两端的平衡作用，以气压（或油压、弹簧力）平衡球座下面的液压垫的油压。当过载时，平衡被破坏，液压垫中的高压油通过卸荷阀排出，以消除过载。同时，控制离合器脱开，使压力机停止运转。这种结构较复杂，但它能准确地决定过载压力。在双点或四点压力机上，能确保各连杆同时卸荷。

图 2-44 为平衡式液压过载保护装置在双点压力机上的应用。其工作原理为：气

动液压泵 10 将压力油经止回阀 9 压入气动卸荷阀 7 及液压垫 4，形成高压。当压力机在标称压力下工作时，气动卸荷阀左端的油压略低于阀芯活塞 8 右端的空气压力，压力机可以正常工作。当压力机过载时，液压垫中的油压升高。当其压力大于卸荷阀气缸中的气压时，阀芯活塞失去平衡向右移动，阀门开启，液压垫中的油排回油箱，压力迅速降低。

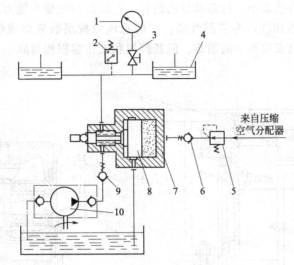

图 2-44　J36-800 液压过载保护装置原理

1—压力计；2—压力继电器；3—开关；4—液压垫；5—减压阀；6,9—止回阀；

7—气动卸荷阀；8—阀芯活塞；10—气动液压泵

二、拉深垫

拉深垫是通用曲柄压力机的附件，供单动压力机拉深时压边或顶件使用，如图 2-45（a）所示。在双动压力机上利用拉深垫进行工件局部成形，代替三动压力机使用，如图 2-45（b）所示。通用曲柄压力机加拉深垫可以进行较深的拉深工艺，扩大了通用曲柄压力机的使用范围。根据资料报道，日本采用单动压力机加拉深垫生产拉深件的数量占拉深件总数的 65%，

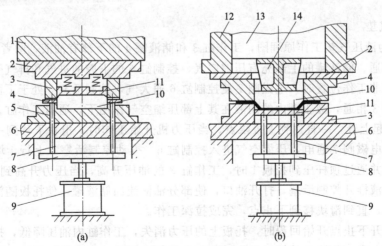

图 2-45　拉深垫的应用简图

1—滑块；2—上模块；3—凹模；4—压边圈；5—下模板；6—垫板；7—顶杆；8—托板；

9—拉深垫；10—凸模；11—卸料板；12—外滑块；13—内滑块；14—凸模接头

比在双动压力机上拉深生产率提高 40%。在大中型压力机上，多采用专用的气垫或液压气垫作为压力机的拉深垫。

1. 纯气垫

纯气垫又分单活塞式和多活塞式两种。图 2-46(a) 为单活塞纯气拉深垫。安装在工作台下。压边力或顶出力由气路系统的压强调节来控制。这种气垫结构简单，空气容积大，不需另配储气罐，工作压力波动小，行程和导向较长，有较好的抗偏心能力。缺点是体积大，滑块回程时有撞击。图 2-46(b) 为三层气垫。它的总压力按层数近似成倍增加，解决了单层气垫体积大，工作台内安装不下的困难。但其行程和工作容积相对减小，需要另外配备储气罐以降低压强波动。

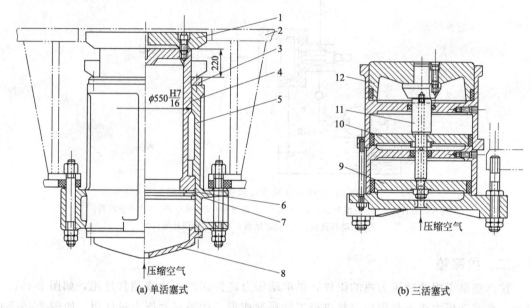

图 2-46　活塞式纯气垫结构

1—托板；2—工作台；3—定位块；4,9,10,12—活塞；5—气缸；
6—密封；7—压环；8—气缸盖；11—活塞杆

2. 液压气垫

图 2-47 为液压气垫工作原理图，工作缸 3 和储液罐 4 的下部有油液，两者经控制活塞 5 和管道相互连通。储液罐的上部充有压缩空气，控制缸 6 的下腔的进气和排气受电磁阀 7 的控制。滑块在非工作位置时，电磁阀 7 使控制缸 6 通大气，控制活塞 5 处于下面位置，储液罐 4 和工作缸 3 相通，液压罐内的油液在其上部压缩空气作用下，通向工作缸，使工作活塞 2 和托板 1 顶起上升，一直达到上极限点。当压力机开始工作时，滑块下移到一定位置，利用行程开关使电磁阀 7 通电，压缩空气进入控制缸 6，推动控制活塞 5 上行，堵住油口。当滑块继续下移并通过顶杆压到托板 1 时，工作缸 3 的油压升高，当压力升高到一定程度后，工作缸中的油液推开控制活塞，打开油口，使部分油流回储液罐，使托板随滑块下移并保持一定的压力，直到滑块移到下止点，完成拉深工作。

当滑块离开下止点开始回程时，托板上的压力消失，工作缸内油压降低，控制活塞在压缩空气作用下上升，使油口关闭，工作活塞和托板停止不动。当滑块回程到一定位置时，再利用行程开关使电磁阀断电，控制缸与大气相通，控制活塞下降，油口打开，储液罐中的压力油再次进入工作缸，推动工作活塞与托板向上移动顶出下模内的制件，直到上极限点，并为下次工作做好准备。

液压气垫由于在工作过程中，阀杆与阀座间的缝隙很小，而液压流速很大，压力波动频率很高，所以阀杆与阀座容易产生撞击，振动严重。为了减小振动，设有缓冲器。此种缓冲器由一个缝隙节流阀和单向阀组成。它把控制活塞顶部的空腔与阀杆空腔连通，所以阀杆向下移动时，阀杆空腔的油液经单向阀进入控制活塞顶部空腔。当阀杆向上运动时，由于有节流阀，控制活塞顶部油液的压力阻止阀杆撞击阀座，产生了缓冲作用。

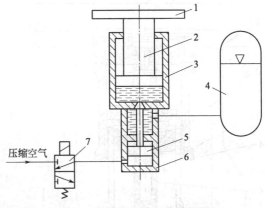

图 2-47　液压气垫工作原理图
1—托板；2—工作活塞；3—工作缸；4—储油罐；
5—控制活塞；6—控制缸；7—电磁阀

液压气垫实际上是气动控制的液压垫，其压强是被动形成的，比系统压强高出许多。因此可以减小体积，解决了工作台内容纳不下的矛盾。同时，它还具备行程长、导向好、工作行程容易控制等优点，不会发生撞坏制件的现象，是通用压力机比较好的辅助工具。

3. 拉深垫的行程调节装置和锁紧装置

普通的拉深垫托板的上限位置是固定的，在更换模具时必须相应更换不同长度的顶料杆，所以制造费用增加，操作及保管也极为不便，为改善这种情况，采用使行程可调的拉深垫行程调节装置。不论气垫还是液压气垫均可采用这种装置。利用拉深垫行程调节装置可以调节拉深垫上限位置即托板的高低。减少了顶杆的数量、制造费用和管理工作。

图 2-48 所示为 J31-250 型压力机的行程可调液压气垫，它由电动机 11、蜗杆 10、蜗轮 9 的传动来调整。当电动机向反时针方向转动时，通过蜗轮传动带动调节螺杆 7 向下运动，拉杆 1、5、活塞 2 和工作缸 4 也随同向下运动，于是行程高度减少。与此相反，电动机向顺时针方向转动时，行程高度增大，行程调节量可通过自整角发送机发出信号，由设置在立柱上的自整角接收机接收信号后，从气垫行程指示器上读出。也可以通过机械传动，从设在容易观察的位置上的标尺上读出，或机电结合，用数字显示的方法来表示气垫的行程。

纯气垫缸中的介质为空气，当滑块回程时托板上的外力减小，空气膨胀，托板紧跟滑块上升。这样虽然可以满足一般拉深技术要求，但对于采用模内有弹性定位块或压紧块的模具，或用于双动压力机，则有必要采用行程锁紧装置，以免损坏制件。

气垫的锁紧装置（图 2-49）是在气垫的活塞杆下端增加一个锁紧液压缸。当工作行程托板向下运动时，液压缸下腔 5 中的油经单向阀 6 流向上腔 8，滑块回程前由信号控制旁路电磁阀打开旁路 3，液压缸上腔 8 中的油可排往液压缸下腔 5，托板才能开始顶料动作。图中另一旁路 7 和油池 1 是为了调节上下腔容积和补油用的。

拉深垫的总压力一般按标称压力的 $10\% \sim 20\%$ 配置。在压力机工作时托板被强制压下，因此压力机的有效工作压力被气垫部分抵消。在计算压力机有效拉深功时，通常按 $1/6F_g$ 考虑。拉深垫的行程一般为 $1/6s$（s 为压力机的标称行程）。气垫的压力波动应小于 10%。波动大时要增加储气罐的容积。

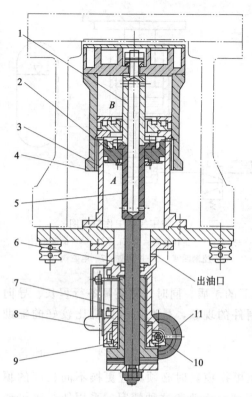

图 2-48　J31-250 型压力机的行程可调液压气垫
1,5—拉杆；2—活塞；3,4—工作缸；6—调节缸；
7—调节螺杆；8—调节装置；9—蜗轮；
10—蜗杆；11—电动机

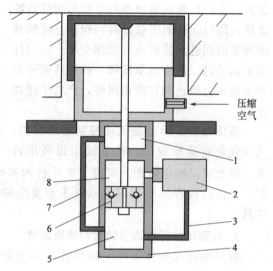

图 2-49　拉深垫锁紧装置的结构原理图
1—油池；2—旁路开闭阀；3—连接上下腔的旁路；
4—锁紧液压缸；5—下腔；6—单向阀；7—由油
池补充漏失油的通路；8—上腔

三、顶料装置

1. 刚性顶料装置

图 2-50 为开式压力机的刚性顶（打）料装置。它由装在滑块中的一根打料横杆 4 及固定在机身上的挡头螺钉 3 等组成。在滑块向下运动进行冲压时，由于工件的作用，通过上模中的顶杆 7 使打料横杆在滑块中升起。当滑块回程到快接近上止点时，打料横杆被安

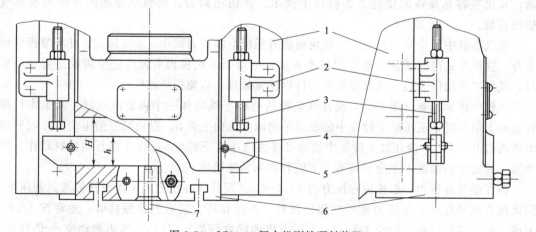

图 2-50　JC23-63 压力机刚性顶料装置
1—机身；2—挡头座；3—挡头螺钉；4—打料横杆；5—挡销；6—滑块；7—顶杆

装在机身上的挡头螺钉 3 挡住，在滑块继续向上运动时完成顶料动作。闭式单点压力机的顶料杆在滑块中对角安装。双点和四点压力机的顶料杆有多根，挡头螺钉倒装在上横梁下方。

2. 气动顶料装置

近年在四点压力机上开始使用气动顶料装置。它是用图 2-51 所示的气缸 4 代替挡头螺钉实现顶料。每根顶料杆两端各配一个气缸，由电磁空气分配阀控制顶料动作。顶料行程可达 $0.5s$（s 为压力机行程），顶料力为 $(0.1\sim0.2)F_g$。为了减小气缸直径和增大顶料力，采用双层活塞气缸。

刚性顶料装置的优点是结构简单，顶料可靠。缺点是只能在滑块回程最后阶段顶料，工件下落高度过高，并且当行程利用系数较高时，影响下一个件送料。气动顶料装置可在任意行程顶料，顶料力、顶料速度都可以控制。它可以与其他装置协调配合，为实现机械化生产创造了有利条件。

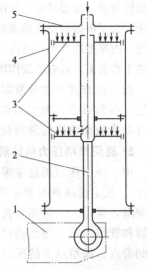

图 2-51　气动顶料装置示意图
1—打料横杆；2—活塞杆；3—活塞；4—气缸；5—气缸盖

四、滑块平衡装置

在滑块向下行程开始阶段因受重力作用导致运动超前，使速度的不均匀性增加，不利于均匀润滑，使传动系统产生冲击和噪声。小型压力机滑块质量较轻，带式制动器本身有防止超前的作用，不需要滑块平衡装置。大、中型压力机采用摩擦式离合器和制动器，不能防止超前，加之滑块本身质量较大，必须另配滑块平衡装置。滑块平衡装置见图 2-52，其气缸 1 装在机身立柱中。活塞杆与滑块连接，随滑块一起运动。活塞下腔与气罐常通，压力波动很小，始终有向上的作用力平衡滑块的重力。

气缸的平衡力应大于滑块本身重力加最大的模具重力

$$mF = k(G_h + G_m)$$

式中，G_h、G_m 分别为滑块和模具的重量；k 为平衡系数，一般 $k = 1.2$；m 为平衡缸数量，成对使用；F 为每个平衡缸的平衡力。

平衡缸的行程应大于滑块行程，并考虑装模高度调节量

$$H = 1.15s + \Delta H$$

式中，H 为平衡缸活塞行程；s 为滑块行程；ΔH 为装模高度调节量。

滑块平衡装置还可以减少装模高度调节机构的功率消耗，防止制动器失灵或连杆断裂时滑块下落造成人身事故。

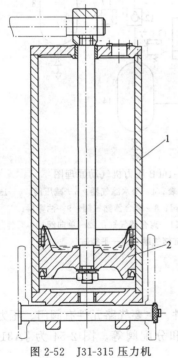

图 2-52　J31-315 压力机
滑块平衡装置
1—气缸；2—活塞

五、润滑系统

曲柄压力机属于重载工作机床，曲柄连杆机构的润滑不良会造成烧瓦、抱轴等事故。良好的润滑可以减少零件磨损，提高使用寿命，保持工作精度和传动效率，降低噪声，节约维修费用。

1. 润滑种类和润滑方式

按油品的种类分为稠油润滑和稀油润滑。稠油指润滑脂和 50 号以上的机油，油膜强度高，

流动性较差，需要填充、涂刷或强制压入润滑表面。用得较多的是钙基润滑脂，有的还添加二硫化钼。为了提高润滑脂的流动性加入15%～30%的机油稀释，以利于进入润滑表面。稀油的流动性好，内摩擦因数小，易进入润滑表面，传动效率高。采用循环润滑系统，润滑油能带走磨屑，清洁工作表面，具有冷却作用。缺点是密封困难，漏油污染工作环境。稀油常用10～30号机油。

　　按供油方式分为分散润滑和集中润滑。分散润滑是将油品通过旋盖油杯、压注油泵、油枪送入各润滑点。集中润滑是采用油泵将油品通过管道系统送入各润滑点。循环稀油润滑是将各润滑表面流出的油回收，在系统中循环使用。

　　2. 通用曲柄压力机的润滑

　　中、小型压力机通常采用稀油分散润滑，在使用说明书中绘出各润滑点分布情况（图2-53），规定油品种类和品质要求，如纯度高，不得含有酸性杂质等。开式传动的齿轮用稠油润滑，采用人工涂油方式。大、中型压力机多采用稠油集中润滑。系统由手动稠油泵、分油器和管道组成，用活动储油罐为手动稠油泵加油。手动泵打出的压力油经分油器分别通向各润滑点。润滑点多的压力机由机动稠油泵或车间润滑站供油。

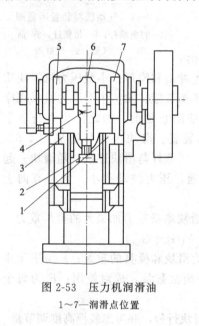

图 2-53　压力机润滑油

1～7—润滑点位置

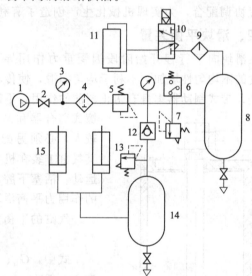

图 2-54　JA31-160B压力机气动原理图

1—气源；2—阀门；3—压力表；4—分水滤气器；5—减压阀；6—压力继电器；7,13—溢流阀；8—离合器储气罐；9—油雾器；10—空气分配阀；11—离合器气缸；12—单向阀；14—平衡缸储气罐；15—平衡缸

六、气路系统

1. 气路系统组成

　　压力机的气路系统指车间管道进口直至全部气动执行元件。主要气路元件有阀门、压力表、压力继电器、分水滤气器、油雾器、储气罐、安全阀和分配阀等。图2-54为JA31-160B压力机气动原理图。

　　气源一般来自车间供气管道或单独的空压机。阀门2将气源接入压力机气路系统。分水滤气器4滤去压缩空气中的杂质并分离出水分，得到清洁干燥的压缩空气。通过减压阀5调节所需压力并有稳压作用。经过滤清、干燥和调压的空气进入离合器储气罐8待用。储气罐应有足够大的容积，以使每次用气后压力波动不超过10%。油雾器9将润滑油雾化加入管道，以润滑各气动元件，如离合器空气分配阀10、离合器气缸11。滑块平衡缸是常通的，从专用平衡缸储气罐 14 直接接入。并用单向阀 12 与其他支路隔离,如果平衡缸压力降低,可从 12 得到及时补充。7 和 13 是总管道和支路上的安全阀。当压力超过保险压力时,安全阀迅速打开卸压,保证系统安全。压力表 3 用来指示减压前后的压力。压力继电器 6 是自动化仪表,当系统压力降低到危险值时发出报警,压力机应停止工作查明原因。压力机上若增加其他气动原件,可从总管道上连接相应的支路。

第五节　通用曲柄压力机的选择和使用

压力机选择包括压力机的类型和压力机的能力选择。正确选择压力机必须具备设备和过程两方面的基础知识。还要考虑市场动向、技术进步、投资能力以及管理、环境、劳动保护等因素。本节着重说明压力机的选择方法,顺便再说明一下选择压力机应注意的问题。

一、曲柄压力机的选择

1. 压力机的类型选择

冲压加工用的设备主要有通用压力机、专用压力机和液压机等。通用压力机主要适用于普通冲裁、弯曲和中小型简单拉深件的成形,适用于一般生产批量。通用压力机的机身又分为开式和闭式两种,开式机身的刚性较弱,适用于中小型冲压加工,而闭式机身适用于大中型冲压加工。生产批量较大时,应尽量选用适应于冲压工艺特点的专用压力机,如精密冲裁可选用精密冲裁压力机,对于大型覆盖件拉深成形,多选用双动拉深压力机等。表 2-14 为冲压类型与冲压设备选用对照表。

表 2-14　冲压类型与冲压设备选用对照表

项目	冲裁	弯曲	简单拉深	复杂拉深	整形校平	立体成型
小行程通用压力机	√	—	×	×	×	×
中行程通用压力机	√	√	√	—	—	×
大行程通用压力机	√	√	√	√	√	√
双动拉深压力机	×	×	—	√	×	×
高速压力机	√	×	×	×	×	×
摩擦压力机	—	√	×	×	×	√

注:√表示适用,—表示尚可适用,×表示不适用。

2. 压力机的能力选择

(1) 压力　表示压力机压力能力的参数是标称压力,它是受压力机主要受力零件强度条件限定的。压力机最大允许工作压力为标称压力。为了确保压力机使用中的强度安全,压力机装有压力过载保护装置,用来限制最大使用压力。实际使用中过载保护装置有时不够灵敏,可能偶尔出现超载情况,即使极限压力达到 $1.3F_g$ 时,也不会立即破坏,但不允许长期超载使用。

从滑块许用负荷曲线中可知,在滑块全行程中,并不是一直保持这一标称压力。在行程的中间点的压力约为标称压力的 $40\% \sim 50\%$。滑块许用负荷曲线分别由曲轴曲柄颈强度决定的压力能力和齿轮传动的强度所决定的扭矩能力所组成。

在选用压力机时,应使冲压变形力和冲压变形曲线位于滑块许用负荷曲线之下,这样压力机才是安全的。如果是复合冲压,应将几个工序的变形力的曲线相加起来,然后再进行比较。选择压力机的计算公式如下。

① 当压力机对坯料施加压力的行程小于 5% 的压力机行程时,压力机压力选择的计算式为

$$F \geqslant 1.3\sum F$$

式中　F——压力机的标称压力;

$\sum F$——冲压变形力、推件力、顶件力及卸料力等诸力的总和。

② 当压力机对坯料施加压力的行程大于 5% 的压力机行程时，如拉深成形，在浅拉深时，最大变形力应限制在标称压力的 70%~80%；在深拉深时，最大变形力应限制在标称压力的 50%~60%。

(2) 做功能力　压力机做功能力指压力机正常工作时每次行程可能做的最大机械功。如果加工零件所需压力在强度安全区内，但需要的变形功大于压力机的做功能力，则压力机可以安全度过一两次行程。但每次行程后飞轮和电动机转速都有较快下降，若干次工作之后转速将变得很慢，因此超过压力机做功能力，不仅压力机不能持续工作，并可能发生闷车和烧毁电动机事故。

冲压功的大小与冲压力和冲压工作行程有关。对于冲裁加工，由于冲裁工作行程较短，一般压力和扭矩不超载时，冲压功就不会超载。但是对于拉深行程比较大的冲压件，一般都应该进行冲压功校核，以保证冲压功不会超载。冲压功校核计算式如下：

冲压成形的变形功 (A) 一定要小于压力机的有效功 (A_p)，即 $A < A_p$。

① 压力机有效功 A_p　当压力机单行程工作时，且在速度可以降低 20% 的条件下，则飞轮的有效能量即压力机的有效功。A_p（mJ）计算式为

$$A_p = 0.28mD^2n^2$$

当压力机连续工作时，且在速度可以降低 10% 的条件下，则有效功 A_p（mJ）的计算式为

$$A_p = 0.15mD^2n^2$$

式中　m——压力机飞轮的质量，kg；

　　　D——压力机飞轮的直径，m；

　　　n——压力机飞轮的转速，r/min。

② 冲压成形的变形功

a. 冲裁加工所需要的冲裁功 A（mJ）的计算式为

$$A = Ftf$$

式中　F——冲裁力，N；

　　　t——冲裁板料的厚度，mm；

　　　f——切入率，冲裁间隙小时，$f = 0.6~0.8$；冲裁间隙大时，$f = 0.25~0.5$。

b. V 形件弯曲所需的变形功 A（mJ）的计算式为

$$A = Fhk$$

式中　F——弯曲力，N；

　　　h——弯曲工作行程，mm；

　　　k——系数，$k = 0.63$。

c. 圆筒形件拉深时的拉深功 A（mJ）的计算式为

$$A = Fhc$$

式中　F——拉深力，N；

　　　h——拉深工作行程，mm；

　　　c——系数，当拉深系数为 0.55 时，$c = 0.8$；当拉深系数为 0.65 时，$c = 0.74$。

如果加工件的变形功超过上述值，则压力机做功能力不够，应该考虑换功率较大的电动机。

手工送料压力机改成自动送料可能发生能量不足，采用调速电动机的压力机，也要注意做功能力问题。

3. 压力机的规格

(1) 压力机的装模高度　模具的闭合高度应介于压力机的最大闭合高度和最小闭合高度之间，并考虑留有适当的余量。模具的闭合高度需满足如下条件：

$$H_{max} - 5mm \geqslant H_d \geqslant H_{min} + 10mm$$

式中　H_{max}——压力机最大闭合高度，mm；

　　　H_d——模具的闭合高度，mm；

　　　H_{min}——压力机最小闭合高度。

当模具安装固定需要附加垫板时，还应考虑附加垫板厚度。

（2）滑块行程　一般冲压加工时，不用考虑滑块行程。

在通用压力机上进行拉深成形时，由于制件高度较大，必须考虑滑块行程的影响，否则拉深后的制件难以取出。一般按下式估算

$$h \geqslant 2.5h_0$$

式中　h——压力机滑块行程；

　　　h_0——拉深制件的高度。

当采用导板模结构时，为保证凸模始终不与导板脱开，应该选择滑块行程可调节的偏心式压力机。

（3）工作台板及滑块尺寸　模具的下模板安装固定于压力机工作台板上，当采用压板、T形螺栓固定下模时，在安装方位有不小于 50～70mm 的安装尺寸；当采用 T 形螺栓直接固紧下模时，下模板略小于工作台板尺寸即可。

对于大多数压力机，滑块在上止点位置时的下表面低于压力机机身导向部分；对于某些开式机身压力机，滑块在上止点位置时的下表面高于压力机机身导向部分，这时上模板外形尺寸必须小于滑块外形尺寸。

（4）工作台板漏料孔

① 当小型模具的下模板尺寸接近工作台板漏料孔尺寸时，应增加附加垫板，当下模漏料范围尺寸大于工作台板漏料孔尺寸时，应增加附加垫板。

② 当下模安装通用弹顶器时，弹顶器的外形尺寸应小于工作台板漏料孔尺寸。

（5）生产率　压力机每分钟的行程次数应满足冲压工艺的要求。

二、压力机的使用和维护

1. 压力机使用前的检查

压力机在使用之前，应进行如下检查：

（1）检查压力机各润滑部位是否全注满润滑油。

（2）检查轴瓦间隙和制动器松紧程度是否合适。

（3）检查压力机各运转部位是否有杂物夹入。

（4）检查压力机滑块导轨和机身导轨的间隙值及磨损状态。

（5）接通电源观察转动部件回转方向是否正确。方向正确时才可接通离合器，否则齿轮反转会损坏操纵机构和离合器。

2. 模具的安装

模具安装之前切断压力机总电源，检查压力机打料装置的位置是否合适。应将其暂时调整到最高位置，以免调整压力机装模高度时被折弯。检查压力机的装模高度与模具的闭合高度是否合理；检查下模顶杆和上模的打料装置是否符合压力机打料装置的要求。

模具的一般安装程序：

（1）根据模具的闭合高度调整压力机的装模高度，使压力机的装模高度略大于模具的闭合高度。

（2）将滑块升至上止点位置，将模具放于工作位置状态，再将滑块逐步下降，使模具模

柄安装到滑块的模柄孔内，使滑块下平面与上模座上平面接触，再用压块或压紧螺钉将模柄（上模）固紧。

（3）下模安放于压力机工作台垫板上，并与上模对正，用压板和压紧螺栓将下模固紧在工作台垫板上。

（4）用手扳动飞轮（或者选择"点动"，然后切断压力机总电源），使滑块移至最下位置，放松调节螺杆的调紧螺母，转动调节螺杆，按照模具闭合高度及上下刃口接触要求，调节滑块至适当高度，然后锁紧螺杆。

（5）调节压力机打料装置的挡头螺钉，使推料动作在行程终了时进行。

（6）接通压力机电源，空行程运转数次，然后进行试冲。

3. 压力机的调整

（1）压力机工作行程的调节。压力机的工作行程有可调节和不可调节之分。对于导板式冲裁模，为保证工作全过程中凸模与导板不脱开，应选用行程可调节的曲拐轴和偏心轴式压力机。对于曲拐轴式压力机，如图 2-18 所示，在连杆和曲拐轴之间增加了一个偏心套，偏心套和曲拐轴用花键连接，调整偏心套与曲拐轴的相对位置，可以得到不同的工作行程。

（2）压力机装模高度的调节。压力机的装模高度要与模具的闭合高度相协调。压力机的装模高度调节如图 2-20 所示，转动调节螺杆，改变调节螺杆与连杆的相对位置，即改变连杆长度，以调节压力机的装模高度。注意，在调节前后要通过锁紧螺钉和锁紧块分别松开和锁紧调节螺杆。

（3）打料装置的调节。压力机的推料装置如图 2-50 所示。模具安装前要将挡头螺钉调节到最高位置，在模具安装之后，根据模具打料横杆的尺寸，向下调节挡头螺钉，使滑块和上模上行至终了位置时，打料横杆的两侧与挡头螺钉相碰，打料横杆向下施力，将上模内的冲压件或废料打离上模。调节完毕用锁紧螺母锁紧挡头螺钉。

4. 压力机的维护

压力机是一种工作速度快、生产效率高的生产设备。要使压力机正常运转和冲压生产的正常进行，就必须加强压力机的维护，遵守操作规程，确保压力机在使用期内的精度和寿命。

压力机的维护是指对压力机进行清扫、检查、清洗、润滑、紧固、调整和防腐等一系列工作的总称，及时发现和排除压力机运行中的异常现象，以减少压力机的磨损。

压力机的维护分为"日常维护"和每周、每月、半年、一年一次的不同等级的"定期维护"。"日常维护"也称为"一级保养"。开式压力机每运转一年的维护，称为"二级保养"；闭式压力机每运转一年至一年半的维护，也称为"二级保养"。

在整个维护体系中，日常维护是基础，包括每日工作开始主电动机启动前的维护，主电动机启动后的维护，工作之中的维护，工作结束后的维护。

对于每个等级的维护，都要根据压力机的类型确定维护等级与维护项目、维护内容和方法，判断维护标准和注意事项等。开式压力机和闭式压力机的二级保养内容和要求见表 2-15 和表 2-16。

表 2-15 开式压力机的二级保养内容和要求

序号	保养部位	保养内容及要求
1	动力传动系统	检查、调整带的松紧
2	曲柄滑块机构	(1)检查、调整滑块导轨间隙 (2)检查、修理滑块导轨面和机身导轨面 (3)检查、修理闭合高度的调整机构和锁紧机构
3	离合器、制动器	修理、调整离合器、制动器，更换易损件
4	气垫	(1)修理、调整气垫，保证气垫动作自如 (2)检查、更换密封件，消除漏气 (3)清理储气罐

续表

序号	保养部位	保养内容及要求
5	液压润滑系统	检查油泵和油路,要求供油良好
6	气路系统	检查、调整气路系统中各元件的工作状态,清理空气滤清器
7	电路部分	(1)检查、修理电器箱,清洗电动机,更换易损件 (2)检查各种操作规程,保证安全可靠

表 2-16　闭式压力机的二级保养内容和要求

序号	保养部位	保养内容及要求
1	动力传动系统	(1)检查、调整带的松紧及各轴的间隙 (2)检查齿轮啮合情况,检查柱塞的导向面有无损坏,并加以修理
2	曲柄滑块机构	(1)检查、调整滑块与导轨的间隙 (2)检查、调整闭合高度,调整机构要灵活可靠 (3)检查、调整气动打料装置,动作灵活 (4)检查、调整模具快速夹紧装置,工作可靠 (5)检查、调整超载保护装置,使之符合要求 (6)检查、调整滑块平衡装置
3	离合器、制动器	(1)检查、修理离合器,更换易损件 (2)检查、调整制动器,要求工作良好
4	气垫	(1)检查、修理气垫,动作自如 (2)检查、调整、修理导向面的损伤 (3)修理气垫顶板凹坑 (4)检查、调整行程调节机构,动作灵活可靠
5	液压润滑系统	(1)检查、调整各润滑点的供油 (2)检查所有用油的质量 (3)检查各油箱的油位 (4)检查、更换损坏的油管
6	气路系统	(1)检查、调整气路系统各种元件的工作状态 (2)检查、清理储气罐 (3)检查、清理各气泵,动作灵活,联动顺序正确 (4)检查、清理各滤清器
7	电路部分	(1)检查、调整各种限位开关,位置正确,状态良好 (2)检查各种指示灯,正确可靠

习　题

1. 曲柄压力机由哪几部分组成?各部分的功能如何?
2. 分析曲柄滑块机构的受力,说明压力机滑块许用负荷图的准确含义。
3. 曲柄压力机的技术参数有哪些?如何选用?
4. 曲轴式、偏心轴式、曲拐轴式以及偏心齿轮式曲柄压力机有什么区别?各有什么特点?
5. 压力机的封闭高度、装模高度及调节量各表示什么?
6. 比较压塌块过载保护装置和液压式过载保护装置的区别。
7. 转键离合器操作机构是怎样工作的?它是怎样保证压力机的单次操作和连续工作的?
8. 拉深垫的作用如何?气垫和液压气垫各有何特点?
9. 何谓拉深垫锁紧装置?
10. 为什么压力机上要设置滑块平衡装置?其常见形式有哪几种?
11. 打料横杆如何起顶料作用?如何调节其打料行程?
12. 选择压力机时,要考虑哪些问题?

第三章 专用压力机

前面所讲的曲柄压力机，主要用于完成冲孔、落料、弯曲和浅拉深等工艺，但是某些成形工艺如冷挤压、热模锻、板料深拉深、精冲、精压及其他自动化程度较高的金属塑性成形产品的生产，需要专用压力机来完成。

一、冷挤压机

（一）冷挤压工艺对挤压机的要求

冷挤压工艺是利用压力机产生的巨大压力和适当的滑块速度，通过模具对金属坯料进行挤压，使其产生塑性变形，从而获得所需形状和尺寸的零件的一种塑性加工方法。冷挤压工艺对挤压机有如下要求：

（1）足够的刚度　挤压力大，载荷集中，为保证冷挤压件的精度和模具寿命，冷挤压机必须有较大的刚度。冷挤压机的总刚度 C 与标称力 F_g 的关系为 $C=KF_g^{1/2}$（mm），其中，系数 K 根据挤压力机的类型选取。偏心式挤压机，$K>28\sim35$；肘杆式挤压机，$K>38$。

挤压机的机身通常采用铸钢或钢板焊接结构，工作机构则采用偏心轴或偏心齿轮代替曲轴，并采取加大连杆与滑块的接触面、加强连杆和滑块本身的刚度、增强装模高度调节机构等措施来减少工作机构的变形，以提高挤压机的刚度。

（2）高的导向精度　挤压凸模多为细长结构，且硬度和脆性高，抗弯能力差，而挤压变形抗力大，当滑块下平面与工作台平面之间产生倾斜时，易折断凸模。因此，为提高挤压件的品质和模具寿命，滑块的导向精度要高。一般是通过加大滑块导向长度与滑块宽度的比值来减少滑块倾斜或采用滚动导向减小间隙，提高滑块导向精度。

（3）足够的能量　挤压时挤压力在挤压全程几乎不变，工作负荷图几乎成矩形，每次行程消耗很大的能量。挤压机也是利用飞轮来储存和释放能量的。因此，挤压机的飞轮转动惯量和电动机功率的都比较大。

（4）合适的挤压速度　为提高生产率和模具使用寿命，滑块空程向下方和回程速度都应该比较高，在挤压前凸模与金属坯料的接触速度应降低，以减少冲击，在挤压过程中要求挤压速度尽量保持均匀，一般挤压速度应控制在 $0.15\sim0.4\text{m/s}$。所以，挤压机往往采用具有急回特性的工作机构来提高滑块空程和回程速度，以提高生产率。

（5）可靠的预料装置　预料装置的结构应简单可靠，能提供足够的顶出力，并能满足顶出循环要求。对于顶料装置动作循环的要求是：当上模离开挤压件时才开始顶料，而当滑块到达上死点前要求顶料动作全部完成，滑块在上死点附近停顿时顶料装置应全部退回。

（6）可靠的过载保护　在挤压过程中，由于毛坯尺寸超差、材质不均等原因可能造成过载。为了保护机器和模具，挤压机必须具备可靠的过载保护装置。

（7）具有模具润滑冷却装置　挤压过程产生大量的热量，应向模具及挤压件喷射润滑冷却液，对模具进行润滑和冷却，由此提高挤压件表面品质和模具寿命。

（二）挤压机的分类

冷挤压压力机按驱动方式分为机械式冷挤压压力机和液压式冷挤压压力机。机械式冷挤压机主要用于中、小型零件成形，要求挤压压力和行程较小，且要求较高的生产率。液压式冷挤压机的工作行程较长，在挤压成形过程中保持最高的和稳定的压力，而且挤压工艺参数可以进行调节，适用于挤压行程较大和需要挤压力较大的零件。目前大量用于生产的是机械式冷挤压压力机。

机械式冷挤压压力机按工作机构分为曲轴式或偏心式、压力肘杆式和拉力肘杆式等三种，它们的工作原理如图 3-1 所示，行程-转角曲线如图 3-2 所示。

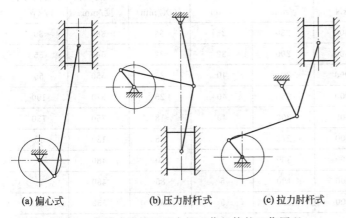

(a) 偏心式　　　　　(b) 压力肘杆式　　　　　(c) 拉力肘杆式

图 3-1　机械式冷挤压压力机工作机构的工作原理

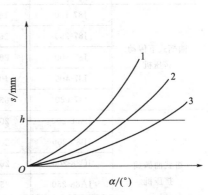

图 3-2　机械式冷挤压机工作机构的
行程-转角曲线
1—偏心式；2—压力肘杆式；3—拉力肘杆式

1. 偏心式冷挤压压力机

偏心式冷挤压压力机 [图 3-1(a)] 结构简单，使用广泛，其特点如下：

① 由于滑块基本上是按正弦曲线运动的，速度的不均匀性较大，特别是滑块行程较大时，速度的不均匀性更甚。

② 机身大多采用焊接结构，从而大大加强了机身的刚度。在工作时，机身的弹性变形小，有助于提高挤压件的精度和模具寿命。

③ 滑块的运动精度高，有些挤压机采用塑料导轨，使导轨与滑块间隙减小到 0.05mm 以下。

④ 采用了具有缓冲行程的液压超载保险装置，这样使凸模与坯料接触时不发生冲击现象。凸模在开始挤压时只承受总挤压力的 25% 左右的压力，避免了尖峰负荷，提高了模具寿命。

2. 压力肘杆式冷挤压压力机

压力肘杆式冷挤压压力机 [图 3-1(b)] 的特点是：滑块在开始挤入时的速度较小，凸模对模具的冲击较小，工作行程中滑块的速度变化较为平缓，但行程受到机构的限制不能很大，挤压时的压力行程（有效行程）也较小，故不宜挤压需工作行程较大的零件。

3. 拉力肘杆式冷挤压压力机

拉力肘杆式冷挤压压力机 [图 3-1(c)]，具有肘杆式冷挤压压力机的特点，并且滑块速度在工作行程时运行更为均匀，对挤压制件的塑性变形极为有利。

由图 3-2 所示可知，拉力肘杆式冷挤压压力机在接近下止点时行程曲线较平缓，即加压时的速度很慢；而偏心齿轮式冷挤压压力机在接近下止点时行程曲线较陡，即加压时的速度比其他压力机均快。

机械式冷挤压压力机按传动部分的安装位置还可分为上传动和下传动，按挤压凸模的运动方向分为立式和卧式。

国产挤压压力机有偏心式下传动挤压机、开式及闭式拉力肘杆式挤压机、卧式曲轴式挤压机等几个品种。

表 3-1 为部分国产冷挤压压力机的技术参数。表 3-2 为国外部分挤压机主要参数。

表 3-1 部分国产挤压机主要参数

名　称	型号	标称压力/kN	滑块行程/mm	工作行程/mm	行程次数/(次/min)	最大封闭高度/mm	主电机功率/kW
曲柄式下传动挤压机	J87-160	1600	230	25	34	385	30
	J87-250	2500	200	32	32	560	55
	J87-300	3000	300	40	33	550	55
	J87-400	4000	250	40	25	670	100
	J87-630	6300	300	40	18	750	130
卧式曲柄式挤压机	JA88-200	2000	273	5	65	180	13
	JB88-200	2000	300	5	70	480	11
	JC88-200	2000	190	5	85	480	11
	JA88-250	2500	320	5	65	552	15
	JA88-315	3150	400	55	16	715	75
	JA88-500	5000	420	60	16	835	115
开式拉力肘杆式挤压机	J88-100	1000	60	4	60	265	5.5
	J88-200	2000	160	4	3	420	22
闭式拉力肘杆式挤压机	J88-160	1600	70	4	80	265	5.5
	J88-400	4000	160	10	40	530	40
	J88-1000	10000	350	23	13	950	

表 3-2 国外部分挤压机主要参数

一、日本小松制作所

名称	型号	标称压力/kN	滑块行程mm	工作行程mm	行程次数/(次/min)	最大封闭高度/mm	主电机功率/kW
开式拉力肘杆式挤压机	MKN-63	630	60	4	70	250	3.7
	MKN-100	1000	60	4	60	265	5.5
闭式拉力肘杆式挤压机	MKN-160	1600	70	4	65	300	11
	MKN-300	3000	90	4	50	360	15
	MKN-450	4500	140	6	45	380	22
	MKN-600	6000	148	6	40	420	55
	MKN-800	8000	180	6	35	750	55
	MKN-1000	10000	180	6	35	800	95
偏心式下传动挤压机	MKR-100	1000	215	23	36	390	22
	MKR-160	1600	235	25	34	385	30
	MKR-300	3000	320	35	30	540	55

二、德国舒勒公司

名称	型号	标称压力 /kN	滑块行程 /mm	工作行程 /mm	行程次数 /(次/min)	立柱间距 /mm
普通肘杆式 挤压机	K250-0.45-200	2500	200	5	63	460
	K400-0.70-250	4000	250	6.5	50	710
	K630-0.80-320	6300	320	10	40	810
	K1000-0.90-350	10000	350	10	30	910
	K1600-1.25-400	16000	400	12	25	1260
单点偏心式 挤压机	F_1-400-0.80-400	4000	400	40	45	860
	F_1-630-1.00-500	6300	500	40	40	1060
	F_1-1000-1.25-560	10000	560	50	25	1310
	F_1-1600-1.6-630	160000	630	50	20	1600
单点偏心式 挤压机	F_2-400-0.80-400	4000	400	40	45	1310
	F_2-630-1.00-500	6300	500	40	40	1660
	F_2-1000-1.25-560	10000	560	50	25	2060
	F_2-1600-1.60-630	16000	630	50	20	2060

（三）冷挤压压力机结构简介

1. J88-100 型拉力肘杆式冷挤压机

（1）结构特点与工作原理　J88-100 型拉力肘杆式冷挤压压力机的传动原理如图 3-3 所示。该压力机为底传动，通过带、齿轮减速（二级斜齿圆柱齿轮减速），将主电动机 1 的能量传递给左右曲柄轴 12，使其产生转动，再通过曲柄轴两端的连杆 11 带动摆杆 10，摆杆 10 的摆动经过左右肘杆 9 驱动滑块 8 上下运动，完成挤压工作。由图可知，曲柄、连杆、

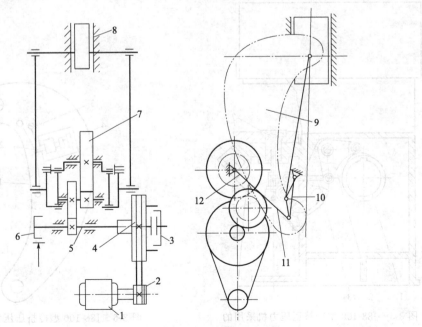

图 3-3　J88-100 型拉力肘杆式冷挤压压力机的传动原理

1—主电动机；2—小带轮；3—离合器；4—飞轮；5—传动轴；6—制动器；7—斜齿圆柱齿轮；
8—滑块；9—肘杆；10—摆杆；11—连杆；12—曲柄轴

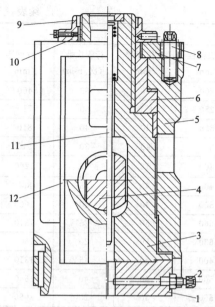

图 3-4　J88-100 型拉力肘杆式冷挤压机

1—模具夹板；2—模具紧固螺钉；3—滑块体；
4—横轴；5—滑块外套；6—大螺母；7—大调
节齿轮；8—小调节齿轮；9—紧固螺母；
10—锁紧块；11—上顶料杆；12—导轨

摆杆、肘杆均为对称设置，受力均匀，传动平稳，滑块工作时所受的负荷均由上述部件承受（这些部件的强度和刚度都比较高），机身只承受侧向力。所以滑块的导向精度较高，能适应挤压工艺的需要。压力机的传动齿轮都封闭在机身内，并采用油浴润滑，所以运动平稳、噪声小、结构比较紧凑。

J88-100 型拉力肘杆式冷挤压压力机的结构如图 3-4 所示。穿过滑块中部的横轴 4 两端与肘杆连接，当肘杆运动时就带动滑块作上下运动。滑块由滑块体 3 及滑块外套 5 等组成，它有较好的刚度和较长的导向长度。模具夹板 1、模具紧固螺钉 2 用于紧固挤压模的模柄。件 11 为上顶料杆，当滑块回程接近上止点时，上顶料杆被紧固在机身上的螺栓挡住，使它相对滑块向下运动，从而将上模内的制件顶出。通过件 6、7、8 可以调节挤压机的封闭高度。调节过程是：松开锁紧块 10 和紧固螺母 9，转动调节齿轮 8、7，使大螺母 6 转动。滑块体 3 即可在滑块外套内上、下移动，从而可以改变冷挤压压力机的封闭高度。

（2）顶料装置和超载保护装置　图 3-5 所示是 J88-100 型冷挤压压力机采用的凸轮控制式下顶料装置。其顶料过程是：当凸轮 1 转到一定位置时，驱动曲杆 2 摆动，通过拉杆 3 使摇臂 5 转动，从而使下顶料杆 7 向上移动，从下模中顶出制件。下顶料杆 7 的复位（向下移动）由弹簧 4 完成。转动调整螺母 6 可以调节下顶料杆的顶出长度。

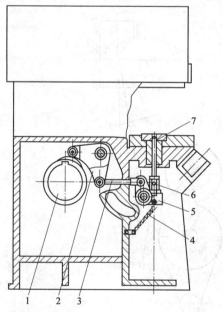

图 3-5　J88-100 型冷挤压压力机采用的
凸轮控制式下顶料装置

1—凸轮；2—曲杆；3—拉杆；4—弹簧；5—摇臂；
6—调整螺母；7—下顶料杆

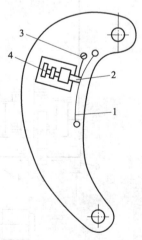

图 3-6　J88-100 型冷挤压压力机的机械
式超载保护装置

1—弓形板簧；2—顶杆；3—百分表；4—微动开关

图 3-6 所示是 J88-100 型冷挤压压力机的机械式超载保护装置。工作时冷挤压力由肘杆承受，肘杆的弹性变形使装于其上的弓形板簧 1 的圆弧半径也随之增大。当压力机超载，弓形板簧变形达到一定值时（该值在压力机出厂时经过技术标定，并已调整好弓形板簧和顶杆 2 的相对位置）顶杆移动使微动开关 4 动作，通过控制线路切断主电动机电源，使摩擦离合器脱开，制动器制动，起到超载保护作用。

百分表 3 的作用是通过其读数，并对照压力机上的压力标牌，可查出滑块的受力情况。

2. J87-400 型冷挤压压力机

（1）结构特点与工作原理 图 3-7 所示为 J87-400 型偏心式下传动冷挤压压力机的结构总图。该压力机的特点是：

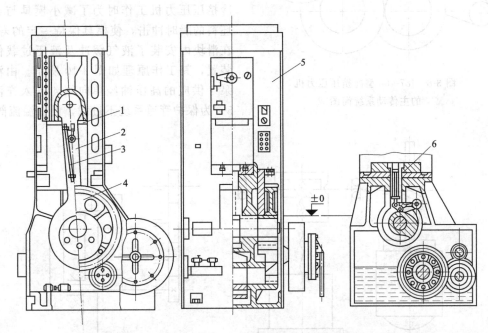

图 3-7 J87-400 型偏心式下传动冷挤压压力机的结构总图
1—滑块；2—连杆；3—伸长仪；4—偏心齿轮；5—机身；6—下顶料装置

a. 压力行程长（40mm），适合于黑色金属的冷挤压。

b. 采用了偏心下传动机构，使压力机重心低、稳定性好、工作时振动小，但占地面积较大。

c. 挤压时连杆中心线与模具中心线接近重合，使滑块导轨受侧向力减小，提高了挤压机的刚度和导向精度，减少了模具的磨损，提高了使用寿命。

d. 设有液气缓冲与超载保护装置，可以减小凸模与坯料接触时的撞击，避免压力机零件因过载而损坏。

e. 装有可靠的顶料装置，顶料行程固定，工作位置可调。

f. 封闭高度调节精确，有专门用于指示封闭高度大小的机构使模具的装机调整极为方便。

g. 机身下部的齿轮箱采用油浴润滑，动作平稳，噪声减小。

h. 装有挤压力直接读数器、偏心转角读数器、滑块工作行程次数计数器等附属机构。

图 3-8 所示为 J87-400 冷挤压压力机的主传动系统简图，它是通过带轮、齿轮的三级减速使装在偏心齿轮上的连杆带动滑块作上下往复运动。

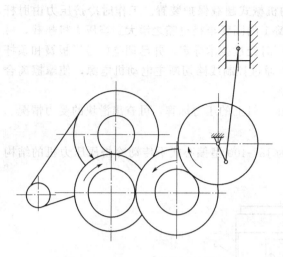

图 3-8　J87-400 型冷挤压压力机
的主传动系统简图

图 3-9 所示为 J87-400 型冷挤压压力机的封闭高度调节机构传动示意图。调节电动机固定在滑块体上，通过二级蜗轮蜗杆减速后使螺母旋转，通过螺杆带动滑块与滑块体相对运动，并通过周转轮系来指示装模高度调节量，它的精度可达 0.01mm。为了防止超过调节范围而发生意外，还设置了过载保护开关。

（2）缓冲与过载保护装置　J87-400 型冷挤压压力机工作时为了减小模具与金属坯料的瞬时冲击，使模具保持一定的寿命，在滑块内安装了液气缓冲及液压过载保护装置，其工作原理如图 3-10 所示。由液压泵 1 供应的高压油经单向阀 4 进入充液筒 5，为保护管道系统不过载，设有溢流阀 2，

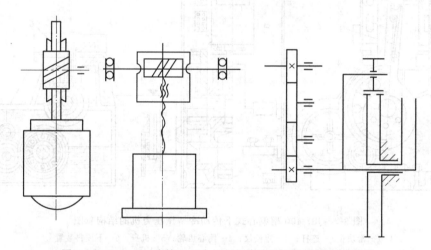

图 3-9　J87-400 型冷挤压压力机封闭高度调节机构传动示意图

管道压力可以从压力表 3 中读出。充液筒由中间的浮动活塞分为两部分，左端通压缩空气，右端通压力油。当充液筒右端压力油加满并达到一定值时，推动浮动活塞左移，浮动活塞上的顶杆与行程开关相碰，发出信号，使液压泵停止供油。此时浮动活塞两边压力相等，均为压缩空气压力。充液筒中的压力油有两个出口，一路经单向阀 7 进入过载保护液压缸 11；另一路经截止阀 6、节流阀 9 而进入缓冲液压缸 13。如果此时压力机工作，当模具接触金属坯料时，挤压力通过模具传递给滑块 14，滑块上移，使缓冲液压缸 13 中的压力油向外溢出。由于节流阀 9 的作用，溢出的油液只能经过单向阀 8 流回充液筒，由于节流阀开口小，油液在瞬时来不及全部溢出，就产生了缓冲压力，缓冲压力的大小可以通过节流阀来调节。当缓冲行程 5mm 结束时，滑块与过载保护活塞 12 相接触，因过载保护液压缸中的压力油不能排出（电磁换向阀 10 处在常闭位置），而使油液被压缩，形成高压垫，这时才开始在公称压力下工作。当作用在滑块上的力超过公称压力的 25% 时，装在连杆上的伸长仪就使行程开关动作并发出信号，使离合器脱开，同时也使电磁换向阀 10 动作，过载保护液压缸 11 内的压力油便从电磁换向阀中排出，过载活塞向上移动，使模具空间增大，达到保护目的，

其过载保护行程为 40mm。

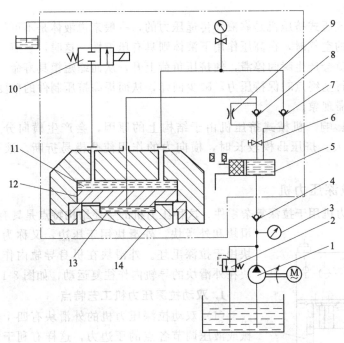

图 3-10 J87-400 型冷挤压压力机液气缓冲及液压过载保护装置工作原理

1—液压泵；2—溢流阀；3—压力表；4,7,8—单向阀；5—充液筒；6—截止阀；9—节流阀；
10—电磁换向阀；11—过载保护液压缸；12—过载保护活塞；13—缓冲液压缸；14—滑块

（四）冷挤压力机选用要点

（1）压力和变形功 一般挤压工作行程较长时，要严格计算变形功，不得超过压力机许用负荷曲线图要求。机械式冷挤压压力机在下止点附近达到公称压力，距下止点越远，所具有的压力越小。机械式冷挤压机在行程中点附近所具有的压力约为公称压力的 35%～50%。液压式挤压机在压制的全行程始终保持压力恒定。

（2）滑块行程 冷挤压压力机滑块行程应满足如下计算式，即

$$S \geqslant L_{max} + S_p + H_1 + H_2$$

式中 S——冷挤压压力机滑块行程，mm；

L_{max}——挤压制件最大长度，mm；

S_p——挤压凸模工作行程，mm；

H_1——毛坯压实所需要的距离，mm；

H_2——凸模进入和退出所需要的距离，mm。

（3）挤压速度 冷挤压成形最佳速度为 200～400mm/s。机械式冷挤压压力机的速度比液压式的要高，所以生产效率也高。但机械式冷挤压压力机滑块的速度随着滑块的行程而变化，在行程中间速度最大，当滑块行至下止点位置时速度减小到零。这种速度的不均匀性，将在挤压工件时产生冲击，对模具寿命是十分不利的。

曲轴式压力机工作行程和能量较大，适合挤压较长的制件。肘杆式压力机与曲轴式相比，滑块速度的变化比较平稳，但行程偏小，适合挤压高度较小的制件。

（4）滑块行程位置控制精度 对于一些反挤压和复合挤压应严格控制工作位置，理想状态控制在 0.05mm 之内。机械式冷挤压压力机下止点的位置稳定，但下止点位置的稳定性

与压力机的刚度、使用压力的大小有关。液压式挤压机下止点位置的稳定性不如机械式挤压机。

（5）黏滞性液压式挤压机是靠液体传递压力的，一般来说液体是不可压缩的。但是，当液体中溶入较多的空气时，在高压作用下液体则具有压缩性。这时，当液压式挤压机的凸模刚接触毛坯时，就会产生瞬间停滞，使挤压负荷上升，从而缩短模具寿命。这种瞬间停滞现象能使压力机在行至终点时保持压力，减少回弹，从而提高挤压制件的精度。机械式挤压机则无这种瞬间停滞现象。

（6）横向力影响　机械式挤压机由于结构上的原因，会产生横向分力，使导轨易磨损，导向间隙增大。挤压凸模较长时，横向力的作用使凸模易折断。液压式挤压机无这种现象。

二、双动拉深压力机

双动拉深压力机用于拉深复杂零件。这种压力机的主要结构特点是具有两个滑块，即内滑块和外滑块。外滑块用于压边，又称为压边滑块。内滑块用于拉深毛坯。外滑块在机身导轨内作往复运动，内滑块在外滑块的导轨内作往复运动，如图 3-11 所示。

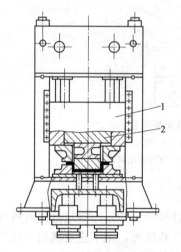

图 3-11　双动拉深压力机结构
1—外滑块；2—内滑块

1. 双动拉深压力机工艺特点

（1）双动拉深压力机的外滑块有四个悬挂点，可用机械或液压调节各点的压边力，这样有利于复杂形状零件的拉深成形。

（2）双动拉深压力机的外滑块压边力较大，且刚性好，能使拉深肋处金属完全变形，可充分发挥拉深肋控制金属流动的作用，可克服在普通压力机上采用拉深垫拉深时压边力不足的缺点。

（3）双动拉深压力机外滑块开始压边时，外滑块已处于接近下死点的位置，外滑块的速度接近于零，因此压边时与板料的接触冲击较小，且外滑块提供的压边力比较稳定。

（4）双动拉深压力机在进行拉深工作时，内滑块的运动速度能够满足拉深变形速度的要求。

2. 基本参数之间的关系

（1）最大拉深件的高度约等于 $0.47s$，s 为内滑块行程。

（2）外滑块标称压力与内滑块标称压力之比为 $0.55\sim1.0$，下限适用于单点双动拉深压力机，上限适用于双点或四点双动拉深压力机。

（3）外滑块行程为内滑块行程的 $60\%\sim70\%$。

3. 滑块工作循环图

双动拉深压力机内外滑块的传动机构种类较多，一般采用多连杆机构驱动。图 3-12 为国产 JB46-315 型双动拉深压力机。图 3-13 为 JB46-315 双动拉深压力机内外滑块连杆机构传动图，当主动曲柄 R 以等角速度逆时针旋转时，它通过连杆 l_1 和 l_2 与内滑块连接，同时又通过 l_3、l_4（角杠杆）l_5、l_6、l_7 和 l_8 与内滑块连接，以调节内滑块的空行程和工作行程速度。角杠杆 l_4 同时又作为外滑块连杆机构的驱动杆，它通过轴 G 带动连杆 l_8、l_9、l_{10} 和 l_{11} 与外滑块连接，使外滑块作周期性的间歇运动。

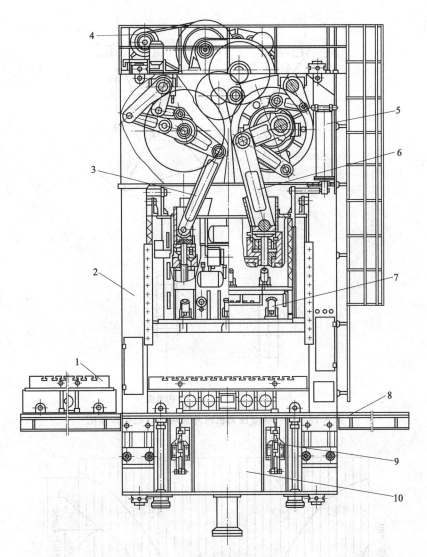

图 3-12　JB46-315 型双动拉深压力机

1—移动工作台；2—床身；3—外滑块机构；4—传动系统；5—滑块平衡缸；6—内滑块机构；

7—快速夹紧气缸；8—导轨；9—工作台缩紧机构；10—气垫

　　双动拉深压力机内滑块与外滑块的运动保持一定的关系，以满足拉深工艺要求。内外滑块运动关系用工作循环图表示。

　　双动拉深压力机的滑块工作循环如图 3-14 所示。内滑块运动规律与通用压力机滑块运动规律相同。外滑块用多杆机构驱动，作近视间歇运动。工作时，外滑块提前（10°～15°）压住拉深毛坯，然后内滑块开始拉深，到 $\alpha = 0°$ 时拉深结束并开始回程。外滑块滞后（10°～15°）回程，其目的是使拉深件不致卡在凸模上。当内滑块回到上死点时，外滑块已经过自己的上死点而向下走了一段距离，这个距离称为前导行程量，约为滑块行程的 10%～15%，它一方面保证外滑块在下次工作行程时提前压住拉深毛坯，另一方面保证拉深件能从模具中取出。

　　图 3-15 所示为内滑块由多连杆机构驱动时的工作循环图，由于采用了多连杆机构驱动内滑块，实现了匀速拉深和快速回程的目的，克服了一般曲柄压力机滑块机构驱动所出现的

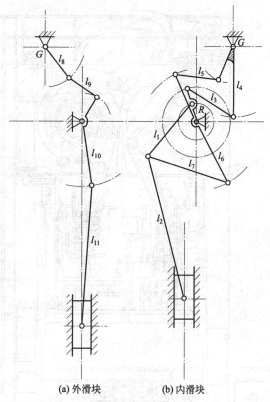

图 3-13　JB46-315 压力机内外滑块连杆机构传动图

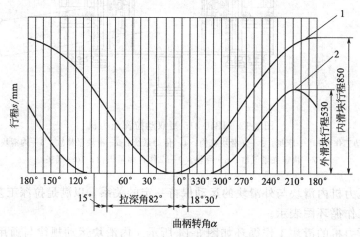

图 3-14　双动拉深压力机工作循环

1—内滑块行程曲线；2—外滑块行程曲线

拉深速度大、不均匀、冲击振动大等问题。所以，现代双动拉深压力机的内滑块多采用多连杆机构驱动。

4. 闭合高度调节

外滑块的压边力是由压力机受力零件的弹性恢复力产生的，因而调节闭合高度即可调节压边力的大小。外滑块有四个悬挂点，各点用螺旋副与连杆 l_{11} 连接，转动螺旋副就可调节外滑块的闭合高度使各点的压边力得到调节。由于内滑块在进行拉深时，压力机受力零件将

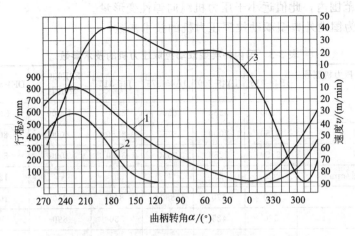

图 3-15　内滑块由多连杆机构驱动的内外滑块工作循环图
1—内滑块行程曲线；2—外滑块行程曲线；3—内滑块速度曲线

产生微小变形，导致外滑块闭合高度的增加，压边力减小且不稳定，影响拉深件品质。因此，现代双动拉深压力机的外滑块内均装有液压补偿器，即在外滑块各悬挂点和滑块之间设置一个压力可调的液压垫，当内滑块工作使外滑块卸荷时，液压垫自动补油，以保持外滑块的压边力。图 3-16 所示为液压补偿器工作原理。液压垫 4 由螺旋副螺母（它同时作为活塞用）与液压缸（固定在滑块上）间的间隙形成。压缩空气通入储气罐 1 和充液罐 2。增压缸 3 的活塞两端具有面积差，因而在大面积一端通入 0.4～0.5MPa 压缩空气时，小面积端的油液被增压，在外滑块悬挂点和滑块之间形成液压垫 4。当外滑块因机身变形而卸荷时，液压垫自动补油，以保持外滑块的压边力。当外滑块超载时，液压垫内的油压增高，使液压垫活塞后移，液压垫内的油液被压入增压缸，液压垫 4 高度减小，因而保护外滑块机构不受损坏，当增压缸活塞后退到一定位置时，由微动开关 5 向压力机控制系统发出信号使压力机停止工作。当增压缸活塞继续后退时，液压垫的油可通过管道 B 流入充液罐，压力机完全卸载。当滑块回程时，液压垫内油压降低，充液罐内的油在罐中的压缩空气作用下经过管道 A 和单向阀进入液压垫。当液压垫充满油后，储气罐向增压气缸通气，使液压垫的油压升高，恢复超载前的原有状态。可见，压力补偿器实际上有稳定压边力、调节压边力和超载保护三重作用。工作中，外滑块在压紧角范围内不可能绝对不动，而是有波动的，波动量一般在

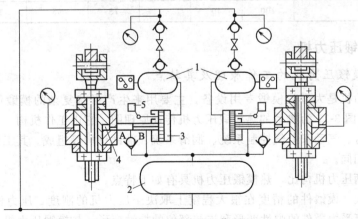

图 3-16　液压补偿器工作原理
1—储气罐；2—充液罐；3—增压缸；4—液压垫；5—微动开关

0.03～0.05mm 范围内，此值远小于压力机纵向弹性变形量。

表 3-3 所示为国内外典型双动拉深压力机的技术参数。

表 3-3　国内外典型双动拉深压力机的技术参数

技术参数名称 \ 压力机型号		JB46-315	JA45-200	JA45-375	J45-315	E2F600×400(日)	DE4-800-500	D4-600-400
总标称压力/kN		6300	3250	6300	6300	10000	13000	10000
内滑块标称压力/kN		3150	2000	3750	3150	6000	8000	6000
内滑块标称压力/kN		3150	1250	2550	3150	4000	5000	4000
内滑块标称压力行程/mm		40	25	41	30	—	12.7	12.7
内滑块行程/mm		850	670	850	850	940	1000	950
外滑块行程/mm		530	425	530	530	690	900	660
行程次数/(次/min)		10	8	5.5	5.5～9	10～16	7～12	10
低速行程次数/(次/min)		1	—	—	—	—	—	
内滑块最大装模高度/mm		1550	930	1240	1120	2030	1800	1425
外滑块最大装模高度/mm		1250	825	1160	1070	1930	1650	1225
内滑块装模高度调节量/mm		500	165	300	300	500	500	250
外滑块装模高度调节量/mm		500	—	—	300	500	500	250
最大拉深深度/mm		390	315	400	400	—	400	300
内滑块尺寸	左右/mm	2500	960	1000	1000	2900	3150	3150
	前后/mm	1300	900	1000	1000	1600	1700	1700
外滑块尺寸	左右/mm	3150	1420	1780	1550	3400	3750	3750
	前后/mm	1900	1350	1800	1600	2000	2200	2200
垫板尺寸	左右/mm	3150	1540	1820	1800	3400	3750	3750
	前后/mm	1900	1400	1600	1600	2000	2200	2200
	厚度/mm	250	160	220	220	—	—	—
气垫压力(压紧力/顶出力)/kN		—	500/80	1000/160	1000/120	—	—	—
气垫行程/mm		440	315	—	400	—	—	—
气垫行程/mm		300	—	—	—	—	—	—
主电动机功率/kW		100	40	—	75	95	115	—

三、热模锻压力机

（一）热模锻压力机的工作原理及其特点

热模锻压力机是大型热模锻专用设备，主要用来生产形状复杂的模锻件。标称压力为 6.3～120MN。图 3-17 为典型的热模锻压力机传动原理图，它由工作机构、主传动、离合器与制动器、机身、气动和电气控制系统、润滑系统、辅助机构等组成。其工作原理与通用曲柄压力机基本相同。

与通用曲柄压力机构比，热模锻压力机具有如下特点。

（1）刚度大　模锻件的精度在很大程度上取决于压力机的刚度，压力机刚度取决于机身、工作机构等受力零件的弹性变形和连接部位的接触变形。热模锻压力机在结构上采用短而粗的整体连杆、刚度大的偏心轴、刚度大的装模高度调节机构，以及采取其他等措施，提

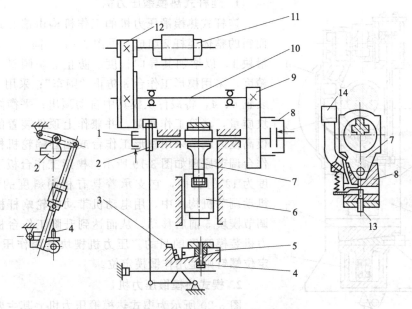

图 3-17 热模锻压力机传动原理图
1—制动器；2—凸轮；3—楔；4—下顶杆；5—楔形工作台；6—滑块；7—连杆；8—离合器；
9—小齿轮；10—传动轴；11—电动机；12—带轮；13—上顶杆；14—附加导轨

高压力机的刚度。热模锻压力刚度 $C_h=(1.7\sim1.8)F_g^{1/2}$（MN/mm）（$F_g$ 为标称压力），为开式压力机的 5 倍多。

（2）滑块抗偏心载荷能力强　在热模锻压力机上进行多模膛模锻，要求滑块抗倾斜能力强。为此，在结构上采用了象鼻式滑块或长滑块，连杆与滑块的连接由单支承改为双支承或采用楔块与滑块整个平面支承，大大提高了滑块的导向精度和抗偏心载荷能力。

（3）滑块行程次数高　热模锻压力机行程次数一般在 35～100 之间，为同等标称压力通用曲柄压力机的 7～9 倍。滑块行程次数的提高，减少了加热毛坯在模锻过程中与模具的接触时间，有利于提高模具寿命，并使毛坯保持较高的锻造温度，降低了变形抗力，减少了能耗。同时，离合器与制动器不安装在偏心轴（或曲轴）上，减少了从动部分的转动惯量，改善了传动齿轮、离合器与制动器的工件条件，有利于提高其使用寿命。

（4）离合器内有摩擦打滑保险装置防止闷车时造成零件损坏。

（5）具有上下顶件装置　用上下顶件装置将锻件从模膛顶出，能使锻件的出模角减小，精度提高，并便于操作。

（6）具有脱出"闷车"装置　由于压力机是刚性传动并具有固定的下死点，当发生毛坯尺寸偏大、模锻件温度偏低、调节或操作失误等情况时，压力机滑块不能越过下死点时，则卡在下死点前某一位置，即产生"闷车"现象。常用解除"闷车"的方法有：①将电动机反转，达到额定转速后，关闭电动机，然后采用专用空压机，提高离合器的进气压，很快地接通离合器，利用飞轮的能量，使滑块反向退回；②采用专用液压螺母顶紧机身，使机身卸载；③用强有力的调节机构移动调节方楔块，或用撞锤撞击工作台，使工作台板下降。

（二）热模锻压力机的典型结构

热模锻压力机类型很多，按工作机构的类型可分为连杆式、楔式两大类。

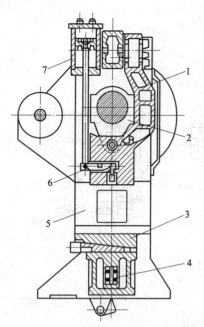

图 3-18　连杆式热模锻压力机
1—象鼻式滑块；2—连杆；3—楔形工作台；
4—下顶件装置；5—机身；6—上顶
件装置；7—平衡缸

1. 连杆式热模锻压力机

连杆式热模锻压力机的工作机构由偏心式曲轴和短而粗的整体连杆 2 组成（见图 3-18）。同时，采用象鼻式滑块 1，以增加其导向长度，防止滑块倾斜，提高导向精度；采用楔形工作台 3 防止"闷车"；采用上、下顶件装置 6、4，将锻件从模具中自动顶出；平衡缸 7 平衡滑块质量，消除工作间隙，并兼作上顶件装置的动力。装模高度的调节采用楔形工作台或偏心蜗轮机构。楔形工作台调节原理如图 3-19 所示，楔形工作台板下面有一斜度为 12°的斜面，它支承着具有相同斜度的调节楔块。机动调节机构 6 中，用电动机带动蜗轮蜗杆机构，可使调节楔块 5 前后移动，从而达到升降工作台板、调节压力机装模高度的目的。压力机楔块是用作压紧工作台，定位螺钉则是用作锻模定位。

2. 楔式热模锻压力机

图 3-20 所示为楔式热模锻压力机。其主要结构特点如下：采用了楔块传动。滑块 3 不是直接由连杆 4 驱动，而是通过传动楔块 2 驱动的。这种压力机的曲轴装在床身后部，工作台上方不设置曲轴及连杆等零件，因而机器可以获得较大的垂直刚度。又因采用楔块传动，滑块

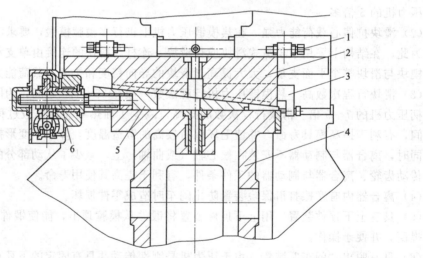

图 3-19　楔形工作台
1—定位螺钉；2—工作台板；3—压紧楔；4—机身；5—调节楔块；6—机动调节机构

支承面积大，抗倾斜能力强，特别适合于多模膛模锻及自动化生产。楔式热模锻压力机装模高度调节机构采用偏心蜗轮 5 来调节装模高度。偏心蜗轮外缘与连杆 4 配合。内孔与曲轴 6 的曲柄颈配合。在偏心蜗轮外缘上加工出轮齿（通常在 120°扇形边内有齿），当用棘轮扳手或手动工具旋转蜗杆 7 时，楔块的行程随之改变，也就调节了装模高度。这种采用偏心蜗轮调节装模高度的机构，称为上调节机构。用楔形工作台调节装模高度的机构，如图所示，成为下调节机构。下调节机构具有刚性好、离合器之后的从动惯量小的优点，但由于调节机构处于工作台面以下，容易被工作时产生的氧化皮、油污等物堵塞，造成调节困难。上调节机

构则不会出现该问题，所以，近几年上调节机构被广泛采用。

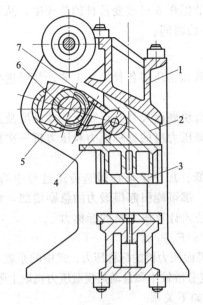

图 3-20　楔式热模锻压力机结构

1—机身；2—传动楔块；3—滑块；4—连
杆；5—偏心蜗轮；6—曲轴；7—蜗杆

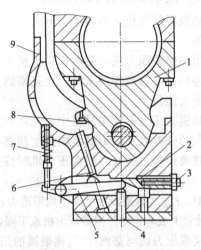

图 3-21　象鼻式滑块上的顶件机构

1—连杆；2—楔块；3—螺钉；4—顶件杆；5—横杠杆；
6—推杆；7—复位弹簧；8—凸块；9—象鼻式滑块

（三）上、下顶件机构

（1）上顶件机构　与通用压力机不同的是，热模锻压力机要求在滑块上行开始后就应使上顶件机构工作，将工件从上模中顶出，缩短锻件与模具的接触时间。上顶件力要求 0.5%～1% 的标称压力，顶出行程要求 1.5%～2.5% 的滑块行程。

图 3-21 为象鼻式滑块上采用的顶件机构。在滑块回程时，由于连杆的摆动，凸块 8 推动推杆 6，横杠杆 5 将顶件杆 4 压下，进行顶件。完成顶件后，复位弹簧 7 可使整个机构复位。用调节螺钉 3 调节楔块的左右位置，可改变横杠杆 5 的起始位置，从而调节了顶件机构的顶件行程。此机构工作平稳、冲击小，但行程不大。

（2）下顶件机构　按传动类型，下顶件机构可分为机械式、液压式和气动式，其中以机械式多用，下顶出力一般为 1.5% 的标称压力，行程为 2%～4.5% 滑块行程，同时为了便于操作，下顶出在顶起后需保持一段时间。

图 3-22 为一典型的机械式下顶件机构，它由安装在曲轴上的凸轮 1 驱动，通过上摆杆 3、上拉杆 4 和下拉杆 7 带动下摆杆 8 摆动，下摆杆装在顶件轴 11 的一端，并能绕其轴心摆动。在顶件轴的另一端，装有摆架 10，摆架有足够的宽度，在其上可并排布置五根下

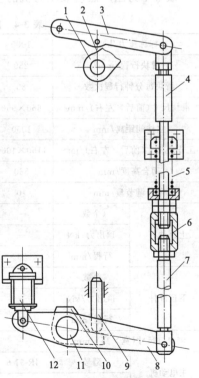

图 3-22　机械式下顶件装置

1—凸轮；2—滚轮；3—上摆杆；4—上拉杆；
5—弹簧；6—调节螺母；7—下拉杆；8—下
摆杆；9—下顶件杆；10—摆架；
11—顶件轴；12—气缸

顶件杆 9，在下摆杆摆动时，摆架也作相应摆动，因而推动顶件杆顶件。

弹簧 5 可保证滚轮 2 与凸轮紧密接触，通过调节螺母 6 可改变拉杆的总长度，从而调节顶出行程。气缸 12 可控制顶杆在最高位置处停留一段时间。

（四）热模锻压力机的选用

在热模锻压力机上可以完成开式模锻、闭式模锻和挤压等各种模锻工艺，并可进行多模膛热模锻。

选用热模锻压力机，除考虑压力机工作台面和滑块底面尺寸、行程、装模高度及其调节量和允许的偏心载荷等因素外，更重要的是正确选择压力机的标称压力和压力机一次行程能释放的最大能量。

在热模锻压力机使用过程中，毛坯加热温度过低、加热毛坯在锻造传送过程中的冷却、毛坯体积的公差以及压力机装模高度调整不正确等，都可能引起模锻力的急剧增加，导致压力机过载或闷车。选择热模锻压力机时按如下经验公式计算压力机的标称力

$$F_m \leqslant (0.70 \sim 0.75) F_g$$

式中，F_m 为锻造温度下的平均锻造力；F_g 为热模锻压力机的标称压力；式中的系数，对于温度分散较大或非自动热模锻压力机取下限，对于温度分散较小和自动热模锻压力机取上限。

热模锻压力机与蒸汽-空气模锻锤的当量能力有如下关系

$$F_g = G \times 10^4$$

式中，F_g 为热模锻压力机标称压力，kN；G 为模锻锤落下部分质量，t。

表 3-4 为国产热模锻压力机的基本技术参数。

表 3-4　国产热模锻压力机的基本技术参数

标称压力/kN		1000	16000	20000	31500	40000	80000
滑块行程/mm		250	280	200	350	400	460
滑块每分钟行程次数		80	85	82	55	50	39
滑块尺寸(前后×左右)/mm		660×950	900×1170	910×960	1200×1180	1250×1300	1700×1640
立柱间距/mm		1050	1250	1080	1300	1450	1840
工作台尺寸(前后×左右)/mm		1150×1000	1120×1250	1065×1100	1300×1240	1400×1450	1850×1700
闭合高度/mm		560	720	765	950	1025	1200
闭合调节量/mm		10	10	21.8	23	25	25
上顶件杆	个数	—	3	1		任意多个	—
	顶出力/kN	—		100		200	400
	行程/mm	50	50	45	50	65	30
下顶件杆	个数		3	3		3	—
	顶出力/kN			200		400	800
	行程/mm	50	65	70	80	90	100
侧窗口尺寸(宽×高)/mm			320×450		800×900		1200×1000
主电动机	型号	JR-91-6	JR-91-4	—	JR117-4	—	JR-138-8
	功率	55	75	115	180	210	245
机器质量/t		50	68.6	120	194.9	300	858.2
占地面积/mm		2662×2527	3190×2680	—	4232×4878	—	6700×5200
地面上高度/总高/mm		4908/5500	5730/6425	—	5919/8708	—	7900/11350

四、精冲压力机

（一）精冲压力机的特点

精冲是在三向压应力状态下，使冲裁件断面光洁、垂直、平整度好、精度高的一种冲载过程。图 3-23 所示为全自动精冲压力机机组示意图，它由精冲压力机和模具自动保护装置 9、校平装置 4、带料检测器 5 等一系列辅助装置组成。

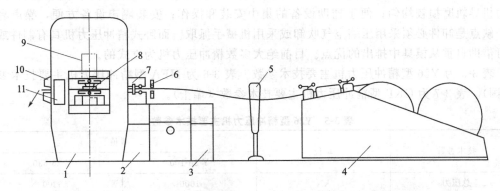

图 3-23　全自动精冲压力机机组示意图

1—精冲压力机主机；2—液压装置；3—电器装置；4—校平装置；5—带料检测器；6—带材末端检测器；
7—送料装置；8—模具；9—模具自动保护装置；10—废料切刀；11—光电安全保护器

精冲须具备如下特点：

（1）具有三重动作　即冲裁、压边和反压。压边力和反压力能独立调节，且在冲裁工作中保持稳定。

（2）冲裁速度低而均匀　由于冲裁速度很低，为提高压力机的生产效率，精冲压力机应能实际快速闭模、慢速冲裁和快速回程。

（3）滑块终点位置准确　机械传动的精冲压力机常采用精密的闭合高度调节机构，在运动副中采用过盈配合的滚针轴承，以消除传动间隙，提高压力机的刚度，保证在负荷状态下滑块终点位置的准确性。

（4）滑块导向精度高　采用预应力无间隙滚动导轨或间隙很小的静压导轨，同时导轨的接触刚度大，可防止在偏心负荷作用下，滑块可能产生的横向位移。

（5）电动机功率比普通压力机大　精冲压力机消耗的总功约为通用压力机的 5 倍，冲裁功约为一般冲裁的 2 倍。

（二）精冲压力机的类型及技术参数

精冲压力机按主传动的结构不同分为机械式精冲压力机和液压式精冲压力机。

机械式精冲压力机在满载时，压力机变形量较大，导致滑块和工作台的横向位移、抗偏载能力差，滑块在较大偏载时必然倾斜。当精冲件的外形尺寸较小、材料厚度较薄时，对精冲压力机封闭高度的精度要求高，因此，小型精冲压力机多采用机械式。液压式精冲压力机的床身受力均衡，抗偏载能力强，床身弹性变形小而均匀；精冲时运行平稳，无冲击和振动现象，压力恒定；不会出现机械磨损误差，长期使用后仍能保持机床的精度。但是液压式精冲压力机封闭高度的重复精度不如机械式精冲压力机。目前，大型精冲压力机多采用液压式，总压力大于 3200kN 的一般为液压式。无论是机械式或液压式精冲压力机，其压边系统和反压力系统都采用液压结构。

精冲压力机按主传动和滑块的位置分为上传动式精冲压力机和下传动式精冲压力机。

　　传动系统在压力机下部时称为下传动式。下传动式精冲压力机的结构紧凑，重心低，可消除工作行程中传动链各零件的间隙，运行平稳。缺点是压力机工作滑块和下模在精冲过程中不停地作上下往复运动，条料进给和定位要有专门的送料装置。下传动式结构简单，维修及安装方便。目前多数精冲压力机采用下传动式。

　　精冲压力机按滑块的运动方向分为立式精冲压力机和卧式精冲压力机。

　　立式精冲压力机和卧式精冲压力机相比，前者结构紧凑，占地面积小；安装模具方便；压力机导轨磨损较均匀；便于辅助设备的集中安装和操作；安装隔声设备方便，噪声易控制。缺点是卸件必须采用压缩空气吹卸或采用机械手抓取。而卧式精冲压力机具有制件或废料可借助自重从模具中排出的优点。目前绝大多数精冲压力机为立式的。

　　表 3-5 为 Y26 型精冲压力机主要技术参数。表 3-6 为 HFA 型精冲压力机主要技术参数（德国）。表 3-7 为 GKP 型精冲压力机主要技术参数（瑞士）。

表 3-5　Y26 型精冲压力机主要技术参数

技术参数	单位	量值	
		Y 26-100	Y 26-630
总压力	kN	1000	6300
压边力	kN	0～350	450～3000
反压力	kN	0～150	100～1400
最高行程次数	min^{-1}	30	24
冲裁速度	$mm \cdot s^{-1}$	6～14	3～8
工作行程	mm	50	70～150
压边行程	mm	15	30
反压行程	mm	15	30
封闭高度	mm	170～235	380～450
上工作台尺寸	mm	420×420	900×900
下尺作台尺寸	mm	400×400	800×800
立柱间距（前后×左右）	mm	220×450	500×920
外形尺寸（长×宽×高）	mm	3450×1620×3360	3400×4600×4500
最大冲裁厚度	mm	8	16
最大材料宽度	mm	150	380
电动机功率	kW	22.25	79
质量	t	10	30

表 3-6　HFA 型精冲压力机主要技术参数（德国）

技术参数	单位	量值							
		HFA250	HFA320	HFA400	HFA630	HFA800	HFA1000	HFA1400	HFA2500
总压力	kN	2500	3200	4000	6300	8000	10000	14000	25000
压边力	kN	100～1250	100～1600	100～2000	100～3200	100～4000	100～5000	300～5000	300～12500
反压力	kN	100～1250	50～800	50～1000	50～1300	100～2000	100～2500	200～3000	200～5000
最高行程数	次·min^{-1}	60	60	50	45	40	40	35	15
冲裁速度	$mm \cdot s^{-1}$	3～40	5～50	5～50	5～50	5～50	5～50	4～50	4～22
封闭高度	mm	300～380	300～380	300～380	320～400	350～450	350～450	520～600	700～800

续表

技术参数	单位	量值							
		HFA250	HFA320	HFA400	HFA630	HFA800	HFA1000	HFA1400	HFA2500
工作行程	mm	30~70	30~80	30~80	30~100	30~100	30~100	30~100	30~160
压边行程	mm	25	30	40	40	40	40	30	60
反压行程	mm	25	30	40	40	40	40	30	60
上工作台（左右×前后）	mm	600×600	630×630	800×800	900×900	1000×1000	1100×1100	1200×1200	1500×1500
下工作台（左右×前后）	mm	600×600	630×960	800×1050	900×1260	1000×1200	1100×1300	1200×1200	1500×1500
材料最大厚度	mm	15	16	16	16	16	16	20	40
材料最大宽度	mm	250	250	350	450	450	450	630	800
条料最小长度	mm	2500	2700	2700	3000	3300	3600	—	—
送料最大长度	mm	1~999.9	1~999.9	1~999.9	1~999.9	1~999.9	1~999.9	1~999.9	1~999.9
电动机功率	kW	50	60	80	95	140	200	200	320
质量	t	12	14	19	27	38.5	48	69.5	90

表 3-7　GKP 型精冲压力机主要技术参数（瑞士）

技术参数	单位	量值				
		GKP-FS25	GKP-F40	GKP-F100	GKP-F160	GKP-F250
总压力	kN	250	400	1000	1600	2500
压边力	kN	20~120	20~120	40~310	125~500	20~750
反压力	kN	0.2~120	5~120	10~270	10~400	20~750
行程次数	次·min^{-1}	63~160	36~90	20~80	18~72	15~60
冲裁速度	mm·s^{-1}	5~15	5~15	5~15	5~15	5~15
工作行程	mm	25	45	50	61	61
压边行程	mm	8	8	8	10	15
反压行程	mm	7	7	14	14	13
封闭高度	mm					
活动工作台		100~170	110~180	140~220	194~274	
固定工作台				175~225	234~314	
复合工作台(活动凸模)				140~220	184~264	
复合工作台(固定凸模)				150~230	197~274	
模具安装尺寸	mm					
上工作台		280×280	280×280	420×430	480×520	540×540
活动式下工作台		280×300	280×300	420×430	480×520	
固定式下工作台				420×430	480×520	
复合式下工作台				420×430	480×520	540×540
材料最大厚度	mm	2	4	5	6	10
材料最大宽度	mm	64	100	180	210	250
送料最大长度	mm	66	60	180	180	250
电动机功率	kW	4.5	4	8	13	29
质量	t	3.3	3.3	7	10.2	16

（三）机械式精冲压力机结构简介

机械式用于总压力小于 3200kN 的小型精冲机上。图 3-24 所示为几种传动机构行程曲线，从图中可以看出双肘杆传动机构滑块的运动特性为正弦曲线，滑块只有接近上止点时速度才比较低，能较好地满足精冲过程快速闭模、慢速冲裁和快速回程的要求。因此，机械式精冲机都采用两个自由度的双肘杆传动机构。

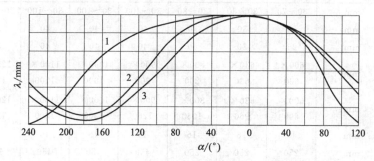

图 3-24　双肘杆、单肘杆和曲柄机构行程曲线
1—双肘杆；2—单肘杆；3—曲轴

图 3-25 为瑞士法因图尔（Feintool）公司的 GKP-F 系列精冲机所采用的双肘杆传动机构。

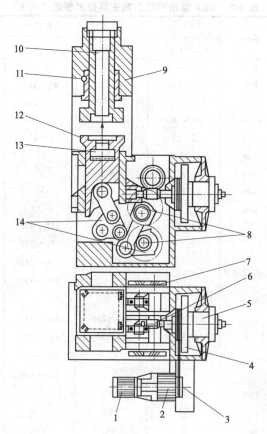

图 3-25　GKP 型机械式精冲压力机结构示意图
1—电动机；2—变速箱；3—带轮；4—飞轮；5—离合器；6—蜗轮蜗杆；7—双边传动齿轮；8—曲轴；
9—机身；10—压边活塞；11—封闭高度调节机构；12—滑块；13—反压活塞；14—双肘杆机构

该压力机的主传动系统包括电动机 1、无级变速箱 2、带轮 3、飞轮 4、离合器 5、蜗轮蜗杆 6、双边传动齿轮 7、曲轴 8 和双肘杆机构 14。GKP-F 型机械式精冲压力机双肘杆机构

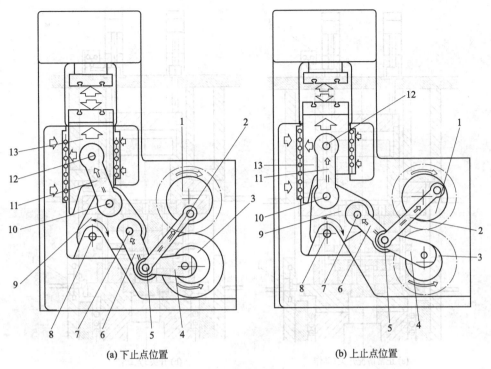

(a) 下止点位置　　　　　　　　　　　　　(b) 上止点位置

图 3-26　双肘杆传动原理图

1,3—曲轴；2,4,6,11—连杆；5,7,8,10,12—铰链轴；9—板；13—滑块

传动原理如图 3-26 所示，曲轴 1、3 互相平行，两端均装有同样直径的齿轮，两对齿彼此啮合，故这两根轴总是速度相同方向相反地旋转。曲轴 1、3 旋转，通过连杆 2、4 将力传至第一副肘杆机构 3-5-7 中的铰链轴 5，这副肘杆机构周期性地伸直并回复到原位。当肘杆机构伸直时，通过连杆 6 把力传给板 9，板 9 通过轴承和铰链轴 8 连接于床身并围绕铰链轴 8 摆动，这种摆动使第二副肘杆机构 8-10-12 伸直，连杆 11 将力传至装在滑块 13 上的铰链轴 12，滑块装在有预压的平行的滚柱导轨内，使滑块在推力作用下向上垂直运动或向下垂直运动，完成开模、闭模和精密冲裁。

机械式精冲压力机的齿圈压板的压边力和推件板的反压力通过液压系统，由图 3-25 所示的压边活塞 10 和反压活塞 13 完成，并满足调节压力和稳定压力的要求。

（四）精冲压力机辅助装置

精冲压力机在自动化冲压时，除了精冲压力机主机以外，还包括带料自动送料装置 7、校平装置 4、带料检测器 5 和模具自动保护装置 9，全套设备如图 3-23 所示。

防止制件或废料滞留在模具型腔的模具保护装置如图 3-27 所示。精冲自动化工艺要求精冲压力机必须具有可靠的保护装置，当制件或废料未从模具中顶出，或者虽已顶出但仍停留在模具型腔而可能再次被冲裁时，即将出现废品并损坏模具和压力机时，压力机通过模具保护装置进行监测可实现自动停机。

五、高速压力机

（一）高速压力机的特点

随着工业的高速发展及大量冲压件形状和尺寸不断趋于标准化、系列化，在高速压力机上进行级进冲压已成为加工大量冲压件的发展方向。同普通压力机相比，高速压力机的结构

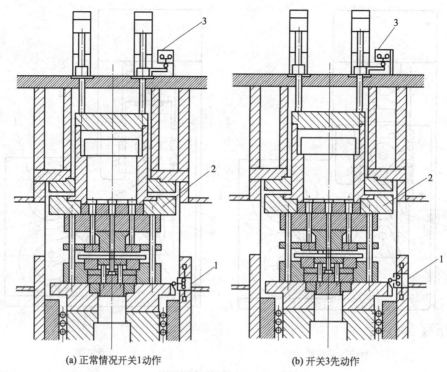

图 3-27　防止制件或废料滞留在模具型腔的模具保护装置
1,3—开关；2—上工作台

有以下特点：

(1) 高精度　高速压力机的精度分为动态精度和静态精度两部分，动态精度是指冲压过程中滑块相对工作台面在纵向、横向和垂直方向的位移，静态精度取决于制造精度。

(2) 滑块行程次数高　普通压力机的滑块行程次数一般在 200 次/min 以内，而高速压力机的滑块行程次数远高于 200 次/min，目前最高达到 3000 次/min 以上。

(3) 高刚度　高速压力机按连杆数目可分为单点、双点和四点等，按床身结构可分为开式、闭式和四柱式三种。就刚性而言，闭式双点为最佳结构。开式高速压力机刚性差，角变形大，模具寿命短，但操作方便，造价也比较低。

(4) 运动件间的摩擦因数小　由于高速压力机运动速度高，若摩擦因数较大将会加快零件的磨损，产生大量热量，恶化机床的精度，降低其使用寿命，为此，要求摩擦因数尽量小。

(5) 振动和噪声要小　由于高速压力机的滑块行程次数很高，如果回转部件和往复运动部件不能达到动态平衡要求，就会引起剧烈振动，轻者影响机床的精度和模具的寿命，重者使机床无法正常工作。

(6) 制动性能要好　高速压力机的制动性能至关重要，不但可以保障人身安全，而且可以减少废品。

(7) 检测和控制系统完备　采用 PLC 控制器和 CNC 技术对机床的电参数、气动元件和液压元件各参数进行检测和设定，从而控制机床的滑块行程次数、高低速运转时上下死点的制动角和位置、曲轴转角、封闭角度、离合制动器、气动平衡器、气液锁紧装置和间隔润滑等功能，保证高速精密压力机在受控状态下正常工作。一旦某个部位出现故障，整机就能自动停止工作，确保设备安全并避免废品产生。

（8）辅助机械配备齐全　高速压力机需要配备开卷校平机、送料机和废料剪切机等辅助机械才能实现自动化生产。

（二）高速自动压力机的类型及技术参数

高速自动压力机按机身结构分为开式、闭式和四柱式，按传动方式分为上传动式、下传动式，按连杆数目分为单点式、双点式。但从工艺用途和结构特点上分类，可分为三大类：第一类是采用硬质合金材料的级进模或简单模来冲裁卷料，它的特点是行程很小，但行程次数很高；第二类是以级进模对卷料进行冲裁、弯曲、浅拉深和成形的多用途高速自动压力机，它的行程大于第一类压力机，但行程次数要低些；第三类是以第二类压力机为基础，将第一、二类综合为一个统一系列，每个规格有 2～3 个型号，主要改变行程和行程次数，提高了压力机的通用化程度及经济效益。

表 3-8 列出了几种高速压力机的技术参数。

表 3-8　几种高速压力机的技术参数

压力机型号	J75G-30	J75G-60	SA95-80	HR-15	A2-50	U25L	PDA6	PDA8	PDA8	PDA8	PULSAR60
公称力/kN	300	600	800	150	500	250	600		800		600
滑块行程/mm	10～40	10～50	25	10～30	25～50	20	15	25	50	75	25.4
滑块行程次数/(次/min)	150～750	120～400	90～900	200～2000	～600	1200	200～800	160～400	100～250	80～200	100～1100
装模高度/mm	260	350	300	275	300	240	280		300		292.10
装模高度调节量/mm	50	50	60	50	60	30	40		50		44.45
滑块底面尺寸/mm						550×300					
工作台板尺寸/mm		830×830			840×560	550×560	650×600		900×600		
送料长度/mm	6～80	5～150	220	3～50							
送料宽度/mm	5～80	5～150	250	5～50							
送料厚度/mm	0.1～2	0.2～2.5	1								
主电动机功率/kW	7.5		38			15	15		15		
机床总重/t			3.0			7.0					
备注		中国			德国			日本			美国

（三）高速自动压力机结构简介

图 3-28 所示为高速自动压力机及附属机构。高速自动压力机除压力机主体以外，还包括开卷、校平和送料机构等。为充分发挥高速自动压力机的作用，需要高质量的卷料、送料精度高的自动送料机构以及高精度、高寿命的级进模具。

（1）机身结构　高速自动压力机的机身结构是保证高速冲压的关键部件。除小吨位的高速压力机采用开式结构外，大部分高速压力机都采用闭式结构，以提高机身的刚度，常见的有铸铁整体封闭架结构和钢板框架式焊接结构。为了提高滑块的导向精度和抗偏载能力，部分压力机常将机身导轨的导滑面延长到模具工作面以下。

（2）传动原理　高速自动压力机的主传动一般采用无级调速。滑块与导轨采用滚动预紧导向，使滑块运行时侧向间隙被消除，滑块对导轨不会产生侧向力。图 3-29 所示是一台下传动高速自动压力机传动原理。电动机经过带轮（兼飞轮）2、离合器 3 将运动传到曲轴 12

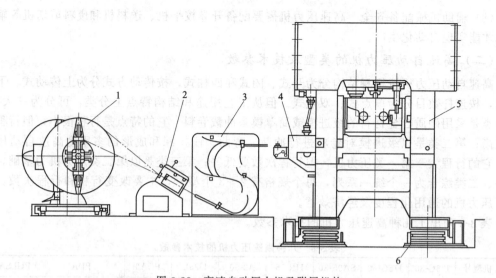

图 3-28　高速自动压力机及附属机构

1—开卷机；2—校平机构；3—供料缓冲装置；4—送料机构；5—高速自动压力机；6—弹性支承

上，曲轴 12 转动使拉杆 5 带动滑块 7 作上下往复运动。由于滑块是电动机通过带轮（一级减速）直接驱动的，所以行程次数很高。被冲材料由辊式送料装置 6 送进，剪断机构 9 由凸轮 11 通过拉杆驱动，将冲压后的材料（与工件连成一体）或废料剪断，以完成冲压件的自动生产。平衡器 13 的作用是平衡滑块在高速下产生的往复惯性力，减小压力机的振动。

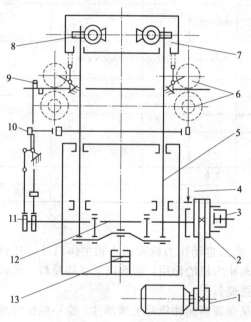

图 3-29　下传动高速自动压力机传动原理

1—电动机（无级调节）；2—飞轮；3—离合器；4—制动器；5—拉杆；6—辊式送料装置；7—滑块；8—封闭高度调节机构；9—剪断机构；10—辊式送料的传动机构；

11—凸轮；12—曲轴；13—平衡器

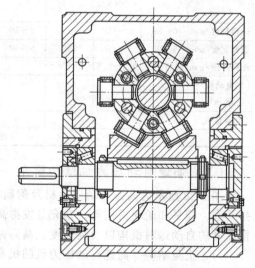

图 3-30　蜗杆凸轮式传动箱带动的辊式送料装置

　　20 世纪 60 年代后，随着压力机行程次数的增加，发现下传动式机构的运动惯性和振动都很大，因而又注重发展上传动式机构。到 20 世纪 70 年代后期，由于塑料、薄膜和纸张生产不允许润滑油污染，故下传动式压力机又开始得到应用。

（3）送料装置　高速压力机的送料装置，目前以蜗杆凸轮式传动箱（又称柱包络蜗杆传动箱或福克森机构）带动的辊式送料装置为主。如图 3-30 所示，蜗杆凸轮以等角速度旋转，与蜗杆凸轮啮合的是一个带有六个滚动轮子的从动盘，六个轮之间的相互位置精度为 60°± 30′。蜗杆凸轮在转动一周的过程中，有 180°角的蜗杆螺旋升角为零，而另外 180°角内为不等距螺旋面。蜗杆凸轮与滚轮啮合传动，可使从动盘做间歇运动，再用传动箱从动盘的输出轴带动送料辊，就实现了间歇送料。这种机构本身加工精度高，又由于蜗杆凸轮螺旋面的特殊形状，使得加工比较困难。另外，它不能进行无级调速，当要改变送料长度时，必须更换送料辊和交换齿轮。它在大批量连续冲压中得到了广泛的应用。在这种传动箱中，由于蜗杆凸轮螺旋面的特殊形状，使得传送板料在启动和停止时的加速度为零，无惯性力。同时，这种装置还有调整蜗杆凸轮和滚轮的传动间隙机构，可使从动盘的滚轮与蜗杆螺旋面之间达到无间隙，从而使送料误差为 ±0.03mm。

除了辊式送料装置外，夹钳式送料装置在高速压力机中也有应用，且以机械传动式夹钳送料装置居多，气动和液压式夹钳送料装置较少见。

（4）其他　为了减小压力机的振动，高速压力机除了运动部分采用重量平衡装置以外，在压力机的下部一般还设有弹性减振装置，以吸收振动，降低噪声。对大吨位或行程次数较高的压力机还设置隔声防护装置，以改善工人劳动条件。

为了安装调节模具方便，高速压力机的滑块内一般装有装模高度调节机构。

为了减小滑块重量，某些压力机采用轻质合金滑块，并且将装模高度调节机构放在工作台下部，依靠工作台的升降来调节装模高度。

习　题

1. 根据冷挤压工艺对设备的要求，分析冷挤压机与通用曲柄压力机的不同点。
2. 分析双动拉深压力机工作循环图，结合拉深工艺描述设备拉深过程。
3. 双动拉深压力机有什么特点？
4. 精冲压力机是如何满足精冲工艺要求的？
5. 高速压力机有什么特点？如何衡量压力机是否高速？

第四章　螺旋压力机

螺旋压力机是一种利用驱动装置使飞轮储能，以螺杆滑块机构为执行机构，依靠动能工作的塑性成形设备。它广泛应用于汽车、拖拉机、动力机械、五金、工具、餐具、医疗器械、建材及耐火材料等许多行业。根据驱动方式的不同，大致可分为摩擦螺旋压力机、液压螺旋压力机、电动螺旋压力机及离合器式螺旋压力机四大类。

一、螺旋压力机的工作原理与特性

1. 螺旋压力机的工作原理

图 4-1 所示为螺旋压力机的结构简图。螺旋压力机的工作部分由飞轮、螺杆、螺母、滑

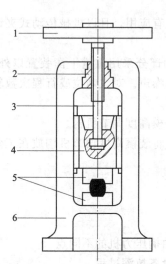

块组成。螺旋压力机飞轮为惯性飞轮。打击前，传动机构输送的能量以动能形式暂时存放在打击部分（包括飞轮和直线运动部分质量），飞轮处于惯性运动状态；打击过程中，飞轮的惯性力矩经螺旋副转化成打击力使毛坯产生变形，对毛坯做变形功，打击部件受到毛坯变形抗力的作用，速度下降，释放动能，直到动能全部释放停止运动，打击过程结束。惯性螺旋压力机每打击一次，都需要重新蓄积能量，打击后蓄积的动能全部释放。每次打击的能量是固定的，工作特性与锻锤相近，这是惯性螺旋压力机的基本工作特性。

2. 螺旋压力机的工作特性

① 依靠旋转运动储蓄能量，打击过程中能量全部释放，每一击可输出高额能量。

② 打击力与锻件变形功相互制约，变形功大，打击力小；变形功小，打击力大。

③ 竖向打击力封闭于机身，不传于基础。扭矩不封闭，传于基础。

图 4-1　螺旋压力机结构简图
1—飞轮；2—螺母；3—螺杆；4—滑块；5—上、下模；6—机身

④ 有标称的行程长度及上、下死点位置，没有固定的下死点，但实际行程可控制。

二、螺旋压力机的优缺点

1. 螺旋压力机的优点

（1）通用性强　螺旋压力机对变形量较大的加工过程可提供较大的能量，对变形量较小的可提供较小的力量，故在螺旋压力机上可完成模锻、挤压、精压、校正、切边及弯曲等多种加工。同时又由于下述三个原因，扩大了加工范围：①由于没有固定的下死点，当第一面锻模未打靠时，还可进行第二击；②滑块速度较低，适于锻造一些对变形速度非常敏感的铝、铜等合金材料；③有顶出装置，便于复杂零件的成形及精密模锻。

（2）锻件纵向精度高　在热模锻压力机上模锻时，同一批毛坯中，如尺寸或加热温度变化，将使机身等零件有不同的弹性变形量。该变形量的不同将影响锻件的纵向精度。而在螺旋压力机上模锻时，由于没有固定的下死点，机身等零件的弹性变形及热变形均可由滑块位移来补偿。只要打击能量足够，则直至模具打靠为止。即螺旋压力机上模锻时，锻件纵向精度依模具打靠来保证，与打击力及热膨胀无关，所以锻件的纵向精度高。

（3）机器结构简单、成本低廉、维修方便 螺旋压力机与模锻锤相比，没有沉重的砧座与庞大的基础，也不需蒸汽锅炉和大型空气压缩机等辅助设备；与热模锻压力机相比，没有特别笨重的机身与复杂的离合器等结构。因此就同等工作能力的上述三种设备而言，螺旋压力机的造价最低。特别是就基建投资及动力消耗而言，螺旋压力机远低于模锻锤。螺旋压力机结构简单，再加上无严格的下死点，不会卡死，因此调整维修方便。

（4）模具结构简单、寿命高 螺旋压力机打击速度远低于锻锤，模具承受冲击小，相应的模块尺寸小，也不需要昂贵的模具材料，模具可用 T 形螺栓固定。而且在螺旋压力机上模锻时，毛坯与模具加压接触的时间比在热模锻压力机上短，毛坯传给模具上的热量少，因此模具寿命高。

（5）操作容易、公害小、劳动条件好 螺旋压力机操作方便省力，减轻了操作者的劳动强度，操作容易，便于培养操作者；振动、噪声公害小，有利于保护劳动力及改善环境。

螺旋压力机具有上述诸多优点。因而得到了较广泛的应用。在我国也倍受精密锻造厂家的欢迎。螺旋压力机在精锻叶片及齿轮方面已显示了显著的优越性。

2. 螺旋压力机缺点

（1）一般螺旋压力机承受偏载能力差，只适于单模膛模锻，往往需另行配备制坯设备。

（2）行程次数较低，每次行程的时间不固定，不易形成严格的生产节拍，不便于实现自动化。

（3）如能量预选不当，会产生打击能量不足或能量过剩问题。操作控制失误可能产生冷击（没有毛坯，模具对模具的直接打击）。

随着螺旋压力机的发展，上述缺点正在不断得到克服。楔式螺旋压力机及离合器式螺旋压力机可承受较大的偏心载荷，可进行多模膛模锻。螺旋压力机的行程次数有增高的趋势。现代螺旋压力机多配有超载保险装置及精确的能量预选及控制装置。

三、螺旋压力机的主要参数

螺旋压力机的技术参数是设计、考核与选用螺旋压力机的基本数据，它包括压力机的力能参数、几何参数及生产率等。一般根据生产经验、理论计算、典型过程及模具分析选定。世界各国有不同的规定，同一国家各厂家也有差异。例如，有的国家以螺杆直径为主参数，有的国家以标称力为主参数，就行程次数而言各厂家也不统一，有的区分为理论行程次数及实际行程次数，有的又分为连续打击行程次数及在一定条件下的打击行程次数等。下面简单介绍几个主要技术参数。

1. 公称压力 F_N

公称压力是压力机的主要参数，表示其规格，在此压力下，螺旋压体能够提供给锻件较多的有效成形能，但不是压力机的最大压力，是一个设计参考值。

螺旋压力机属能量限定机器，似应以能量为主参数，但螺旋压力机又具有压力机的特性，我国沿用力为主参数。在螺旋压力机中有明确含义的力为冷击力（指没有毛坯，模具对模具直接打击的力）。在整体飞轮螺旋压力机中，最大力为极限冷击力；在打滑飞轮螺旋压力机中，最大力为标称打滑冷击力。两者均为全能量打击时的冷击力，这两个力分别是上述两类压力机强度设计的依据。人们愿意以最大力为基础定义公称压力。由于历史的原因，对整体飞轮螺旋压力机，公称压力一般取为极限冷击力的 1/3；对打滑飞轮螺旋压力机，公称压力一般取为公称打滑冷击力的 1/2。

2. 允许力 F_a

允许力是压力机最有实用意义的参数,单位为 kN。允许力为压力机连续打击时所允许的最大载荷,为标称力的 1.6 倍。

3. 运动部分能量 E_N

运动部分能量为压力机的公称能量,单位为 kJ。

如前所述,运动部分指飞轮、螺杆和滑块。运动部分能量指运动部分运行至下死点时应具有的动能。它与公称力的关系有下述的经验公式

$$E_N = KF_N^{3/2} \times 10^{-7/2} \tag{4-1}$$

式中,E_N 为运动部分能量,kJ;F_N 为公称压力,kN;K 为系数。

K 值与压力机类型及工艺用途有关。一般 $K = 0.15 \sim 0.5$。对于锻造型压力机,K 取大值;对于精压型压力机,K 取小值。

4. 滑块行程 H_s

滑块行程指滑块由设计规定的上死点至下死点之间的运动距离。单位为 mm。

由于螺旋压力机向下行程是储蓄能量的过程,因此该参数不仅与锻件取放所需的加工空间有关,而且与压力机的运动参数与结构参数有关。

5. 滑块行程次数 n

滑块行程次数是表示压力机生产率的参数,单位为 $\min^{-1}$。

滑块行程次数为滑块每分钟全行程往复的次数。

$$n = \frac{60}{t} \tag{4-2}$$

式中,n 为滑块行程次数,$\min^{-1}$;t 为滑块往复一次的时间,s。

6. 封闭高度

螺旋压力机的封闭高度指滑块处于下极限位置时,滑块底面到工作台表面的距离。上下模的闭合高度应大于螺旋压力机的封闭高度。

7. 工作台尺寸

工作台尺寸是指工作台可以利用的有效平面尺寸,它的大小决定了所安装模具的最大平面尺寸。

国产摩擦螺旋压力机的技术参数见表 4-1,液压螺旋压力机的主要技术参数见表 4-2,国产 J58 电动螺旋压力机的技术参数见表 4-3。

表 4-1 国产摩擦螺旋压力机的技术参数

型号	公称压力/kN	能量/kJ	滑块行程/mm	行程次数/(次/min)	封闭高度/mm	垫板厚度/mm	工作台尺寸/mm×mm	导轨间距/mm	电动机型号、功率	外形尺寸/mm×mm×mm	总质量/t
JK53-40	400	1	180	40	280	80	300×600	300	Y10012-4 3kW	1056×960× 2313	1.86
J53-63A	630	2.5	270	22	270	80	450×400	350	Y132M1-6 4kW	1538×1105× 2840	3.2
J53-100A	1000	5	310	19	320	100	500×450	400	Y160M-6 7.5kW	1884×1393× 3375	5.6
J53-160A	1600	10	360	17	380	120	560×510	460	Y160L-6 11kW	2043×1425× 3695	8.5

续表

型号	公称压力/kN	能量/kJ	滑块行程/mm	行程次数/(次/min)	封闭高度/mm	垫板厚度/mm	工作台尺寸/mm×mm	导轨间距/mm	电动机型号、功率	外形尺寸/mm×mm×mm	总质量/t
J53-160B	1600	10	360	17	260	—	560×510	—	10kW	1465×2240×3730	8.8
J53-300 GJ53-300	3000	20	400	15/22	300	—	660×570	560	Y200L2-6 Y200L-4 22/30kW	2581×1603×4345	13.5
J53-400	4000	40	500	14	520	—	820×730	—	30kW	1890×2812×5115	16.6
JB53-400	4000	36	400	20	530	150	750×630	650	Y160L-4 Y180L-6 15/15kW	3020×2750×4612	17.5
J53-630	6300	80	600	11	650	—	920×820	—	55kW	5000×1320×6060	39.3
JB53-630	6300	72	400	20	630	180	900×750	766	JH02-81-6 JH02-71-4 30/22kW	4840×3300×5447	50
J53-1000	10000	160	700	10	700	—	1200×1000	—	75kW	6000×5670×7250	67
JB53-1000	10000	140	500	17	710	200	1120×900	915	JH02-82-6 JH02-72-4 40/30kW	5050×4300×7250	70
J53-1600	16000	280	700	10	750	—	1250×1100	—	130kW	5850×5750×8260	85
JB53-1600	16000	280	600	15	800	—	1280×1000	1030	JS-116-8 JQ02-91-6 70/55kW	4950×3850×7700	94
J53-2500	25000	500	800	9	980	—	1600×1200	—	230kW	4847×6797×9580	155

注：J53-160B、J53-300、J53-400、J53-630、J53-1000、J53-1600、J53-2500 七种规格为青岛锻压机床厂生产，其余为辽阳锻压机床厂生产。

表 4-2 液压螺旋压力机主要技术参数

公称压力/kN		400	6300	10000	16000	25000	40000	63000	30000	100000
运动部分能量/kJ		36	72	140	280	500	1000	2000	2840	4000
滑块行程/mm		315	355	400	450	500	630	800	900	1000
理论行程次数/(次/min)		35	30	25	20	16	12	8	7	6
封闭高度/mm		530	630	710	800	1000	1250	1600	1800	2000
工作台尺寸/mm	左右	630	750	900	1120	1250	1400	1700	1800	2000
	前后	750	900	1120	1250	1500	1900	2360	2650	3000

表 4-3　国产 J58 系列电动螺旋压力机技术参数

公称压力/kN	630	1600	2500	4000
运动部分能量/kN·m	1.6	8	16	32
滑块行程/mm	270	300	350	400
滑块行程次数/(次/min)	56	35	30	25
最小封闭高度/mm	270	320	450	530
垫板厚度/mm	80	100	120	150
工作台尺寸/(mm×mm)	450×400	520×450	630×500	750×630
导轨间距/mm	350	400	530	650
电动机功率/kW	2	8	11	15
质量/t	2.5	6.5	13	15
外形尺寸(长×宽×高)/(mm×mm×mm)	1200×750×2672	1350×800×3350	1400×900×3500	1500×1050×4300

四、螺旋压力机的型号及分类

1. 螺旋压力机型号表示

根据锻压机械型号编制方法（ZB J 62030—90），螺旋压力机属机械压力机类螺旋压力机组。该组又分为 5 种型号，具体型号如下：

53 型——双盘摩擦压力机；55 型——离合器式螺旋压力机；

57 型——液压螺旋压力机；58 型——电动螺旋压力机；

59 型——气液螺旋压力机；

示例：

名称：10000kN 双盘摩擦压力机

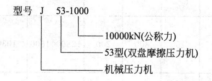

型号 J 53-1000

10000kN(公称力)
53型(双盘摩擦压力机)
机械压力机

2. 螺旋压力机的分类

螺旋压力机的分类方法最常用的是按照传动机构的类型来分，可分为摩擦式、电动式、液压式和离合器式四类，如图 4-2 所示。

摩擦式螺旋压力机，如图 4-2(a) 所示，通常称为摩擦压力机，它是利用摩擦传动机构的主动部件（常为摩擦盘）压紧飞轮轮缘产生的摩擦力矩驱动飞轮或螺杆。用不同的摩擦盘压紧驱动来改变滑块的运动方向。在工作行程时，为避免因工作部分急剧制动过分磨损摩擦材料，摩擦压力机传动机构的主动部件和飞轮要脱开，运动部分靠摩擦盘脱开之前积聚的动能做功，使制件变形。

如图 4-2(b) 所示，液压螺旋压力机是由液压马达的扭矩推动飞轮或螺杆，图 4-2(c) 是液压缸的推力推动螺杆或滑块，使其工作部分运动的。直接传动的电动螺旋压力机是靠特制的可逆电动机的电磁力矩直接推动电动机转子（飞轮）旋转工作的，每个工作循环电动机正反启动各一次，如图 4-2(d) 所示。离合器式螺旋压力机的飞轮是常转的，需要冲压时，通过离合器使螺杆与飞轮链接，从而驱动螺旋副运动，如图 4-2(e) 所示。冲压后离合器脱开，滑块靠回程缸带动返回上止点。

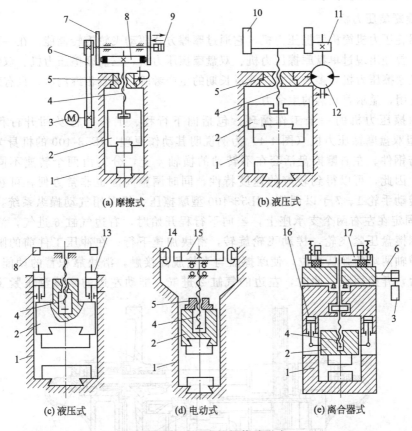

(a) 摩擦式　　　　　(b) 液压式

(c) 液压式　　　　(d) 电动式　　　　(e) 离合器式

图 4-2　螺旋压力机的传动形式

1—机架；2—滑块；3—电动机；4—螺杆；5—螺母；6—传送带；7—摩擦盘；8—飞轮；9—操纵气缸；
10—大齿轮（飞轮）；11—小齿轮；12—液压马达；13—液压缸；14—电动机定子；
15—电动机转子（飞轮）；16—回程缸；17—离合器

　　螺旋压力机还可按照螺旋副的工作方式分为螺杆直线运动式、螺杆旋转运动式和螺杆螺旋运动式三大类，如图 4-3 所示。按螺杆数量分为单螺杆、双螺杆和多螺杆式；按照工艺用途分为粉末制品压力机、万能压力机、冲压用压力机、锻造用压力机等；按结构形式分为有砧座式和无砧座式等。

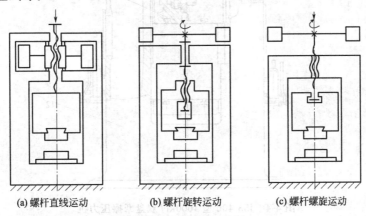

(a) 螺杆直线运动　　　　(b) 螺杆旋转运动　　　　(c) 螺杆螺旋运动

图 4-3　螺旋副工作方式

五、螺旋压力机的典型结构

1. 摩擦螺旋压力机

摩擦螺旋压力机简称摩擦压力机，它通过摩擦方式驱动飞轮旋转储能。在一百多年的发展历史中，曾经出现过单盘摩擦压力机、双盘摩擦压力机、三盘摩擦压力机、双锥盘摩擦压力机及无盘摩擦压力机等多种形式。经过长期的生产考验，多数相继淘汰，只有双盘摩擦压力机广泛应用，显示着旺盛的生命力。

双盘摩擦压力机的一个工作循环，包括向下行程、工作行程及回升行程。下面以JB53-400型双盘摩擦压力机（图4-4）为例说明其动作原理。JB53-400的机身为一长方形框架整体铸钢件。左右摩擦盘活套在不转动的横轴4上，分别由两个转速不同的电动机驱动旋转。因此，可以得到较好的速度特性，同时调整间隙也非常方便，可在不停机的情况下，转动手轮1、7予以调整。JB53-400型摩擦压力机采用气动操纵系统，两个气缸2、6分别固定在左右两个支承座上，当向下行程开始时，右边气缸6进气，活塞经四根小推杆使摩擦盘压紧飞轮，搓动飞轮旋转，滑块加速下行；在冲压工件前的瞬间，气缸排气，靠横轴两端的弹簧复位，使摩擦盘与飞轮脱离接触，滑块靠积蓄的动能打击工件。冲压完成后，开始回程，此时，左边的气缸2进气，推动左边的摩擦盘压紧飞轮，搓动

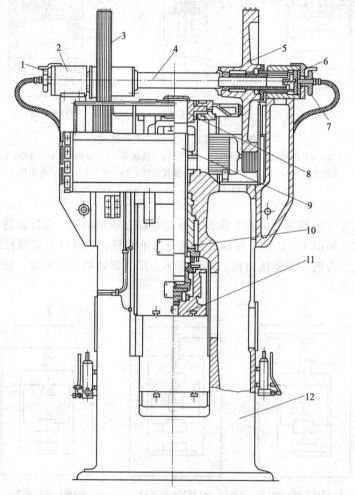

图 4-4   J53-400 型 4000kN 双盘摩擦压力机

1,7—手轮；2,6—气缸；3,5—摩擦盘；4—横轴；8—飞轮；9—主螺杆；10—主螺母；11—滑块；12—机身

飞轮反向旋转，滑块迅速提升；至某一位置后，气缸排气，摩擦盘靠弹簧与飞轮脱离接触，滑块继续自由向上滑动，至制动行程处，制动器动作，滑块减速，直至停止，即完成一次工作循环。

　　制动器安装于滑块的上部，其结构如图4-5所示。当气缸1下腔进气时，活塞2的推力和弹簧3的预压力一起推动制动块4，制动飞轮下端面；若上腔进气，下腔排气，活塞克服压缩弹簧的力，将制动块拉下，与飞轮下端面脱离。该制动装置的优点是在停机停气时，弹簧能保持制动块压紧飞轮，而使滑块不能自由下落。滑块为U形结构，其导向比箱型结构长，承受偏心载荷的能力强。飞轮为打滑飞轮，其结构如图4-6所示，外圈6由拉紧螺栓4和碟簧7夹紧在内圈2上。当冲压载荷超过某一预定值时，外圈打滑，消耗能量，降低最大冲压力，达到保护压力机的目的。内圈与主螺杆用锥面加平键连接。

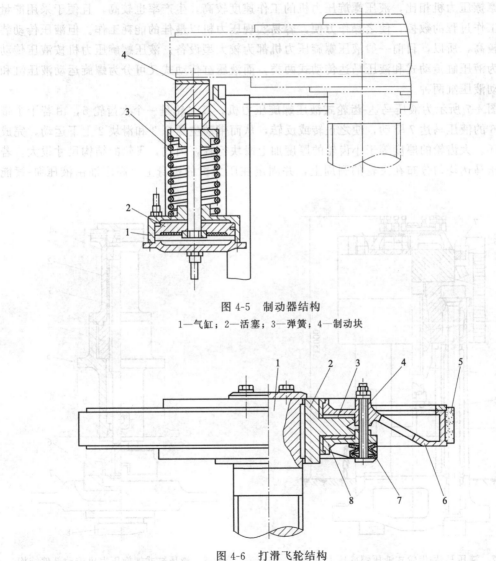

图 4-5　制动器结构
1—气缸；2—活塞；3—弹簧；4—制动块

图 4-6　打滑飞轮结构
1—主螺杆；2—内圈；3—摩擦片；4—拉紧螺栓；5—摩擦材料；6—外圈；7—碟簧；8—压圈

　　前面所述螺旋压力机的优缺点，在摩擦压力机中都适用，不再一一重复。这里仅简单介绍一下摩擦压力机特有的优缺点。

　　在各类螺旋压力机中，摩擦压力机结构最简单，成本最低，便于操作，便于维修。特别符合我国国情，得到了最广泛的应用。据有关资料，在汽车、拖拉机行业中，摩擦压力机上的模锻件占总模锻件的 25％（按重量计），摩擦压力机占模锻设备总台数的 52％。在齿轮行业中，摩擦压力机占模锻设备总台数的 65％。我国已经出现了以摩擦压力机为主机的精锻齿轮厂及精锻齿轮车间、模锻设备全部为摩擦压力机的车间及以摩擦压力机为主机的联合机组。我国已能自行设计制造重型摩擦压力机并已形成批量生产。

　　摩擦压力机缺点是传动效率低，行程次数低。另外摩擦带的寿命也较低。这些缺点都与摩擦传动型式有关。由于这些缺点，使摩擦压力机向更大吨位发展受到限制。目前世界上最大吨位的摩擦压力机为德国哈森（Hasenclever）公司生产的 31500kN 双盘摩擦压力机。

2. 液压螺旋压力机

　　与摩擦压力机相比，液压螺旋压力机的工作速度较高，生产率也较高，且便于采用能量预选和工作过程的数控，使之操作方便，容易实现压力机以最佳的能耗工作。但液压传动装置成本较高，所以，目前一般液压螺旋压力机都为较大型设备。液压螺旋压力机按液压传动形式分为液压缸传动式和液压马达传动式两类，而液压缸传动式又可分为螺旋运动液压缸和直线运动液压缸两种。

　　如图 4-7 所示为液压马达-齿轮式液压螺旋压力机，其飞轮是一个大齿轮 5，由若干个带小齿轮 6 的液压马达 7 驱动，使之正转或反转，从而带动主螺杆 3 和滑块 2 上下运动，完成工作循环。大齿轮的厚度等于小齿轮的厚度加上滑块行程，因此，飞轮的结构尺寸很大。若干个液压马达均匀分布在飞轮的圆周上，并固定在压力机的机身上。高压油由液压泵-蓄能器供给。

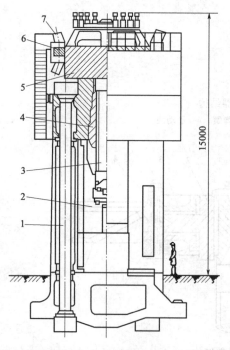 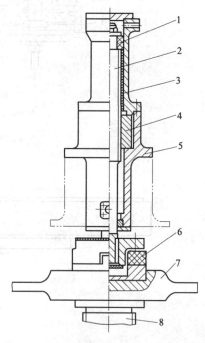

图 4-7　液压马达-齿轮式液压螺旋压力机示意
1—拉杆；2—滑块；3—主螺杆；4—主螺母；
5—大齿轮；6—小齿轮；7—液压马达

图 4-8　液压缸式螺旋压力机传动部件结构
1—活塞；2—副螺杆；3—液压缸；4—副螺母；
5—支座；6—联轴器；7—飞轮；8—主螺杆

　　如图 4-8 所示为螺旋液压缸式液压螺旋压力机传动部件结构。飞轮 7 的上方与主螺杆 8

同轴串联着一个由液压缸推动的螺旋副，称之为副螺旋副，其导程和旋向与主螺旋副相同，副螺母 4 在支座上固定不动。副螺杆 2（即为活塞杆）下端用尼龙十字形联轴器 6 与飞轮 7 连接，上端为活塞 1。由于螺旋副是非自锁的，所以，当高压油进入液压缸 3 上腔，作用在活塞上时，活塞与副螺杆便相对副螺母下行并作螺旋运动，带动飞轮与主螺杆同步运动，同时，飞轮加速蓄积能量。当液压缸上腔排油、下腔进油时，推动主、副螺杆反向作螺旋运动，于是滑块被提升回程。副螺母用特制的布质酚醛树脂层压材料制成，摩擦因数极小，因此，副螺旋副的传动效率很高，结构紧凑，动作灵敏。尼龙联轴器重量轻，且具有很好的缓冲性能。

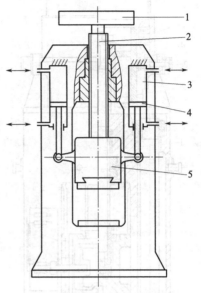

图 4-9　直动液压缸式液压螺旋压力机
1—飞轮；2—主螺杆；3—液压缸；
4—活塞；5—滑块

如图 4-9 所示为直动式液压缸式液压螺旋压力机，在机身两侧装有两个液压缸 3，其活塞杆与滑块铰接。当高压油进入液压缸上腔，作用在活塞上时，便推动滑块向下运动，带动主螺旋副运动，使飞轮旋转并积蓄能量。当高压油进入液压缸下腔，而上腔排油时，滑块便被提升回程。直动液压缸式螺旋压力机结构简单，制造容易，动作可靠，但主螺旋副总在推力下运动，磨损较严重，另外，设备的传动效率较低。

3. 电动螺旋压力机

电动螺旋压力机是利用可逆式电动机不断作正反方向的换向运动，带动飞轮和螺杆旋转使滑块作上、下运动。按其传动特征分为两类。

（1）电动机直接传动式　这种电动螺旋压力机没有单独的电动机，电动机的转子就是压力机的飞轮或飞轮的一部分，压力机的工作是靠转子和定子之间的磁场产生的力矩，驱动转子（飞轮）正、反转，通过主螺旋副的螺旋运动，使滑块完成工作循环。这种电动螺旋压力机传动环节少，容易制造，操作方便，冲压能量稳定。

如图 4-10 所示为 J58-160 型电动螺旋压力机，电动机定子 5 安装在机身上，而电动机的转子 4（即为飞轮）与主螺杆上端相连，二者均为圆筒形。转子高度为滑块行程加定子高度，由低碳铸钢制成，结构简单、加工容易，可靠性好。压力机的工作是靠转子和定子之间的磁场产生的力矩，驱动转子（飞轮）正、反转，通过主螺旋副的螺旋运动，使滑块完成工作循环。

（2）电动机机械传动式　特殊电动机造价高，当电动螺旋压力机公称压力超过 40MN 后，采用电动机-齿轮传动式，由一台或几台异步电动机通过小齿轮带动有大齿轮的飞轮旋转，飞轮只起传动和蓄能的作用，飞轮和螺杆只做旋转运动，通过装在滑块上的螺母，使滑块作上、下直线运动。

4. 离合器式螺旋压力机

离合器式螺旋压力机是 20 世纪 80 年代初出现的新型模锻压力机，它结合了传统螺旋压力机、曲柄压力机和液压机的优点，并在结构上有了新的突破，是一种结构比较简单、生产效率高、节省能源的设备。

如图 4-11 所示为德国 Siempelkamp 公司生产的 NPS 系列离合器式螺旋压力机结构。飞轮 8 通过轴承支承在机身 2 上，离合器主动部分装在飞轮上，离合器的从动部分（摩擦盘 9）固定于螺杆 4 顶端。螺杆由推力轴承 7 支承在机身中，螺母 5 装在滑块 3 中。回程缸除了带动滑块回程外，还在工作行程中起到平衡滑块重量的作用。

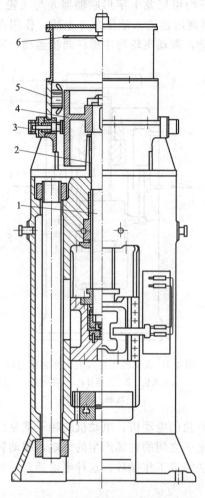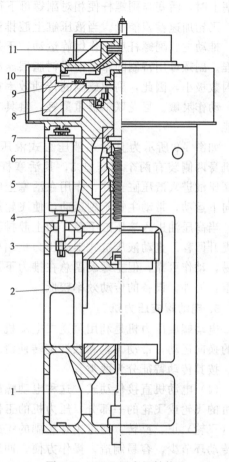

图 4-10　电动螺旋压力机
1—主螺杆；2—导套；3—制动器；4—转子；
5—电动机定子；6—风机

图 4-11　NPS 压力机结构
1—顶杆；2—机身；3—滑块；4—螺杆；5—螺母；6—回程
缸；7—推力轴承；8—飞轮；9—摩擦盘；10—离合器
活塞；11—离合器液压缸

　　由电动机通过 V 形胶带驱动飞轮朝一个方向连续旋转。当工作循环开始时，离合器结合，螺杆在很短的时间内达到飞轮转速，滑块匀速下行，进行锻造使工件变形。当变形完成后，离合器迅速脱开，滑块在回程缸带动下，快速回到上止点。离合器的脱开由电气和机械惯性机构两套系统控制，当模具不需要打靠时，如锻件的终锻，可在压力机操作面板上预制锻压力，当实际锻压力达到预定值时，机械惯性机构迅速打开离合器的卸荷阀，使离合器液压缸快速排油，弹簧便将离合器脱开。因此，该压力机能准确地控制滑块行程和冲压力，完全排除了超载的危险。

　　离合器惯性脱开机构动作原理如图 4-12 所示。锻压时，螺杆 2 因受阻力矩作用而产生与转动方向相反的角加速度，即螺杆减速。因此，惯性盘 4 与下盘 3 产生相对运动，由于钢珠与斜槽的作用，惯性盘抬起，驱动平衡活塞顶开卸荷阀，使离合器液压缸排油，离合器脱开。

　　与前面介绍的三类螺旋压力机比较，离合器式螺旋压力机由于飞轮可连续定向旋转，在

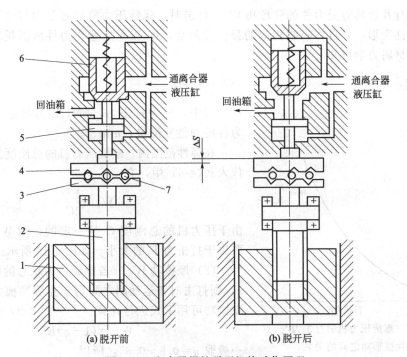

图 4-12　离合器惯性脱开机构动作原理

1—滑块；2—螺杆；3—下盘；4—惯性盘；5—平衡活塞；6—卸荷阀芯；7—钢球

工作循环中只有惯量很小的螺杆和摩擦盘被加速和减速，所以加速行程很短，有效冲压行程更长，滑块在 3/4 的行程上都可发挥最大力和最大能量；有效行程次数可提高一倍以上，飞轮的能量得到较充分的利用，压力机的总机械效率提高 1/3 以上。因为，飞轮与螺杆制件由可控离合器连接，冲压力可得到准确的控制，所以没有多余能量问题，与液压机相似，属于定力设备。

六、螺旋压力机的力-能关系

1. 螺旋压力机工作时的能量转化

螺旋压力机的运动部分（包括飞轮、螺杆和滑块）在传动系统驱动下，经过规定的向下行程所储存的能量 E 为

$$E=\frac{1}{2}mv^2+\frac{1}{2}I\omega^2=\frac{1}{2}\left(m+\frac{4\pi^2}{h^2}I\right)v^2=\frac{1}{2}\left(\frac{h^2}{4\pi^2}m+I\right)\omega^2 \tag{4-3}$$

式中，m 为飞轮、螺杆和滑块的质量，kg；I 为飞轮和螺杆的转动惯量，kg·m²；v 为打击时滑块的最大线速度，m/s；ω 为打击时最大角速度，rad/s；h 为螺杆螺纹导程，m。

由上式可知，运动部分的打击能量由两部分组成：直线运动动能和旋转运动动能。一般情况下，前者仅为后者的 1%～3%，因此，E 常称为飞轮能量。

打击终了时，滑块速度为零，打击能量 E 转化为三部分：工件变形功 W_d、机身及模具等受力件的变形功 W_t、克服机械摩擦所消耗的摩擦功 W_m。即

$$E=W_d+W_t+W_m \tag{4-4}$$

（1）锻件的变形功 W_d　锻件的变形功因加工工艺不同而异，一般可表示为

$$W_d=\int_0^\lambda F_d\mathrm{d}\lambda \tag{4-5}$$

式中，F_d 为锻件变形力，kN；λ 为锻件最大线变形量，mm。

（2）机身及模具等受力件的变形功 W_t　打击时，螺旋压力机的各受力部件和模具因受力而产生弹性变形，各自将吸收相应的弹性变形功，W_t 就是这些受力件所消耗的弹性变形功之和。由材料力学可知

$$W_t = \frac{1}{2}F\delta \tag{4-6}$$

式中，F 为打击力，kN；δ 为机身及模具等受力件的弹性变形量，mm。

在弹性范围内，螺旋压力机的总刚度为 $C = F/\delta$，代入式（4-6）中，有

$$W_t = \frac{F^2}{2C} \tag{4-7}$$

由于压力机的总刚度 C 是一定的，则 W_t 的大小就取决于打击力 F 的大小，如图 4-13 所示。

（3）摩擦功 W_m　若螺旋压力机总的机械效率为 η，则打击时各运动副之间用于克服摩擦力而消耗的摩擦功可用下式进行计算

$$W_m = (1-\eta)E \tag{4-8}$$

一般取 $\eta = 0.8 \sim 0.85$，所以

$$W_m = (0.2 \sim 0.15)E$$

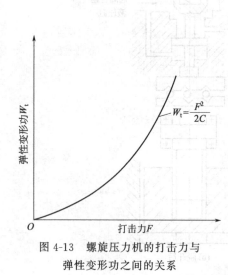

图 4-13　螺旋压力机的打击力与
弹性变形功之间的关系

2. 飞轮的力能关系

由上述分析可知，螺旋压力机在一次滑块行程中，储存的动能只有部分用于锻件的成形，可将式（4-2）改写为

$$W_d = E - (W_t + W_m) \tag{4-9}$$

结合式（4-7）、式（4-8）可建立如图 4-14 所示的螺旋压力机力能关系曲线。由图可见：

① 在螺旋压力机上，可以完成不同的锻压工艺：对变形量大、需要压力小的锻件，压力机能给出较大的塑性变形能（即有效变形能），产生较小的打击力；而对于变形量小、壁薄的锻件（如叶片），压力机能给出的有效能量较小，但能产生较大的打击力。这说明螺旋压力机具有较强的工艺力能特性。

② 螺旋压力机是能量限定设备，而能量的分配关系与不同的打击力相对应。滑块压力越大，用于锻件变形的能量越小，机身及模具吸收的弹性变形能就越大。如果在模具里没有毛坯的情况下进行打击（即冷击），滑块的压力将达到最大值 F_{max}，此时飞轮的能量除克服一小部分

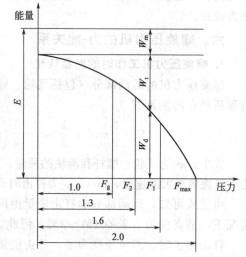

图 4-14　螺旋压力机力能关系曲线

摩擦功外，几乎全部被压力机的弹性变形吸收，因而压力机的负荷最重，甚至将造成设备的损坏，所以，螺旋压力机绝对禁止在全能量下冷击。

③ 为了充分利用螺旋压力机的能力，且又能满足工艺特点的需要，压力机应在工件变形力 $F = (1.0 \sim 2.0)F_g$（F_g 为公称压力）的范围内工作。

　　a. 对于变形量小的精压和校正工序，通常需要以大压力、小能量来工作，所以螺旋压力机可在 $1.6F_g$ 附近的区段工作，换言之，当根据所需工艺力 F 选择螺旋压力机时，压力机的公称压力可选取为 $F/1.6$。

　　b. 对于变形量稍大的模锻工序，螺旋压力机可在 $1.3F_g$ 附近的区段工作，同样，螺旋压力机的公称压力可选取为 $F/1.3$。

　　c. 对于变形量和变形能的需要都较大的模锻，螺旋压力机可在 $(0.9\sim1.1)F_g$ 区段工作，即螺旋压力机的公称压力可选取为 $F/(0.9\sim1.1)$。

3. 螺旋压力机的能量调节

　　由上述分析可知，为节约能量和保护设备，总希望锻打时设备给出的能量刚好满足工艺要求。螺旋压力机打击时，只有当飞轮储存的能量全部释放（即滑块速度为零）后才能回程。当上、下模打靠时，若飞轮释放的能量刚好消耗完（无剩余动能），此时压力机发出的压力正好等于工艺所需的终锻力，如图 4-15(a) 所示。这时的 W_d 和 W_t 等的比例最为合理。当飞轮能量过大（即螺旋压力机所选的规格过大）时，如图 4-15(b) 所示，在 K 点工件变形已完成，但飞轮能量还没消耗完，这些多余的能量（阴影部分面积）在变形结束后将被机身和模具等受力部件吸收而转化为弹性变形功，此时压力机所发出的压力远大于锻件的终锻力。显然，有一部分能量被浪耗掉了。这不仅提高了动力的费用，而且设备所承受的负荷加大，从而导致某些零件的磨损加剧。因此，螺旋压力机的打击能量应有调节的可能，以符合不同锻件变形功的需要。对于中小型螺旋压力机（3000kN 以下），通常在工作台上加垫板，用减小滑块行程（即减小飞轮转速）的方法来减小打击能量。而现代的大型螺旋压力机一般都设有能量调节装置，包括控制滑块位移式、控制滑块速度式、时间控制式等。

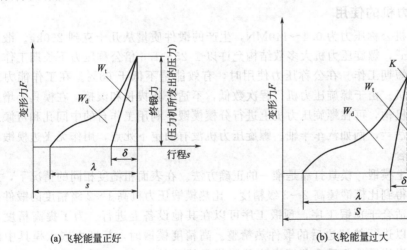

(a) 飞轮能量正好　　　　　　　　　　(b) 飞轮能量过大

图 4-15　螺旋压力机模锻时的负荷图

δ—机器及锻模的弹性变形行程；λ—锻件的塑性变形行程；s—滑块行程

　　能量调节曲线如图 4-16 所示。设某锻件的力能参数分别为力 F、能量 E，若飞轮能量 E 选得过大（如图中的 E_1），就会出现如图 4-15(b) 所示的情况，即在 K 点且工件变形已完成，飞轮的能量还没完全消耗，这些多余的能量就转化为整机的弹性变形能，考虑到工件塑性变形功 W_d 与飞轮打击前的能量 E_1、E_2 无关，这样图 4-16 中的 $W_{d1}=W_{d2}$，显然由图 4-16 可看出飞轮打击前的能量 E_1 情况下的弹性变形功一定是大于飞轮打击前的能量 E_2 时的弹性变形功，即 $W_{t1}>W_{t2}$。若将能量降低到 E_2（图 4-16），设备载荷就会由 F_{M1} 降到 F_{M2}，使其与锻件变形力接近，画出 F 处的垂直线，使 $cd=ab$，即可从 d 点到 E_2 值，借助于能量调节装置选好

E_2 值，压力机就会趋近如图 4-15(a) 所示的最佳状态。而锻件的力能参数一般事先难以准确确定，使用中常常是通过试验来寻找最佳的打击能量，即先用不同的滑块回程进行试锻，当锻出满意的锻件后，就可确定出合适的滑块回程高度和相应的飞轮能量 E 值。

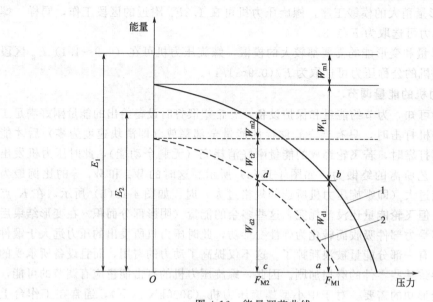

图 4-16　能量调节曲线
1—飞轮能量太大时的力能关系；2—调整后的力能关系

七、螺旋压力机的使用

现代螺旋压力机公称压力为 $0.4\sim140\text{MN}$，生产的锻件质量从几十克到 250kg。锻件投影面积达到 5000cm^2，螺旋压力机大多数结构允许以 $1.25\sim1.6$ 倍公称压力下长期工作，允许以 2 倍公称压力短期工作。在公称压力使用时，有效能量不低于 60%。在工作能力方面已超过热模锻压力机。由于螺旋压力机行程次数低，不适于作拔长和滚挤。在模具上增加具有单独动力的分模机构，可在螺旋压力机上进行分模模锻。利用工作台的中间孔和可倾式工作台，可锻长杆的法兰，例如汽车半轴。螺旋压力机没有固定下死点，用作无飞边模锻和精整的工序也比较适合。

在螺旋压力机上模锻，模具打靠是唯一的正确方法。在表面粗糙度相同的情况下，用模具打靠的方法容易得到比模锻锤高 $2\sim3$ 级精度、比热模锻压力机高 $1\sim2$ 级精度的锻件。

螺旋压力机不适合于预锻工序，预锻工序可以在其他设备上进行。为了提高精度，在螺旋压力机上也可以进行热切边后的锻件热精整。高精度模锻时，精度由嵌入模具中的撞块来保证。为排除滑块导轨间隙和机身角变形对模具错移的影响，可采用导柱和设在模具周边的导向锁扣。

习　题

1. 为何螺旋压力机是能量限定设备？
2. 螺旋压力机有哪些类型？各类型螺旋压力机的工作原理有什么不同？
3. 螺旋压力机有什么工艺特性？
4. 离合器式螺旋压力机的滑块是如何实现回程动作的？
5. 为何离合器式螺旋压力机几乎可在全行程内发挥工作能量和能力？

第五章 液 压 机

液压机是成形生产中应用最广的设备之一。自 19 世纪问世以来发展很快，已成为工业生产中必不可少的设备之一。由于液压机在工作中的广泛适应性，使其在国民经济各部门获得了广泛应用。如板材成形，管、线、型材挤压，粉末冶金、塑料及橡胶制品，人造金刚石、耐火砖压制、炭极压制成形、轮轴压装、校直等等。各种类型液压机的迅速发展，有力地促进了各种工业的发展和进步。

20 世纪 80 年代以来，随着微电子技术、液压技术等的发展和应用，液压机有了更进一步的发展。目前，液压机的最大标称压力已达 750MN，用于金属的模锻成形。液压机的类别也已达数十种，且有继续增多的趋势。

第一节　液压机的工作原理、特点及分类

一、液压机的工作原理及组成

液压机是根据静态下密闭容器中液体压力等值传递的帕斯卡原理制成的，是一种利用液体的压力来传递能量以完成各种压力加工艺的机器。

液压机的工作原理如图 5-1 所示。两个充满工作液体的具有柱塞或活塞的容腔由管道连接，件 1 相当于泵的柱塞，件 2 则相当于液压机的柱塞，小柱塞 1 在外力 F_1 的作用下使容腔内的液体产生压力 $p = F_1/A_1$，A_1 为小柱塞 1 的面积，该压力经管道传递到大柱塞 2 的底面上，根据帕斯卡原理，在密闭容器中液体压力在各个方向上到处相等，因此，大柱塞 2 上将产生向上的作用力 F_2，使毛坯产生变形。F_2 的大小为

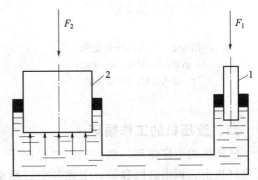

图 5-1　液压机工作原理图
1—小柱塞；2—大柱塞

$$F_2 = pA_2 = F_1A_2/A_1 \tag{5-1}$$

式中　A_2——大柱塞 2 的工作面积。

由于 $A_2 \geqslant A_1$，显然，$F_2 \geqslant F_1$。这就是说，液压机能利用小柱塞上较小的作用力 F_1 在大柱塞上产生很大的作用力 F_2，由式(5-1) 还可看出，液压机能产生的总压力取决于工作柱塞面积和液体压力的大小。因此，要想获得较大的总压力，只需增大工作柱塞面积或提高液体压力即可。

液压机一般由本体和液压系统两部分组成（图 5-2）。其本体是由上横梁、下横梁、四根立柱所组成，每根立柱都用立柱螺母分别与上、下横梁紧固地连接在一起组成一个封闭框架，该框架叫做机身。工作时，全部的工作载荷都由机身承受。液压机的各部件都安装在其机身上：工作缸固定在上横梁的缸孔中，工作缸内装有活塞，活塞的下端与活动横梁相连接，活动横梁通过其四个孔内的导向套导向，沿立柱上下滑动。活动横梁的下表面和下横梁的上表面都有 T 形槽，以便安装模具。在下横梁的中间孔内还有顶出缸，供顶出工件或别

的用途。

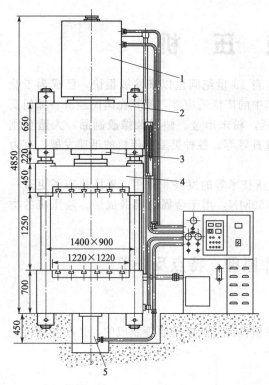

图 5-2　液压机外形简图
1—油箱；2—机身；3—主缸；
4—活动横梁；5—顶出缸

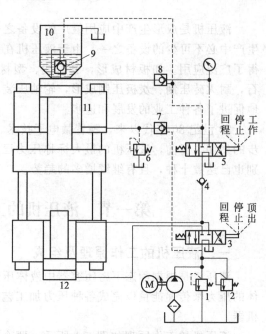

图 5-3　最简单的液压系统
1,2,6—溢流阀；3,5—换向阀；4—单向阀；
7,8—液控单向阀；9—充液阀；10—充液罐；
11—工作缸；12—顶出缸

二、液压机的工作循环

　　液压机的工作循环一般包括：空程向下（充液行程）、工作行程、保压、回程、停止、顶出缸顶出、顶出缸回程等，上述各个行程动作靠液压系统中各种阀的动作来实现。工作时，在工作缸的上腔通入高压液体，在液体压力作用下推动活塞、活动横梁及固定在活动横梁上的模具向下运动，使工件在上、下模之间成形。回程时，工作缸下腔通高压液体，推动活塞带着活动横梁向上运动，返回其初始位置。若需顶出工件，则在顶出缸下腔通入高压液体，使顶出活塞上升，将工件顶起，然后向顶出油缸上腔通高压液体，使其回程，这样就完成了一个工作循环。

　　液压机的液压系统包括各种泵（高、低压泵）、各种容器（油箱、充液罐等）和各种阀及相应的连接管道。最简单的液压系统如图 5-3 所示。在该系统中，泵将高压液体直接输送到工作缸中，通过两个手动三位四通阀来实现液压机的各种行程动作。

　　（1）空程向下（充液行程）　换向阀 3 置于"回程"位置，换向阀 5 置于"工作"位置。这时工作缸 11 下腔的油液通过开启的液控单向阀 7 和换向阀 5 排入油箱，活动横梁靠自重从初始位置快速下行，液压泵输出的油液通过阀 3、4、5、8 进入工作缸 11 的上腔，不足的油液由充液罐 10 内的油液通过充液阀 9 补入，直到上模接触工件。

　　（2）工作行程　阀 3 和 5 的位置不变，当上模接触到工件后，由于下行阻力增大，充液阀自动关闭，这时液压泵输出的液体压力随阻力增大而升高，此油液进入工作缸 11 的上腔，推动活塞下行对工件进行加工。工作缸下腔的油液继续经阀 7 和阀 5 排回油箱。

（3）保压　若工艺有保压要求，则将换向阀 5 的手柄置于"停止"的位置，阀 3 的位置不变，液压泵通过阀 5 卸荷，工作缸内的油液被液控单向阀 8 封闭在内而进行保压。

（4）回程　换向阀 5 置于"回程"位置，阀 3 的位置仍不变，液压泵输出的油液通过阀 3、4、5、7 进入工作缸的下腔，同时，打开液控单向阀 8，使工作缸上腔卸压，然后打开充液阀 9，这样，在工作缸下腔高压液体的作用下，活塞带动活动横梁上行，工作缸上腔的油液排入充液罐 10 中。

（5）停止　将换向阀 3 和 5 的手柄置于"停止"位置，液压泵通过换向阀 3 卸荷，工作缸 11 下腔的油液被液控单向阀 7 封闭于缸内，使活塞及活动横梁稳定地停止在任意所需位置。

（6）顶出缸顶出　换向阀 5 置于"停止"位置，将换向阀 3 置于"顶出"位置，液压泵输出的压力油通过阀 3 进入顶出缸的下腔，同时，顶出缸上腔的油液经阀 3 流入油箱，在下腔压力油的作用下顶出活塞上升，顶出工件。

（7）顶出缸回程　换向阀 5 的位置不变，换向阀 3 置于"回程"位置，顶出缸下腔的油液可经阀 3 流入油箱，液压泵输出的油液经阀 3 进入顶出缸上腔，使顶出缸活塞下行。

这样就完成了一个工作循环。

液压机的工作介质主要有两种，采用乳化液的一般叫做水压机，采用油的叫油压机，二者统称液压机。

乳化液是由质量分数为 2% 的乳化脂和质量分数为 98% 的软水均匀搅拌而成。乳化液价格便宜，不燃烧，不易污染场地，故多用于耗液量大以及热加工用的液压机上。

油压机中使用最多的是机械油，有时也用其他类型的液压油。油的防腐、防锈及润滑性能都比乳化液好，且油的黏度大，易于密封，因此，近年来采用油作为工作介质的越来越多。但油易燃，成本高，且易污染场地。

三、液压机的特点及分类

根据液压机的工作原理，液压机具有如下优点：

① 容易获得很大的工作压力和较大的工作空间，这是液压机最突出的优点。基于液压传动的原理，液压机的执行元件（缸、活塞或柱塞）的结构简单，且动力设备可以分别布置，静压设备，无需很大的地基，因此可以造到很大的吨位。目前各类成形设备中，凡需较大压制吨位的多采用液压机，十万千牛级以上的几乎都是液压机。

② 容易获得大的工作行程，并可在行程的任何位置上产生额定的最大压力，可以进行长时间保压。液压机的这一优点对许多工艺都是十分需要甚至是必需的，如深拉深、挤压、塑料压制、超硬材料合成等。

③ 压力调节方便，并能可靠地防止过载。液压机利用工作液体的压力传递能量，可以用简单的方法（各种压力控制阀）在一个工作循环中进行调压或限压，因而能可靠地防止过载，有利于保护模具和设备。

④ 调速方便。活动横梁的运动速度可以在一定范围内在很大的程度上进行调节，可以适应不同的工艺过程对工作速度的不同要求。

⑤ 活动横梁的行程可以在一定的范围内任意改变，可以在行程的任意位置停止或反向回程。

⑥ 工作平稳，撞击、振动和噪声都较小，这对工人健康、厂房基础、周围环境和设备本身都大有好处。

⑦ 操作方便，制造容易，标准化、系列化、通用化程度较高。

但液压机也存在着如下缺点：

① 液压机在快速性方面不如机械压力机。这是由于工作缸内液体的升、降压都需要一定的时间，阀的换向动作也需要一定的时间，加上液压机的空程速度不够高，故其生产率不够高。

② 由于液体的可压缩性，在快速卸载时容易在本体或液压系统中产生振动，故液压机不太适合于冲裁、剪切等切断类工艺。

③ 液压机的调整、维修较机械压力机困难，且工作液体有一定的使用寿命，到一定的时间就需更换。

由于液压机具有上述特点，因而广泛地应用于国民经济各个部门，是一种重要的成形设备。

按照国家专业标准 ZBJ 62030—90，将液压机归类于锻压机械。锻压机械共分八类，各类别代号用汉语拼音字母表示，液压机的类别代号为正体大写的"Y"。

按用途不同，液压机可分为十个组：手动液压机；锻造液压机；冲压液压机；一般用途液压机；校正、压装液压机；层压液压机；挤压液压机；压制液压机；打包、压块液压机；各种专用液压机。每组又分十型（系列），用两位数表示。成形生产中常用的液压机的组、型代号如表 5-1 所列。

表 5-1　成形生产常用液压机的组、型代号

组	型	液压机名称	主要参数	组	型	液压机名称	主要参数
锻造液压机	10	—	—	一般用途液压机	35	—	—
	11	单臂式锻造液压机	标称压力(kN)		36	切边液压机	标称压力(kN)
	12	下拉式锻造液压机	标称压力(kN)		37	—	—
	13	正装式锻造液压机	标称压力(kN)		38	单柱冲孔液压机	标称压力(kN)
	14	—	—		39	—	—
	15	—	—		60	—	—
	16	模锻液压机	标称压力(kN)	挤压液压机	61	金属挤压液压机	标称压力(kN)
	17	多向模锻液压机	垂直缸标称压力/总压力(kN)		62	轻合金型棒挤压液压机	标称压力(kN)
	18	车轮模锻液压机	标称压力(kN)		63	轻合金管材挤压液压机	标称压力(kN)
	19	—	—		64	铜合金挤压液压机	标称压力(kN)
冲压液压机	20	单柱单动拉深液压机	标称压力(kN)		65	黑色金属管材挤压液压机	标称压力(kN)
	21	单臂冲压液压机	标称压力(kN)		66	黑色金属型棒挤压液压机	标称压力(kN)
	22	—	—		67	静压挤压液压机	标称压力(kN)
	23	单动厚板冲压液压机	标称压力(kN)		68	模膛挤压液压机	标称压力(kN)
	24	双动厚板冲压液压机	标称压力/总压力(kN)		69	电极挤压液压机	标称压力(kN)
	25	—	—	压制液压机	70	侧压式粉末制品液压机	标称压力(kN)
	26	精密冲裁液压机	标称压力(kN)		71	塑料制品液压机	标称压力(kN)
	27	单动薄板冲压液压机	标称压力(kN)		72	—	—
	28	双动薄板冲压液压机	标称压力/总压力(kN)		73	等静压液压机	标称压力(kN)
	29	橡胶囊冲压液压机	标称压力(kN)		74	—	—
一般用途液压机	30	单柱液压机	标称压力(kN)		75	金刚石液压机	标称压力(kN)
	31	双柱液压机	标称压力(kN)		76	耐火砖液压机	标称压力(kN)
	32	四柱液压机	标称压力(kN)		77	炭极液压机	标称压力(kN)
	33	四柱上移式液压机	标称压力(kN)		78	塑料制品液压机	标称压力(kN)
	34	框架式液压机	标称压力(kN)		79	粉末制品液压机	标称压力(kN)

液压机型号的表示方法如下：

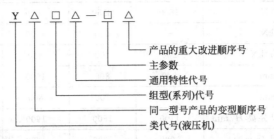

通用特性代号如表 5-2 所列。

表 5-2　通用特性代号

通用特性	自动	半自动	数控	液压	缠绕结构	高速	精密	长行程或长杆	冷挤压	温热挤压
字母代号	Z	B	K	Y	R	G	M	C	L	W

例如，YA32-315 型号的意义是：

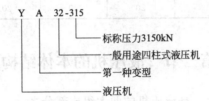

液压机除有主参数（标称压力）外，还有其他一些基本技术参数，这些参数不仅反映了液压机的工作能力和特点，也反映了液压机的轮廓尺寸及总重量，是选用或选购液压机的主要依据。在本章第四节中将详细讨论液压机的主要技术参数。

表 5-3 和表 5-4 分别为四柱式一般通用液压机和单臂冲压液压机的基本参数。

表 5-3　四柱式一般通用液压机的基本参数

标称压力 F/kN		400		630		1000		1600		2000		2500		3150		4000		5000		6300		8000		10000	
滑块行程 s/mm		400		450		500		560		560		710		800		800		900		900		1000		1000	
开口高度/mm		600		710		800		900		900		1120		1250		1250		1500		1500		1800		1800	
滑块速度 /(mm/s) ≥	速度分级	1	2	1	2	1	2	1	2	1	2	1	2	1	2	1	2	1	2	1	2	1	2	1	2
	空程下行	40	150	40	150	40	150	40	150	40	150	100	120	100	150	120	150	120	200	120	200	120	250	120	250
	工件 <30% F	25	25	25	25	15	25	15	25	15	25	20	25	12	25	15	25	15	25	12	25	15	25	12	25
	工件 =100% F	10	10	10	10	5	10	5	10	5	10	5	10	5	10	5	10	5	10	5	10	5	10	5	10
	回程	60	120	60	120	60	120	60	120	60	120	80	120	60	120	80	120	80	120	60	120	80	120	60	150
工作台有效尺寸（左右×前后）($B×T$) /mm	基础	400×400		500×500		630×630		800×800		900×900		1000×1000		1120×1120		1250×1250		1400×1400		1600×1600		2200×1600		2500×1800	
	变型	500×500		630×630		800×800		1000×1000		630×630		800×800		900×900		1120×1120		1250×1250		1400×1400		1600×1600		2000×1400	
		—		—		—		—		1120×1120		1250×1250		1400×1400		1600×1600		2000×1600		2500×1600		3150×2000		3150×2000	
有效顶出装置	顶出力 F_1/kN	63		100		250		250		400		400		630		630		1000		1000		1250		1250	
	顶出行程 s_1/mm	140		160		200		200		250		250		300		300		300		300		350		350	

表 5-4　单臂冲压液压机的基本参数

垂直缸标称压力/kN	1600	3150	5000	8000	12500
水平缸标称压力/kN	—	630	1000	1600	2500
垂直回程缸标称压力/kN	200	400	630	1000	1600
垂直缸工作行程/mm	600	800	1000	1200	1400
水平缸工作行程/mm	—	700	800	900	1000
压头下平面至工作台面的最大距离 H/mm	1100	1500	1900	2300	2600
压头中心至机壁距离 L/mm	1000	1300	1600	1800	2000
压头尺寸($a \times b$)/mm	850×600	1200×1000	1500×1200	1600×1800	2000×2200
工作台尺寸($A \times B$)/mm	1200×1200	1800×1800	2300×2500	2600×3000	3200×3600
最大工作速度/(mm/s)	10	10	10	10	10
空程下降速度/(mm/s)	100	100	100	100	100
回程速度/(mm/s)	80	80	80	80	80
系统工作压力/MPa	20	20	20	25	25

第二节　液压机的本体结构

液压机的本体又叫做主机，是液压机的两大组成部分之一。本体一般由机架、液压缸部件、运动部分及其导向装置所组成。在选用或选购时，应注意如下问题：

① 应能很好地满足工艺要求，且便于操作。

② 应具有合理的强度、刚度和运动精度，使用可靠，不易损坏。

③ 重量轻，维护方便，具有很好的经济性。

由于液压机的工艺适应性较强，能在液压机上操作的工艺很多，不同的工艺对设备结构常常有不同的要求，为满足这些要求，液压机的本体结构也有很多种形式。

下面分别讨论液压机本体结构的各组成部分。

一、机身

机身也叫做机架，是液压机的一个重要基本部件，工作时要承受全部的工作载荷，液压机的其他零部件也都安装在机架上以形成一个整体，同时，活动横梁的运动也以机架导向。机身的强度、刚度及其制造水平和安装精度的高低，不仅影响着设备本身的工作性能和使用寿命，还直接影响着安装在设备上的各种成形模具的寿命，甚至影响到生产能否顺利完成。因此，机身必须有足够的强度、刚度和精度，并应便于安装、调整和使用、维修。另一方面，为满足各种工艺的不同要求，液压机本体结构的变化在很大程度上是由机身的结构组成和安装方式来体现的。

目前应用较为普遍的有以下几种形式。

（一）梁柱组合式

这是液压机的传统结构形式，广泛应用于各种工艺用途的液压机中，最常见的是三梁四柱式，如图 5-2 所示。它由四根立柱通过立柱螺母将上、下横梁紧固地连接在一起组成一个刚性的封闭框架，以承受液压机的工作负荷并对活动横梁的运动起导向作用。液压机工作时，在工作缸内高压液体的作用下，活塞、活动横梁及上模向下运动，使工件在上、下模间成形，全部的工作载荷（即工件变形力）向上通过工作缸的法兰传递到上横梁，向下则通过下模、工作台垫板传到下横梁，最后作用于上、下横梁和立柱所构成的封闭框架上。

1. 立柱

在梁柱式结构中，立柱是机架的重要支撑件和主要受力件，又是活动横梁的导向件，因此，对立柱有较高的强度、刚度和精度要求。立柱所用材料、结构尺寸、制造质量及其与横梁之间的连接方式、预紧程度等因素，都对液压机的工作性能甚至使用寿命有着很大的影响。

立柱常用如下材料制成：35钢、45钢、40Cr、20MnV、28MnSiMo等。中小型液压机（2.5×10^4 kN以下）的立柱多做成实心的，两端钻出预紧用的加热孔，大型液压机（3×10^4 kN以上）的立柱可做成空心的。从立柱螺纹到导向部分应圆滑过渡，导向部分的表面粗糙度应在$Ra0.8\mu m$以下，并有足够的几何形状精度和表面硬度。

对梁柱式液压机，其机架的刚度主要取决于立柱与上、下横梁的连接刚度。由于立柱是用螺母与横梁紧固在一起，工作时液压机处于反复加载的情况下，使用久了，螺母很容易产生松动，如不及时紧固，加载和卸载时机架会产生剧烈晃动，严重时甚至会使立柱折断。因此，除安装时要严格按要求预紧外，使用中也必须注意保证立柱与上、下横梁的刚性连接，不应有任何松动。

常见的立柱与上、下横梁的连接形式如图5-4所示。其中图5-4(a)为双螺母式，图5-4(b)、图5-4(c)为锥台式，图5-4(d)、图5-4(e)为锥套式。双螺母式的每根立柱靠四个内外螺母与上、下横梁连接在一起，由螺母起支承作用，并可调整上、下梁间的距离，故对立柱的有关轴向尺寸要求不严，立柱的加工、安装和维修都比较方便，因此在中小型液压机中应用较为普遍，但这种结构对立柱螺纹精度要求较高，精度调整较麻烦，且使用久了螺母容易松动，须及时紧固，以保持机架的刚度。锥台式的立柱用两个外螺母及立柱上的锥台和上、下横梁连接，刚性好，可防止横梁与立柱间发生相对水平位移，但锥台加工困难，两锥

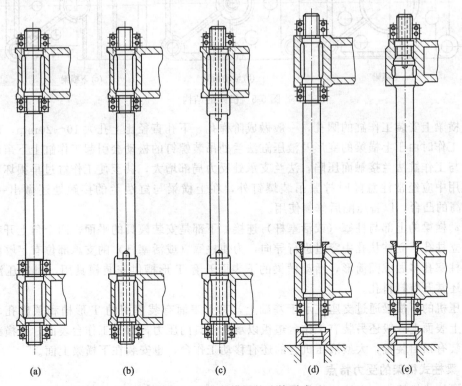

(a)   (b)   (c)   (d)   (e)

图 5-4 立柱与横梁的连接形式

台间的距离难以保证，装配后机器不能调整，安装、预紧、维修也不方便。锥套式用分开的锥形套来代替内螺母或下锥台，可以消除或减轻立柱上的应力集中，并可消除立柱与横梁之间的间隙，便于调整对中，但反复加载时锥套也会松动，影响机架的刚度，多用于靠立柱底座支承的大型液压机上。

2. 横梁

横梁包括上横梁、下横梁（或称底座）和活动横梁（或称滑块），是液压机的重要部件。由于横梁的轮廓尺寸很大，为了节约金属和减轻重量，一般都做成空心箱形结构，中间加设肋板，承载大的地方肋板较密，以提高刚度，降低局部应力，肋板一般按方格形或辐射形分布，在安装各种缸、柱塞（或活塞）及立柱的地方做成圆筒形，以使其环形支承面的刚度尽可能一致，并用肋板与外壁或相互之间连接起来。

横梁有铸造结构和焊接结构两种，生产批量较大的中小型液压机其横梁多为铸铁件（材料多为 HT200）或铸钢件（材料多为 ZG275-500）；近年来采用焊接结构的日渐增多，材料一般为 Q235 或 16Mn 钢板。图 5-5 所示为液压机的横梁结构，由图可见，各横梁的结构除有前述的特点外，还有以下不同：

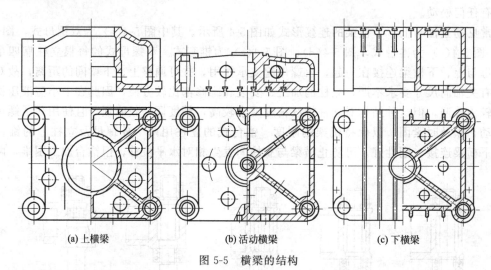

| (a) 上横梁 | (b) 活动横梁 | (c) 下横梁 |

图 5-5　横梁的结构

上横梁上安装工作缸的圆孔，一般做成阶梯孔，下孔直径比上孔大 10~20mm，以便于安装。工作时由于上横梁的变形及液压缸法兰处吊装螺钉的松动会引起工作缸上下窜动，使上横梁与工作缸法兰接触面压陷，法兰支承处反力局部增大，甚至使工作缸过早损坏，因此除在使用中应经常注意随时拧紧吊装螺钉外，在上横梁与缸法兰的接触处还做出一 10~20mm 高的凸台，以备压陷后修复使用。

活动横梁的上部与柱塞（或活塞杆）连接，下部是安装模具的平面，四个角上开有安装导套的立柱孔，立柱从孔中穿过进行导向，为使柱塞（或活塞杆）的支承部位有足够的承压能力，柱塞孔多做成圆筒形，活动横梁的下表面开有 T 形槽供安装模具用，对冲压液压机该面上还常开有打料孔。

液压机的下横梁通过支座支承于基础上，其上表面有装模用的 T 形槽和顶出孔，使用时在其上表面上一般还另装有工作台垫板以承受模具的压力，保护工作台表面，下横梁的缸孔中还装有顶出装置，大型液压机有的还有移动工作台，也安装在下横梁上面。

3. 梁柱式机架的受力特点

在梁柱式机架中，立柱往往是薄弱环节，它不仅要承受轴向拉力，还要承受偏心载荷引起的弯矩，特别是在立柱与横梁的连接部位，由于截面形状剧烈变化或因连接方式的原因，均会带来较大的应力集中。这样，一般梁柱式结构的立柱均是在有较大拉应力振幅的脉动循环载荷下工作，很容易导致疲劳破坏。

（二）框架式

框架式结构是液压机机身结构中常用的又一种结构形式，可分为组合框架式和整体框架式两大类。

组合框架式机身是由上横梁、下横梁和两个立柱所组成的，这几部分靠拉紧螺栓（一般是四根）连接和紧固，在横梁和立柱的接合面上用销或键定位，活动横梁靠安装在立柱内侧的导向装置进行导向，其横梁或立柱可以是铸钢件，也可以是钢板焊接件。这种机架的结构基本上与闭式机身的机械压力机的框架相似，如图 5-6 所示。

整体框架式机身则是将上、下横梁及两立柱做成一个整体（铸造或焊接），为减轻重量，其截面一般做成空心箱形结构，这样可以保持较高的抗弯刚度，立柱部分多做成矩形截面成"门"字形，以便于安装导向装置。整体框架式的制造、运输、安装等都存在一定的难度（尤其对大中型液压机），因此使用范围受到了一定的限制。

与梁柱式机身的液压机相比，框架式液压机具有如下的特点。

（1）机身刚度好 对于组合框架式液压机，由于机身采用了预应力结构（且拉杆与立柱的横截面积之和较大），当承受工作负荷时，机身所产生的变形量较小，另一方面，当活动横梁受到偏心载荷时，活动横梁偏转所引起的侧向推力均由立柱来承受，拉杆不受弯矩作用，由于立柱的横向尺寸较大，且多为箱形结构，其

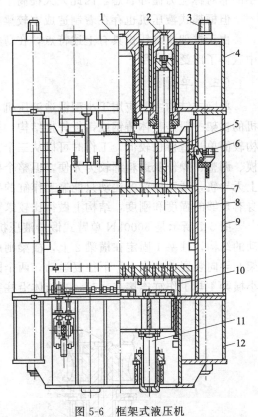

图 5-6 框架式液压机

1—主缸；2—侧缸；3—拉紧螺栓；4—上横梁；5—活动横梁；6—活动横梁保险装置；7—液压打料装置；8—导轨；9—立柱；10—活动工作台；11—顶出装置；12—下横梁

抗弯刚度很高，故横向推力不会使立柱产生大的弯曲变形。

对整体框架式液压机，由于将上、下横梁与立柱直接铸或焊为一个整体，取消了螺纹连接，彻底避免了长期载荷作用下螺母会松动的缺陷，同时在设计时一般均选用较小的许用应力以限制机身的变形，保证了机架具有较高的刚度。

（2）导向精度高 梁柱式液压机采用的是导套导向，由于导套与立柱只是线接触，接触面积小，间隙不可（或不易）调整，承受侧向推力的能力差，而且当机器受偏载时立柱会产生弯曲变形，降低了导向精度。在框架式液压机中，活动横梁的运动是靠安装在机身上的平面可调导向装置进行导向，且间隙可以精确调整，大大提高了抗侧推力的能力，导向精度较高，同时框架式液压机的立柱抗弯能力大，受侧推力作用时的弯曲变形小，也有利于保持较高的导向精度。

（3）立柱抗疲劳能力大大增强　这主要是指组合框架式而言。在梁柱式结构中，立柱在偏心载荷下将承受拉弯联合作用而处于复杂受力状态，其应力循环为脉动循环方式。而在组合框架结构中，将原来的立柱改为由高强材料制成的拉紧螺栓来承受拉力和由空心立柱来承受弯矩及轴向压力，大大改善了立柱的受力状况：对拉紧螺栓而言，虽然未承载时和承载状态下均有较高的应力，但应力波动小，且其截面形状无急剧变化，不会产生大的应力集中；对立柱而言，主要承受压力和弯矩，抗弯刚度较大，且二者均处于平均应力较高但应力波动小的非对称应力循环状态，因此大大提高了机身的抗疲劳性能。

但框架式液压机也存在着制造成本较梁柱式高，使用操作不如梁柱式方便等缺点。

由于框架式液压机具有上述特点，在薄板冲压、塑料制品、粉末冶金及金属挤压液压机中获得了广泛的应用。

（三）单臂式

单臂式结构主要应用于小型锻造液压机、冲压液压机和校正压装液压机中。单臂式液压机的机架一般是整体铸钢或钢板焊接结构，类似于开式机械压力机的机身。单臂式液压机结构较简单，造价也较低，工作时可以从三个方向接近模具区，具有较大的自由工作空间，装模、调整、操作及送料都较为方便，但整个机身的刚性较差，受力时会产生角变形，且机身上无导轨，活动横梁的运动只能靠工作缸的导套进行导向，运动精度较差，有时为了保证机身有足够的强度和刚度，结构上做得比较笨重。

图 5-7 所示是 5000kN 单臂式锻造液压机的本体结构简图，这是一种柱塞不动工作缸运动的结构，柱塞 1 固定在横梁 2 上，横梁则用四根拉杆 3 与机架 9 相连，而工作缸 6 可在机架 9 导向装置 8 中作上、下往复运动，两个回程缸 7 固定在机架 9 的两侧，回程柱塞 5 通过小横梁 4 与工作缸连接在一起，当液体沿柱塞上的孔进入工作缸而回程缸又排液时，工作缸

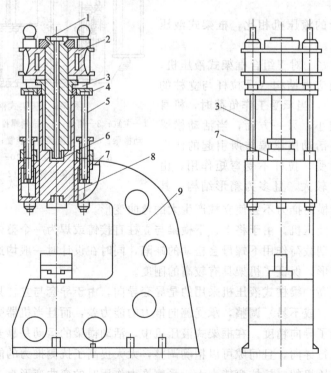

图 5-7　单臂式锻造液压机

1—工作柱塞；2—横梁；3—拉杆；4—小横梁；5—回程柱塞；6—工作缸；7—回程缸；8—导向装置；9—机架

则下行进行工作，当高压液体进入回程缸而工作缸又排液时，工作缸则向上运动，活动横梁实现回程。

在单臂冲压液压机上除了垂直方向上的工作缸外，往往在水平方向上还有辅助缸，下部则装有顶出器，这些缸由液压系统单独控制，以便工作时可以根据工艺要求进行工作，有时还在机架上装备有单梁悬臂电葫芦等起重设备以便于操作。

常见的液压机的本体结构除上述几种外，还有钢丝缠绕式、板框式等等，此处不再一一讲述。

二、液压缸

液压缸是液压机的主要部件之一，其作用是将液体的压力能转换成机械功，即在高压液体的作用下，推动活塞（或柱塞）使活动横梁下行，并将液体压力经活动横梁传到工件上使工件产生所需的变形。

液压机上所用的液压缸基本上都是高压缸。按其结构的不同可分为柱塞式、活塞式和双头柱塞式（图5-8）。实际使用中采用何种结构要根据液压机的总体结构、缸的总压力及行程大小、液压机的工作条件及生产厂的制造能力等因素综合确定。

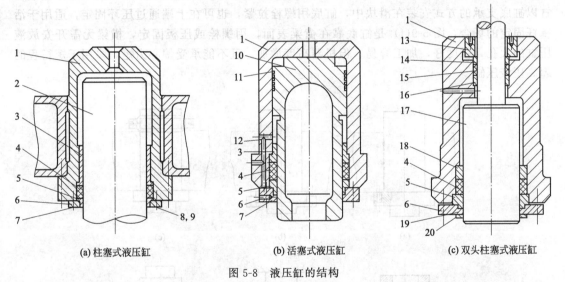

(a) 柱塞式液压缸　　　　(b) 活塞式液压缸　　　　(c) 双头柱塞式液压缸

图 5-8　液压缸的结构

1—缸体；2—柱塞；3,16,18—导套；4,15—密封；5,14—压套；6—法兰；7,19—防尘圈；8—螺栓；
9—螺母；10—活塞；11—活塞环；12—堵头；13—压盖；17—双头柱塞；20—盖

（1）柱塞式液压缸　柱塞式液压缸的基本结构如图5-8(a)所示。这是一种单作用液压缸，只能从一个方向加压，当高压液体从进油口输入时，在液体压力作用下柱塞被向外推出进行工作，此时柱塞2在导套3内运动，导套起导向作用，4为密封，用以保持液体压力，防止高压液体的泄漏，密封下有压套5、法兰6及螺栓8、螺母9等组成的压盖，它们主要起支承密封的作用，在压盖外面一般还有一道防尘圈，以防止灰尘进入缸内。由于柱塞式液压缸是单作用的，反向运动要靠另外的回程缸实现，只有在上移式液压缸中可以靠运动部件本身的重量回程。

柱塞式液压缸的内壁与柱塞不接触（锻造缸间隙为10～15mm，铸造缸为20～30mm）。这样，除安装导套和密封部分外，内壁其余部分可以粗加工甚至不加工，从而大大简化了液压缸的加工（尤其是对大直径或行程较长的缸），因此，柱塞式液压缸广泛应用于大中型液压机上。

（2）活塞式液压缸　活塞式液压缸的结构见图 5-8(b)，它是由缸体 1、活塞 10、活塞环 11、导套 3 等组成，在活塞头和缸口处都有密封装置，活塞式液压缸可以在两个方向上作用，既能完成工作行程，又可实现回程，简化了液压机的结构，但缸的内壁在全长上均需精加工，以满足密封和导向的要求，提高了加工难度和制造成本。这种结构在中小型液压机上应用很普遍。

（3）双头柱塞式液压缸　这种结构实际上是柱塞式液压缸的一种变型，如图 5-8(c) 所示。与柱塞式结构相比，由于缸底处多了一处导向套，增加了导向长度，提高了承受偏心载荷的能力和导向性能，且可利用柱塞上端伸出的细杆使柱塞回程，简化了与活动横梁的连接，但增加了一处密封，使缸的结构复杂了。这种缸多用于液压机的回程缸。

液压缸在液压机上的安装、固定方式很多，图 5-9 所示为目前常用的一些形式。图 5-9(a)～图 5-9(c) 是液压机中应用最普遍的法兰支承液压缸的固定形式，其中图 5-9(a) 为在台肩上钻出固定用螺孔，用螺栓将缸固定在横梁上，图 5-9(b) 为通过压环和螺栓压紧法兰使液压缸固定，图 5-9(c) 是在缸外圆上用大圆螺母固定，图 5-9(d) 为在缸底上用压环和螺栓固定液压缸。其中图 5-9(a) 和图 5-9(b) 所示结构多用于大中型液压缸，而图 5-9(c) 多用于小型液压缸。图 5-9(c) 和图 5-9(f) 所示为缸底支承的液压缸结构。图 5-9(c) 是液压缸以缸底支承的方式安装在滑块中，缸底用螺栓拉紧，也可在上端通过压环固定，适用于活塞杆固定的场合，图 5-9(f) 是缸底靠在横梁表面，用螺栓或压板固定，横梁无需开安放液压缸的大孔，强度好，加工容易，但机器高度增加，且不能承受偏心力矩，多用于短行程的超高压液压缸。

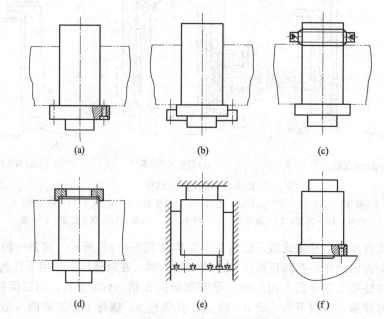

图 5-9　液压缸的安装方式

三、附属装置

（一）顶出装置

在液压机上一般都装备有顶出装置。顶出装置的作用除顶出工件外，在有些工艺用途的液压机上还可以完成浮动压边、浮动压制等功能或动作。按液压机工艺用途及工作台面大小的不同，顶出装置有单缸式和多缸式，从顶出缸的结构上看又有活塞缸式和柱塞缸式。

在一般用途液压机和冲压液压机中，顶出装置的作用基本上与通用曲柄压力机的气垫相同，但与气垫相比，液压机的顶出装置由于采用液压传动，具有顶出力大、控制灵活和结构紧凑等优点。

图5-10所示为Y32-315液压机的顶出缸，由图可知，顶出缸实际上就是一个倒置的活塞式液压缸，顶出时，往活塞腔通入高压液体，同时使活塞杆腔与油箱相通，即可使活塞上升顶出工件；回程时，高压液体进入活塞杆腔，而活塞杆腔与油箱相通，使活塞回程。若要进行浮动压边，只需在活动横梁下行前先使顶出缸活塞上升至上死点，然后切断其动力源，待活塞横梁下行至下模接触到毛坯时，通过顶杆使顶出缸活塞与活动横梁同步下行，此时活塞腔的液体经液压系统的溢流阀排回油箱，活塞杆腔则从油箱吸油以补充其容积变化，压边力的大小可以通过调节溢流阀的设定压力很方便地进行调整。

（二）活动横梁保险装置

在液压机中，活动横梁在任意位置悬停大都是靠工作缸下腔或回程缸内的液体背压来支承运动部分的重量的，为防止因密封损坏、管路连接松动、背压阀失灵或活塞杆与活动横梁的连接螺钉脱落等情况下活动横梁突然落下造成设备或人身事故，许多液压机上还装有活动横梁保险装置（图5-11）。

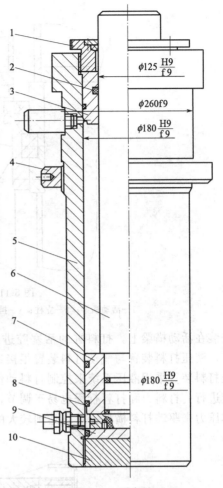

图5-10　顶出缸

1—螺母；2,8—Y形密封圈；3—导向套；4—锁紧螺母；5—缸壁；6—活塞杆；7—活塞头；9—底板；10—堵头

活动横梁保险装置主要由保险杠、支撑杆和支撑座组成，保险杠和支承座安装在立柱上，支撑杆的一端用销钉固定在支座上，另一端与保险杠的活塞杆相连。液压机正常运行时，活塞杆缩回缸内，将支撑杆拉至活动横梁的运行区域之外，这样活动横梁可以自由地上、下运行。当液压机不工作时，先将活动横梁提升至上限位置，然后使压力油进入保险缸的活塞腔，活塞杆伸出，将支撑杆推至图示位置，这样，万一活动横梁发生下落，便由支撑杆支撑在液压机的上部位置，而不至于落下造成事故。

保险装置的动作必须与活动横梁的运动有联联关系，即活动横梁工作时，应使保险装置缩回，不得与活动横梁发生干涉，以防将保险装置压坏或发生更严重的设备事故。只有在活动横梁停止运动且停在上死点位置时才使保险装置起支撑作用。二者动作的联锁一般靠液压系统来实现。

（三）液压打料装置

在冲压液压机中，为从上模中顶出工件，常在活动横梁上装有打料装置，液压机中多采用液压打料装置。

图5-12所示为液压机上的液压打料装置，它由打料液压缸和打料横杆组成，打料缸就

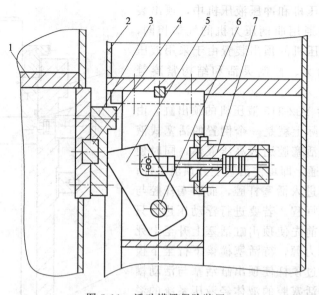

图 5-11　活动横梁保险装置

1—活动横梁；2—立柱；3—挡块；4—键；5—支撑杆；6—销轴；7—液压缸

安装在活动横梁上，打料缸的活塞腔进油时，推动打料横杆下行将工件从上模中顶出。可见，液压打料装置与气动打料装置很接近，只是打料时驱动力改用液体压力来完成。由于液压打料装置采用液压系统来控制打料动作，因此，可以使打料动作在活动横梁行程的任一位置进行，打料力和打料行程也易于调节，大大方便了生产操作，同时，液压打料装置采用液体压力来驱动打料横杆，可以达到较大的打料力，不会出现打料力不够的现象。

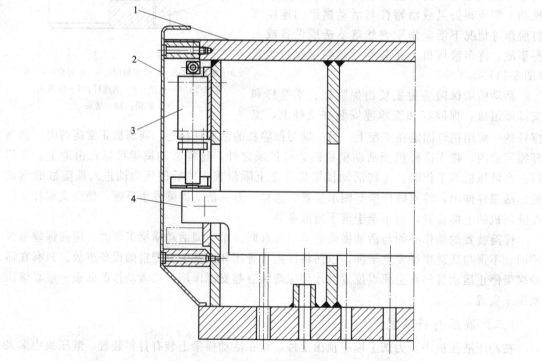

图 5-12　液压打料装置

1—活动横梁；2—外罩；3—打料液压缸；4—打料横杆

（四）冲裁缓冲器

液压机在进行落料、冲孔、切边等冲裁类工艺时，由于材料断裂使变形抗力急剧减小，往往使设备产生很大的冲击振动，导致模具精度降低，寿命缩短，甚至造成模具和设备的损坏，因此，一般不在液压机上进行这类工艺，缩小了液压机的工艺用途。

分析表明，液压机在进行冲裁类工艺时产生振动的原因是工作时储存在液压机内弹性能的突然释放，且此能量主要来源于液压缸内液体的压缩（占全部弹性能的 90% 以上），机身所储能量还不到 10%。要在液压机上进行冲裁就必须采取有效措施来阻止或减缓材料被冲断时的能量释放。近年来许多液压机制造厂都在其产品上设置冲裁缓冲器来减缓冲断后的弹性能释放，降低设备的振动以扩大液压机的工艺用途。

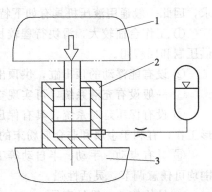

图 5-13 所示为冲裁缓冲器的工作原理，缓冲器安装在工作台上，在材料被冲断之前开始起作用，在活动横梁的驱动下，缓冲活塞向下运动将液体排过节流口，由于此时液压机速度很低，液体流过节流口时只产生很小的压力降，不会对活动横梁产生大的阻力，在材料被冲断的瞬间，活动横梁以很大的加速度下冲，迫使缓冲器内活塞下的液体以很高的速度过节流口，在节流口两

图 5-13 冲裁缓冲器的工作原理
1—活动横梁；2—缓冲器；3—工作台

端产生很大的压力差，从而使缓冲器内活塞下的液压压力急剧上升，产生很大的反力，阻止活动横梁下冲以达到减缓弹性能释放、缓冲振动的目的。

在液压机上除有前述的附属装置外，还有移动工作台、模具快速夹紧装置、工作台垫板等，因这些装置与曲柄压力机上所用的基本相同，此处不再重复介绍。

第三节　液压机的液压系统

液压机的液压系统是液压机的两大组成部分之一。其作用是通过各种液压元件来控制液压机及其辅助机构完成各种行程和动作。液压系统（包括所用液压元件）的设计、制造水平和质量，其使用、调整及维护的好坏，对液压机能否正常工作有着重要的影响。正确地理解液压系统的工作原理对于了解液压机的工作性能，充分发挥其应有的作用是十分必要的，同时也为正确使用液压机来完成各种成形工艺提供了基础。

液压机的液压系统多数属于高压、大流量的范围。它既要全面、准确地满足压制工件的各种工艺要求，又必须尽可能地节约能量，提高能量利用率。其共同要求可归纳如下：

① 在操作特点上，要求能实现对模时的调整动作、手动操作和半自动操作。

② 在行程速度上，要求能实现空程快速运动和回程快速运动，以节省辅助时间。

③ 在工作液体压力上。一般为 20～32MPa，对标称压力较小而结构空间较大的，取较低的工作压力，对工件单位变形压力大，压机标称压力大而台面尺寸又不太大的，取较高的工作液体压力。

④ 在工艺特点上，对于小型液压机一般不进行压力分级，对于中型以上的液压机一般要求具有分级的标称压力，以满足不同工艺的需要。

⑤ 在工作行程结束，回程将要开始之前，一般要求对主缸预卸压，以减少回程时的冲击振动等。

对工作过程的要求，则应根据所进行的不同工艺，区别对待，并采取相应的措施，来满

足其要求，

本节以成形生产中常用的一般通用液压机的液压系统为例，对其动作原理和特点进行介绍。

一、一般通用液压机的液压系统

一般通用液压机的工艺用途广泛，适用于金属板料的冲压工艺（弯曲、翻边、拉深、成形、冷挤压等）和金属与非金属粉末制品的压制成型工艺（如粉末冶金、塑料、玻璃钢、绝缘材料、磨料等制品的压制成型），并可用于校正和压装等工艺。由于需满足多种工艺的要求，因此一般通用液压机具有如下特点：

① 工作台面较大，滑块行程较长，以满足多种工艺的要求，主工作缸一般采用活塞式，供压制和回程用。

② 设有能浮动的顶出缸，供顶出工件、反向拉深、液压压边和起液压垫作用。

③ 一般设有充液系统，可实现空程快速运动，以减少辅助时间。

④ 设有保压延时系统，具有保压、延时和自动回程功能，并能进行定压成形和定程成形工作，有利于金属和非金属粉末的压制。

⑤ 具有点动、手动、半自动等工作方式，操作方便，其工作压力、压制速度及行程范围均可任意调节，灵活性强。

⑥ 结构简单，维护容易。

由于一般通用液压机具有这些特点，因此特别适宜于中小型工厂产品种类较多而生产批量又不大的情况。

现以 Y32-315 型一般通用液压机的液压系统（见图 5-14）为例介绍其系统工作原理，

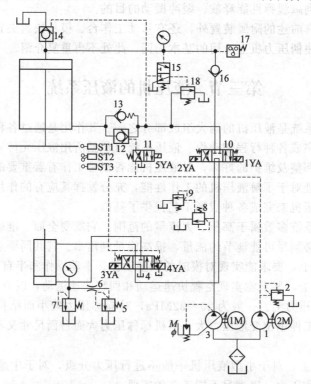

图 5-14　Y32-315 液压机液压原理图

1—控制液压泵；2,5,7,8—溢流阀；3—主液压泵；4,10—电液换向阀；6—节流阀；9—调压阀；

11—电磁换向阀；12—液控单向阀；13—背压阀；14—充液阀；15—液动滑阀；

16—单向阀；17—压力继电器；18—顺序阀

该液压系统的电磁铁动作顺序见表 5-5。

表 5-5　电磁铁动作顺序

油缸	动作	电磁铁				
		1YA	2YA	3YA	4YA	5YA
主缸	空程快速下降	+				+
	慢速下降及加压	+				
	保压					
	卸压和回程		+			
	停止					
顶出缸	顶出			+		
	顶出活塞退回				+	
	停止					

（1）电动机启动　液压泵电动机 1M、2M 启动后驱动液压泵向系统供油，此时全部电磁铁均处于断电状态，主液压泵 3 输出的油经三位四通电液换向阀 10 和阀 4 流回油箱，故其处于卸荷状态，控制液压泵 1 输出的油液经溢流阀 2 排回油箱，其油压保持恒定不变。

（2）活动横梁快速下降　电磁铁 1YA、5YA 通电，使阀 10 和阀 11 换至右位，控制液压泵 1 输出的压力油经阀 11 至液控单向阀 12 的控制腔将其打开，这样主缸下腔的油液经阀 12、阀 10 和阀 4 排入油箱，由于失去了活塞下腔的支承，活动横梁在重力作用下迅速下行，在主缸上腔形成负压，使充液阀 14 打开，充液罐中的油液经充液阀大量补充到主缸上腔中，同时，主液压泵 3 输出的油液也经阀 10 和阀 16 进入主缸上腔。

（3）活动横梁减速下行　当活动横梁下降到接近工件时，触动行程开关 ST2，使 5YA 断电，阀 11 复位，液控单向阀 12 关闭，主缸下腔的油液须经背压阀 13 才能排入油箱，在主缸下腔产生一背压，主缸上腔负压消失，充液阀 14 关闭，此时活动横梁必须靠液压泵输入的压力油推动活塞下行，使活动横梁速度减慢，以防止上、下模之间产生撞击，这时的活动横梁速度取决于泵输出的油量，可以通过调节泵的供油量来改变活动横梁的下行速度。

（4）加压　此时各电磁铁和阀的状况同前。当上模下行到接触工件后，即开始对工件加压，使主缸上腔压力升高，当压力升高到一定值时，在液体压力作用下，推动液动滑阀 15 换位（为以后的卸压动作做准备）。

（5）保压　若工艺要求进行保压，则使 1YA 断电，这时主液压泵 3 输出的油液经阀 10 和阀 4 排回油箱，利用单向阀 16 及充液阀 14 的密封锥面将主缸上腔的油液封闭，靠缸内油液及机架的弹性进行保压，保压压力由压力继电器 17 控制：油压低于一定值时，压力继电器发信号，使 1YA 通电，泵向主缸上腔补油升压，当压力高于一定值时，压力继电器再发信号，1YA 断电，液压泵停止向主缸上腔补油

（6）卸压回程　2YA 通电，阀 10 换向，主泵输出的压力油经阀 10 进入充液阀 14 的控制腔并打开其中的卸荷阀（在主缸上腔的压力作用下，充液阀不能打开），使主缸压力下降，由于在加压时使阀 15 处于上位的动作状态，压力油还可经阀 15 进入顺序阀 18 的控制口将其打开，这样泵输出的压力油均经阀 10 和阀 18 排回油箱，当主缸上腔的压力降低

至一定值后，阀15在弹簧作用下复位，阀18关闭，充液阀14完全打开，泵输出的压力油经阀10并顶开阀12进入主缸下腔使活动横梁回程，主缸上腔的油液经充液阀14排入充液罐中。

（7）顶出缸顶出　3YA通电，使阀4换至左位，压力油经阀10和阀4进入顶出缸下腔，顶出缸上腔油液经阀4排回油箱，顶出活塞上行顶出工件。

（8）顶出缸退回　4YA通电，使阀4换至右位，压力油经阀10和阀4进入顶出缸上腔，其下腔油经阀4排回油箱，顶出活塞退回。

（9）浮动压边　若工艺需用顶出缸进行浮动压边，可在活动横梁下行之前，先给3YA通电，使顶出缸上行到上死点位置后，3YA断电。当活动横梁下行压住下模上的压边圈时，迫使顶出缸活塞与之同步下行，顶出缸下腔的油液经节流阀6和溢流阀5排回油箱，调节溢流阀5的溢流压力即可改变压边力的大小。顶出缸上腔可通过阀4从油箱中吸油。

（10）停止　全部电磁铁断电，泵输出的油经阀10和阀4排入油箱，泵卸荷。主缸下腔油液被两单向阀12和13的锥面密封，使活动横梁悬空。

二、双动拉深液压机的液压系统

双动拉深液压机主要用于金属薄板的拉深成形等冲压工艺，具有压边力大、拉深速度大等特点，且其压边力和拉深力均可调节，并在整个拉深过程中压边力保持稳定，压边梁和拉深梁的动作可相互协调配合以满足不同工艺的要求，因此广泛应用于大型覆盖件和深筒形零件的成形。

图5-15所示为合肥锻压机械厂生产的HD-026型双动拉深液压机。该机为梁柱式结构，其拉深梁和压边梁均以立柱为导向运动，主缸安装在上横梁上，四个压边缸安装在拉深梁内并随之一起运动，工作时压边梁毛坯接触后即停止，拉深梁继续下行，此时压边缸内的油液经溢流阀排回油箱以形成所需的压边力，保证拉深梁进行拉深时毛坯不起皱。拉深完成后，拉深梁首先回程，当其回程一段距离后通过拉杆带动压边梁回程，直到二者都回到初始位置。此时顶出缸上行顶出工件后再退回原处。

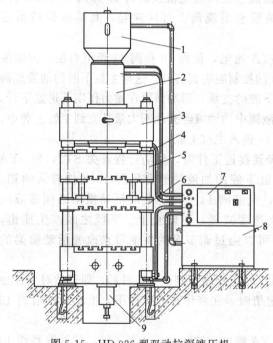

图5-15　HD-026型双动拉深液压机

1—充液罐；2—主缸；3—上横梁；4—压边缸；5—拉深梁；6—压边梁；7—操纵装置；8—液压系统；9—顶出缸

图5-16所示是HD-026型双动拉深液压机的液压原理图，其电磁铁动作顺序见表5-6。该机的液压系统采用了插装阀集成装置，具有结构紧凑、外形美观、连接管道少、密封性能好、动作反应快等优点，安装、维修都很方便。

该系统的工作原理如下。

1. 双动拉深时的情况

（1）启动　液压泵电动机1M、2M启动，驱动液压泵15，此时全部的电磁铁均处于断电状态，泵输出的油液经阀29排回油箱，液压泵在卸荷状态下工作。

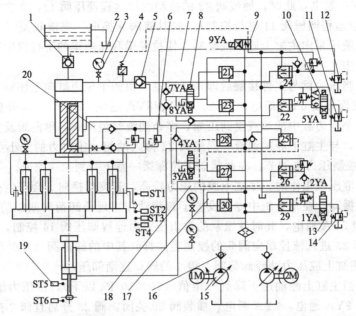

图 5-16 HD-026 型 5000kN 双动拉深液压机液压原理图

1—充液阀；2—电接点压力表；3—截止阀；4—压力继电器；5—液控单向阀；6,11,12,14—远程调压阀；

7—动梁支承阀块；8～10，13—电磁换向阀；15—液压泵；16—单向阀；17—调压卸荷阀块；

18—拉深缸控制阀块；19—行程开关；20—压边缸控制阀块；21～30—插装阀

表 5-6 电磁铁动作顺序

动作	电磁铁								
	1YA	2YA	3YA	4YA	5YA	6YA	7YA	8YA	9YA
启动									
动梁快速下降	+				+		+	+	+
动梁慢速下降	+						+		
加压	+				+			+	
保压									
卸压		+					+		
回程	+						+	+	+
顶出缸顶出	+			+					
顶出缸回程	+		+		+				
停止									

（2）拉深梁和压边梁快速下行 电磁铁 5YA 通电，阀 22 开启，主缸活塞下腔的油液经阀 22 流回油箱，拉深梁和压边梁因失去支承，在重力作用下快速下降。同时电磁铁 1YA、8YA、9YA 通电，使阀 29 关闭，阀 30 开启，且电磁换向阀 9 电磁换位，由液压泵来的压力油经阀 30 和阀 24 进入活塞上腔，另一部分压力油经阀 9 进入充液阀 1 的控制腔，在此压力油和主缸负压的作用下，将充液阀 1 打开，压机顶部充液箱中的油液经充液阀大量充入主缸上腔。

（3）慢速下行 当压边梁接近毛坯时通过行程开关 ST2 发信号，使 5YA、9YA 断电，

1YA、6YA、8YA 通电，此时，插装阀 22 的控制腔接远程调压阀 11，在主缸下腔产生背压（其压力大小可由远程调压阀 11 进行控制），同时使阀 9 换向，充液阀关闭，此时拉深梁和压边梁的下行靠液压泵向主缸上腔供液驱动，使拉深梁和压边梁的下行速度减慢，避免了模具与毛坯发生撞击。

（4）加压　当压边梁与工件接触后即停止运动，由四个压边缸向毛坯施加压边力，并由行程开关 ST3 发信号使 6YA 断电，1YA、5YA、8YA 通电，阀 22、24 开启，此时拉深梁继续下降，使四个压边缸中的油液受到压缩，多余油液经溢流阀、单向阀及主缸活塞杆上的孔进入主缸下腔，与主缸下腔的油液一同经阀 22 排入油箱。压边力的大小可由远程调压阀 12 改变阀 21 的控制压力来调节。在此状态下拉深梁一直下行到拉深完成。

（5）卸压　液压机工作时，主缸上腔的压力较高，若突然换向，会产生很大的压力冲击并造成管道等的振动。在本系统中专门设置了卸荷动作，延长卸荷时间以防引起压力冲击：卸荷时，2YA 和 7YA 通电，此时液压泵的输出压力由远程调压阀 14 控制，阀 23 打开，压力油经阀 30、阀 23 进入液控单向阀 5 的控制腔并打开其中的卸荷阀（此时单向阀 5 的主阀芯不打开），使主缸上腔压力油经卸荷阀上很小的阀口逐渐卸压。

（6）回程　当主缸上腔油压下降到一定值（20×10^5 Pa 以下），由压力继电器 4 发信号使 1YA、7YA、9YA 通电，2YA 断电，插装阀 29 关闭，阀 23 开启且阀 9 换向，压力油经阀 30，通过阀 23 进入主缸下腔，使拉深梁回程，另一股则经阀 9 至冲液阀的控制腔将其打开，这样，主缸上腔液体经充液阀进入充液罐内。在拉深梁回程初期，压边梁不动，液压泵输入到主缸下腔的油液一部分经活塞杆上的孔通过单向阀向压边缸中补油，直到拉深梁回程一段距离后，通过两边拉杆带动压边梁回程到与预定位置，由行程开关 ST1 发信号使电磁铁全部断电，这时阀 29 开启，液压泵卸荷，拉深梁和压边梁停止不动。

（7）顶出缸顶出　1YA、4YA 通电，阀 25、27 开启，液压泵所输出的压力油经阀 30、阀 27 进入顶出缸的下腔，顶出缸上腔油液经阀 25 流回油箱，这样顶出活塞上升，顶出工件。

（8）顶出缸退回　1YA、3YA 通电，阀 26、阀 28 开启，压力油经阀 30、阀 28 进入顶出缸上腔，顶出缸下腔油液经阀 26 排回油箱。

2. 单动时的情况

该液压机用于单动时，将拉深梁与压边梁用拉杆固定，并关闭阀块 20 中的截止阀，这时两个梁即为一个整体，模具可安装在压边梁上。作单动用时液压机可有如下动作：

① 动梁快速下行；

② 动梁减速慢行；

③ 加压；

④ 保压；

⑤ 卸压；

⑥ 动梁回程；

⑦ 顶出缸顶出；

⑧ 顶出缸回程；

⑨ 停止。

上述各动作中电磁阀动作顺序均与双动时相同，不再叙述。

保压时，当主缸上腔压力达到预定值后，由电接点压力表 2 发出信号，全部电磁铁断电，液压泵卸载，同时，时间继电器开始保压延时（0～20min）。在此过程中，若主缸上腔压力下降到规定值以下，则压力表 2 发出信号，使 1YA 通电，对主缸进行补压。

第四节 液压机的主要技术参数及其选用

技术参数是液压机的主要技术数据，它反映了液压机的工艺能力和特点、可加工零件的尺寸范围等指标，也反映了液压机的外形轮廓尺寸、本体重量等内容，是选用或选购液压机的主要依据。在选用时，必须使所选设备能满足工艺所需的各种要求，并尽可能避免"大马拉小车"的现象，以免造成能量浪费和设备的不合理使用；在选购时，则应以在该设备上进行的主要工艺为依据，结合使用条件、投资情况及制造厂的情况，并参考国内外现有的同类设备的参数及使用效果来决定。

不同工艺用途的液压机，其技术参数指标往往有较大的不同，但主要技术参数的内容是基本一致的。液压机主要有以下技术参数：

1. 标称压力（kN）

液压机的标称压力（也叫标称吨位）是指设备名义上能产生的最大力量，单位为 kN。标称压力在数值上等于液压机液压系统的额定液体压力与工作柱塞（或活塞）的总面积之乘积（取整数），它反映了液压机的主要工作能力，是液压机的主参数。其他技术参数叫基本技术参数。

我国液压机的标称压力标准采用公比为 $\sqrt[10]{10}$ 和 $\sqrt[5]{10}$ 的系列，如 3150kN、4000kN、5000kN、6300kN、8000kN、10000kN、…，为了充分利用设备和节约能源，大、中型液压机中常将标称压力分为二到三级，以扩大液压机的工艺范围，对泵直接传动的液压机和小型液压机不进行压力分级，但可通过调节系统溢流阀的设定压力来降低设备所能发出的最大吨位，这对一些要求限制设备施加压力的工艺和保护模具非常有利。另一方面，液压机可在其全行程上以标称压力进行加载，且不会产生超载，这一点与机械压力机是不同的。

在选用时，必须保证工艺所需的最大压力小于液压机的标称压力，并应留出一定的安全裕量（15%～30%），如果要利用液压机进行冲裁类工艺且设备上未装备缓冲装置，则应注意最大冲裁力不得超过液压机标称压力的 60%，且加工尽量在靠近上死点处进行，以防材料被冲断时产生强烈的振动损坏设备或模具。

2. 最大净空距 H（mm）

最大净空距也叫开口高度，是指活动横梁在其上限位置时从工作台上表面到活动横梁下表面的垂直距离。对双动拉深液压机则分为拉深梁开口高度和压边梁开口高度（图 5-17）。

最大净空距反映了液压机在高度方向上工作空间的大小，选用时必须注意应能保证成形完成后可顺利取出工件，并能满足其他有关工艺要求。由于此参数对液压机的总高度、造价、厂房高度等因素都有直接影响，在选购或定购时应在满足工艺要求的前提下尽量选用小值。

3. 最大行程 S（mm）

最大行程是指活动横梁位于上限位置时，活动横梁的立柱导套下端面到立柱限程套上平面的距离，也即活动横梁能够移动的最大距离。它反映了液压机能加工零件的最大高度（图 5-17）。

在选用时要考虑使毛坯或工件易于放入和取出（对弯曲、拉深及挤压等工艺，最大行程应大于工件高度的 2 倍以上）。由于液压机没有固定的下死点，大多数的液压机上都设有控制活动横梁行程终点的行程开关，使用时可通过调节行程开关的动作位置来设定其行程终点，严禁将活动横梁超程使用。

在选用液压机或设计模具时，应使最大净空距 H、最大行程 S 与工件、模具及工作台垫板间的尺寸符合下列关系

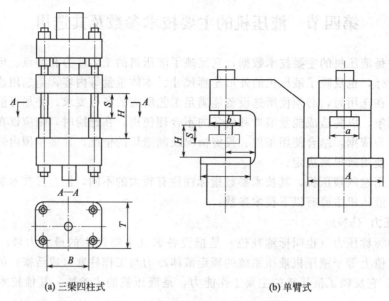

(a) 三梁四柱式　　　　　　　　　(b) 单臂式

图 5-17　液压机技术参数示意图

$$H-S \leqslant H_1 + h_0 - \Delta_1$$
$$H \geqslant H_1 + h_上 + h_下 + h_件 + \Delta_2$$

式中　H，S——最大净空距和最大行程；

　　　H_1——工作台垫板厚度；

　　　h_0——模具闭合高度；

　　　Δ_1——余量，不小于 5~10mm；

　　$h_上$，$h_下$——上、下模的高度；

　　　$h_件$——工件高度；

　　　Δ_2——余量，$\Delta_2 > 5mm$。

4. 工作台尺寸（长×宽，mm×mm）

液压机的工作台一般安装在下横梁上，它反映了液压机工作空间的平面尺寸，也反映了液压机的平面轮廓尺寸。工作台尺寸是指工作台上可利用的有效尺寸，一般以 $B \times T$ 表示（有些四柱式液压机也用立柱中心距来表示），对单臂式液压机还有从压头中心到机架内侧表面（机壁）的距离，即喉深 L（图 5-17）。

工作台尺寸的大小直接影响所能安装的模具的平面尺寸和所能压制工件的最大平面尺寸，一般应使模具平面尺寸小于工作台尺寸，并留有安装、固定的余地，以确保能可靠地紧固模具，但若模具平面尺寸较工作台尺寸小得太多，对工作台的受力也是不利的，应尽量避免。

大型锻造或冲压液压机，往往设有移动工作台，此时的工作台尺寸就是指移动工作台的有效平面尺寸，使用时除应满足前述要求外，还应注意当移动工作台移出后应使模具完全处于机身平面轮廓之外，以免在模具的吊装过程中与设备发生碰撞而导致模具或设备损坏。

对工作台面较大的液压机，工作台上一般都装有垫板，模具就安装在工作台垫板上，使用时仍需满足前述要求。

工作台面或垫板上表面均开有安装模具用的 T 形槽和供顶出工件用的顶杆孔，常见的 T 形槽及顶杆孔的布置方式如图 5-18 所示，图 5-18（a）和图 5-18（b）的布置多用于小型液压机，图 5-18（c）和图 5-18（d）的布置多用于大台面的液压机。目前各液压机制造厂生产的液压机其 T 形槽距及顶杆孔位置不完全相同，在设计模具和选用设备时应注意阅读有关图样和使用说明，勿使模具上的相关尺寸与设备尺寸产生矛盾。顶杆孔不用时则应用孔盖将其盖好，以防落入杂物或被堵塞。

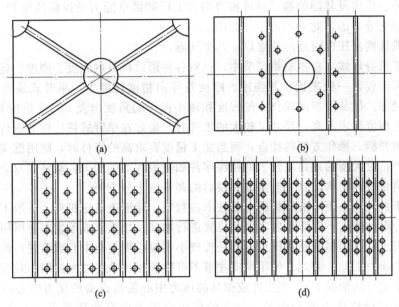

图 5-18　T 形槽及顶杆孔的布置方式

与工作台尺寸相对应的是活动横梁下底面的尺寸，它一般与工作台尺寸相同。此面上一般也开有 T 形槽和打料孔，其位置分布有时与工作台上的 T 形槽及顶料孔的分布并不一致，使用时也应注意。

5. 活动横梁运动速度（mm/s）

活动横梁的运动速度视其工作阶段不同可分为空程（充液行程）速度、工作速度（也叫压制速度）和回程速度。

为提高生产效率，减少辅助时间，液压机的空程速度和回程速度均较高，其工作速度则取决于液压机的工艺用途和种类，即由工艺要求来确定，如一般通用液压机的工作速度多在 10～15mm/s 左右，塑料制品及粉末制品液压机的工作速度为 1～10mm/s，而锻造液压机的工作速度则高达 50～150mm/s。

在选用液压机进行生产、计算工作循环时间时，应注意不能简单地按各不同阶段的速度来计算，还应考虑到液压机的液压系统在低压转高压、卸压、换向时均要耗费一定的时间，在一个工作循环中，这些时间少则一两秒，多则五六秒甚至更多（视液压机的种类、大小及液压系统和液压元件的情况而不同）。因此，在选用或选购时，应充分考虑到液压机生产效率较低的缺点，以免达不到所需的生产速度。

6. 顶出器标称压力和行程

许多液压机都装有顶出缸，供顶出工件或拉深时使用，顶出力的大小往往随液压机种类的不同而不同，且可根据工艺要求方便地进行调节。

在选用时应确保顶出力和顶出行程足够大以满足工艺要求。若利用顶出缸进行浮动压边，则可根据工艺要求通过调节顶出缸远程调压阀来调节其压边力的大小，且拉深行程不得大于顶出器行程。

7. 其他

液压机除了上述的基本参数外，还有许多技术参数，如液压系统的额定工作压力（MPa）、设备总质量（kg）、电动机总功率（kW）、地面以上高度及地下深度等，这些参数虽与设备的选用关系不大，但却是选购液压机时必须考虑的因素，因为这些参数直接影响着液压机的造价、厂房及基础的施工难易和费用、工厂的供电能力及以后的维护、修理工作，在选购时均应充分考虑，此处不再一一介绍。

在选用或选购液压机时还应注意以下几个问题：

（1）关于机身形式。在本章第二节中，已对各种形式机身的强度、刚度、运动精度等情况进行了分析比较，一般来说，其强度、刚度及导向精度性能为：单臂式最差，梁柱式一般，框架式最好。但从设备的操作方便程度和减小投资的角度出发，却有恰恰相反的关系。因此，当加工精度要求不高，尺寸又较大的工件时，最好在单臂式液压机上进行，以充分发挥其工作空间开阔、操作方便的优点；而当加工精度要求高的零件时，则用框架式或梁柱式液压机来生产；对大型的或高度较大的拉深零件如覆盖件等的加工，最好在双动拉深液压机上进行，以简化模具结构，且工艺参数和模具的调整也十分方便。

（2）关于最大偏心距。液压机的主要技术参数中，除锻造液压机外，一般不专门列出允许的最大偏心距。但这不等于可以在任意位置进行加载，相反，成形生产中所用的大多数液压机如冲压液压机、塑料制品液压机等都是按较小的偏心距甚至中心载荷进行设计的，其承受偏心载荷的能力更差。因此，使用中应注意不可使液压机承受过大的偏心载荷（尤其是载荷接近于集中载荷的情况下）。当工件或模具的压力中心偏离设备的压力中心线较远时，应适当加大设备的标称压力安全余量，设备的使用说明书中有此项要求的要严格按其要求执行。

（3）上传动的油压机一般不宜用于热成形工艺（如热锻、热冲压等），以防液压缸中泄漏出的油液被点燃引起火灾事故，确实需要用此类设备进行生产时，应有严格的防范和补救措施。

（4）必要时，液压机的工作压力还可在工作过程中进行调整，以适应某些工艺的特殊要求。

表 5-7～表 5-9 列出了成形生产中常用的几种液压机的主要技术参数。

表 5-7　一般通用液压机的主要技术参数

标称压力 F/kN			400	630	1000	1600	2000	2500	3150	4000	5000	6300	8000	10000
滑块行程 s/mm			400	450	500	560	560	710	800	800	900	900	1000	1000
开口高度/mm			600	710	800	900	900	1120	1250	1250	1500	1500	1800	1800
滑块速度/(mm/s)≥	速度分级		1	2	1	2	1	2	1	2	1	2	1	2	1	2	1	2	1	2	1	2	1	2	1	2
	空程下行		40	150	40	150	40	150	40	150	40	150	100	120	100	150	120	150	120	200	120	200	120	250	120	250
	工件	<30% F	25	25	25	25	25	25	25	25	15	25	20	25	15	25	15	25	15	25	12	25	15	25	12	25
		=100% F	10	10	10	10	10	10	5	10	5	10	5	10	5	10	5	10	5	10	5	10	5	10	5	10
	回程		60	120	60	120	60	120	60	120	60	120	80	120	60	120	80	120	80	120	60	120	80	150	60	150
工作台有效尺寸(左右×前后)($B×T$)/mm	基础		400×400		500×500		630×630		800×800		900×900		1000×1000		1120×1120		1250×1250		1400×1400		1600×1600		2200×1600		2500×1800
	变型		500×500		630×630		800×800		1000×1000		630×630		800×800		900×900		1120×1120		1250×1250		1400×1400		1600×1600		2000×1400
			—		—		—		—		1120×1120		1250×1250		1400×1400		1600×1600		2000×1400		2500×1600		3150×2000		3150×2000

有效顶出装置	顶出力 F_1/kN	63	100	250	250	400	400	630	630	1000	1000	1250	1250
	顶出行程 s_1/mm	140	160	200	200	250	250	300	300	300	300	350	350

表 5-8 双动拉深液压机的主要技术参数

技术参数	型 号				
	DSY-400/250	DSY-630/400	DSY-800/500	DSY-1000/630	DSY-1250/800
标称压力/kN	6300	10000	12500	16000	20000
拉深压力/kN	4000	6300	8000	10000	12500
压边压力/kN	2500	4000	5000	6300	8000
拉深垫压力/kN	1600	2500	3150	4000	5000
拉深梁行程/mm	1000	1200	1300	1400	1600
压边梁行程/mm	550	700	750	800	950
拉深垫行程/mm	450	500	550	600	650
拉深梁开口高度/mm	2050	2300	2550	2800	3150
压边梁开口高度/mm	1600	1800	2000	2200	2500
压边梁及工作台尺寸（左右×前后）/mm	2500×1800	3150×2000	3500×2200	4000×2500	4500×2500
拉深梁及拉深垫尺寸（左右×前后）/mm	1900×1150	2550×1300	2900×1600	3400×18000	3800×1800

注：DSY 是太原重型机器厂生产的双动拉深液压机的型号。

表 5-9 塑料制品液压机的主要技术参数

型号	技术参数						
	标称压力/kN	滑块行程/mm	开口高度/mm	工作台尺寸/mm	滑块工作速度/(mm/s)	液体压力/0.1MPa	电动机功率/kW
YA71-45A	450	250	750	400×360	2.9	320	2.2
Y71-100A	1000	380	650	600×600	1.4	320	2.2
YB71-100	1000	380	650	500×600	6	320	7.5
YT71-160	1600	500	900	700×700	2	250	8.3
YA71-250	2500	600	1200	1000×1000	2	300	10.8
YB71-250	2500	600	1200	1000×1000	2.8	300	10.8
YA71-500	5000	600	1400	1000×1000	—	320	10.8
YB71-500	5000	600	1400	980×1000	2.5	320	17.8
YT71-100	10000	1200	2000	2000×2000	0.5～5	250	6.5

第五节 其他类型的液压机

除了通用液压机外，根据生产发展的需要，还有一些专门设计的液压机来满足不同生产任务的需要。

一、角式液压机

角式液压机（见图 5-19），它由两个相互成直角排列的工作油缸组成。垂直工作油缸（机器上部工作油缸）供压制用，而水平工作油缸（设在机器旁侧）作启闭模具用。油缸的柱塞与活动板相连，活动板可以沿固定在机架上的导轨移动。液压机的下部一般还设有顶出油缸。这种液压机用以压制复杂的制品，更适合压制大型或具有侧凹的制品。

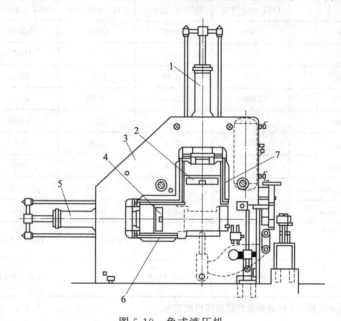

图 5-19　角式液压机

1—上压缸；2—上活动板；3—机架；4—下活动板；5—旁压缸；6—下导轨；7—上导轨

二、铸压液压机

铸压液压机，由一对工作液压缸组成，上部液压缸作启闭铸压模具用，下部液压缸为铸压用。虽然一般上压式无顶出液压缸的液压机上也可进行压铸工艺，但由于受到原设备条件的限制，工艺不够理想。作压铸用的液压机的主要特点是：铸压速度比较快并可调节，在动作程序中无需放气，铸压液压缸的总压力约为合模液压缸总吨位的 $1/5 \sim 1/4$。

三、层压机

图 5-20 所示的层压机，是由固定横梁、导柱、压板、活动横梁、辅助工作缸、主工作缸等组成。这是一种供压制板材用的多层式液压机。层压机的公称压力一般为 1000t、1500t、2000t、3000t 或更大。常用的 2000t 层压机有 18～20 层，压板尺寸为 1050mm×1850mm×50mm。近来还出现了更大尺寸的层压机。

根据层压板的用途和吨位特点，采用下压式比较合适。压机上行，先依靠两个辅助工作缸获得较高的速度，此时主工作缸充入低压工作液，当至闭合位置时，即向主工作缸输入高压工作液。层压机的回程是依靠运动部件的自重进行的。

层压机的压板需要加热，加热方式有蒸汽加热和电加热两种。蒸汽加热，热量大，在一定的气压下，温度恒定，关掉蒸汽时，可立即通冷水冷却。缺点是受气压限制，温度有一定的范围。电加热，压板内装有电热丝或电热棒，温度可以调整。缺点是冷却困难，电热关闭后需用冷风吹或用冷水通入设在板内的冷却水腔道进行冷却，但这样压板结构就比较复杂。

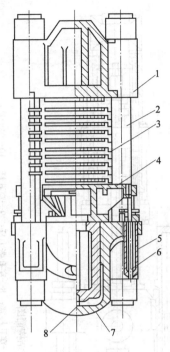

图 5-20　层压机

1—固定横梁；2—导柱；3—压板；4—活动横梁；

5—辅助工作缸；6—辅助油缸柱塞；

7—主工作缸；8—主油缸活塞

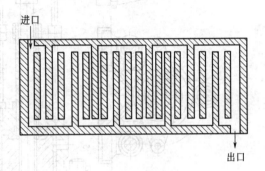

图 5-21　用蒸汽加热的压板通道

由于压板加热方式不同，压板加热通道亦有所不同。如用蒸汽加热，压板需钻孔，连接成回形通道，如图 5-21 所示，通道内通入蒸汽。当需要冷却时则通入冷水。如用电加热的压板，则在压板孔内放入电热棒。压板加热通道的设计合理与否直接影响压制制品加热与冷却的均匀性。设计不当，会引起制品的翘曲破碎、表面发花和收缩不一。因此，压板通道的开设十分重要。

四、挤压液压机

挤压液压机主要用于生产有色金属和黑色金属的各种管、棒、型材和线材，可以挤出各种截面形状的材料，包括复杂的带筋壁板。挤压机适用于多品种、小批量生产，产品力学性能好，尺寸精度高，生产成本低，生产广泛。

挤压工艺分为正挤压和反挤压。正挤压时金属流动方向与挤压轴运动方向一致，而反挤压时两者方向相反。

挤压机分为立式和卧式，小型挤压机一般为立式框架结构，框架上可设置精确的导向装置，使挤压芯轴在运动时，对挤压机中心线不会产生较大的偏差，可得到壁厚均匀的薄壁优质管材。大中型挤压机多采用卧式结构，以降低厂房高度。又可分为单动和双动，没有穿孔系统的为单动，主要用于挤压实心件；双动的带有穿孔系统，是目前大、中型挤压机的主要形式。

挤压结构主要包括机架、挤压缸、动梁、挤压筒以及穿孔装置，剪切机构、模架移动机构，装锭机构等。

穿孔装置用来完成锭坯的穿孔过程，是挤压管件的必要部分。一般包括穿孔缸、穿孔柱

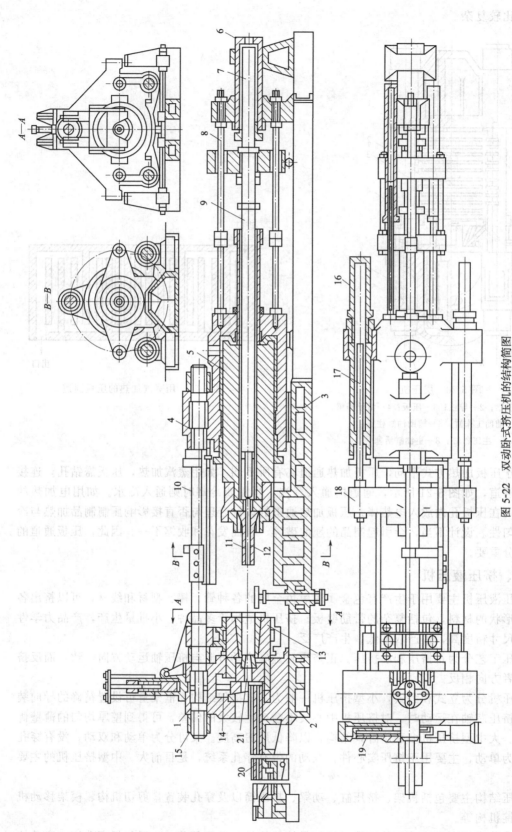

图 5-22 双动卧式挤压机的结构简图

1—前梁; 2—后梁; 3—后梁底座; 4—前梁底座; 5—立柱梁; 6—穿孔缸; 7—穿孔柱塞; 8—穿孔张力杆; 9—穿孔张杆; 10—张力柱; 11—挤压梁; 12—穿孔针; 13—挤压轴; 14—锁键装置; 15—张力柱螺母; 16—回程缸; 17—回程柱塞; 18—活动横梁; 19—剪向剪; 20—移动平台; 21—模座

塞、穿孔杆、穿孔动梁、穿孔针、穿孔限位器及调程装置等部分。图 5-22 为双动卧式挤压机的结构简图。

五、锻造液压机

锻造液压机又称自由锻造液压机，主要用于各种自由锻造工艺，即液压机的工作缸在压力作用下，利用上、下砧块和一些简单的通用工具，使钢锭或坯料产生塑性变形，以获得所需形状和尺寸的锻件。

锻造液压机的本体结构形式有单臂式、三梁四柱式、双柱下拉式和缸动式等。5000kN 以下的锻造液压机多做成单臂式，吨位较大的则一般为三梁四柱式。缸动式中小型锻造液压机采用上传动缸动式结构，取消了活动横梁，直接以可移动缸的外表面在机架内导向，上传动缸动式液压机如图 5-23 所示，这种结构具有较好的抗偏载能力，稳定性好。

除了锻造液压机本体外，锻造液压机组成还往往包括锻造操作机、转料台车及旋转砧子库等。现代化的锻造液压机组采用计算机集中控制，液压机与操作机动作联动，以提高生产率和锻件尺寸精度，并逐渐实现生产过程的自动化，快速液压机组如图 5-24 所示。

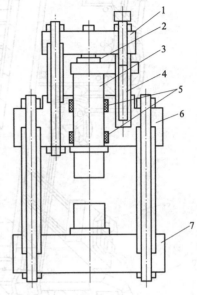

图 5-23　上传动缸动式液压机
1—上梁；2—工作柱塞；3—工作缸；4—回程；5—上、下导向套；6—中梁；7—下梁

锻造液压机上锻件尺寸自动测量、压机行程的自动控制及其与操作机相联动，是提高锻件尺寸精度、提高生产率和实现生产过程自动化的重要环节。

自由锻造液压机从 31.5MN 到 150MN，可以锻造几十公斤到几百吨的钢坯或钢锭。

六、模锻液压机

随着精密模锻件需求的日益增长，以及液压技术的迅速发展，近年来，模锻液压机有了相应的发展。模锻液压机的种类很多，可以完成有色金属和黑色金属的常规模锻、多向模锻和立挤厚壁管等工艺。

1. 大型有色金属模锻液压机

大型有色金属模锻液压机用于模锻大型铝合金、镁合金、钛合金及各种高温合金的模锻件，广泛用于航空工业中。

模锻高强度合金的显著特点是单位压力很高，因此往往做成多柱多缸结构，立柱有圆形截面的，也有用锻制钢板组合成矩形截面的。同步平衡系统是大型模锻液压机区别于锻造液压机的重要特点，其作用是防止活动横梁在承受偏载时发生倾斜，使其水平度仍然保持在较高精度范围内，以保证模锻件所需的尺寸精度。

图 5-25 为 750MN 模锻液压机，它的特点是模锻空间和工作行程都很大。机架由四组框架组成，框架的立柱部分由 6 块各厚 200mm 的钢板组成，横梁由 7 块各厚 180mm 的钢板组成，两者的叠板用直径 100mm 的螺栓固定在一起。活动横梁及下横梁由厚 400mm 的钢板用螺栓紧固而成。为使大面积的工作台和活动横梁能够均匀承载，共装有 12 个工作缸，每个框架上装有 3 个工作缸。750MN 模锻液压机的工作台面很大，尺寸为 16m×3.5m，开口高度 4.5m，工作行程 2m。

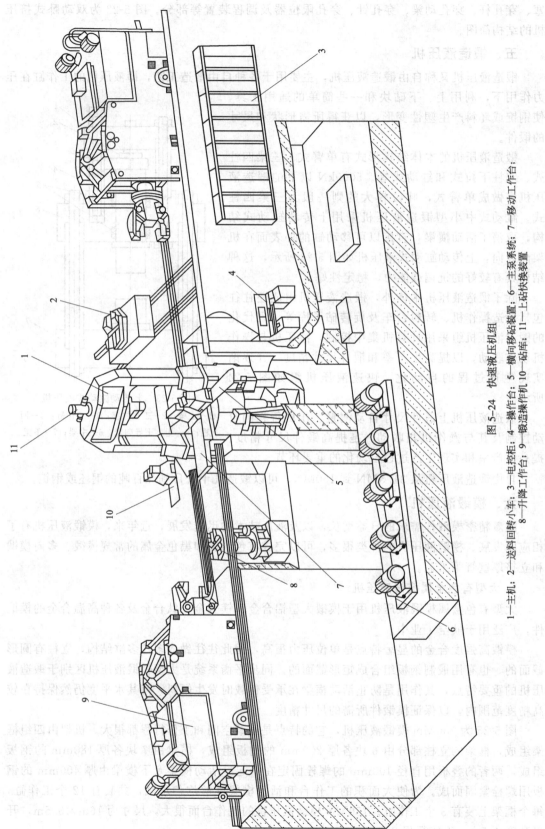

图 5-24　快速液压机组

1—主机；2—送料回转小车；3—电控柜；4—操作台；5—横向移砧装置；6—主泵系统；7—移动工作台；
8—升降工作台；9—锻造操作机 10—砧库；11—上砧快换装置

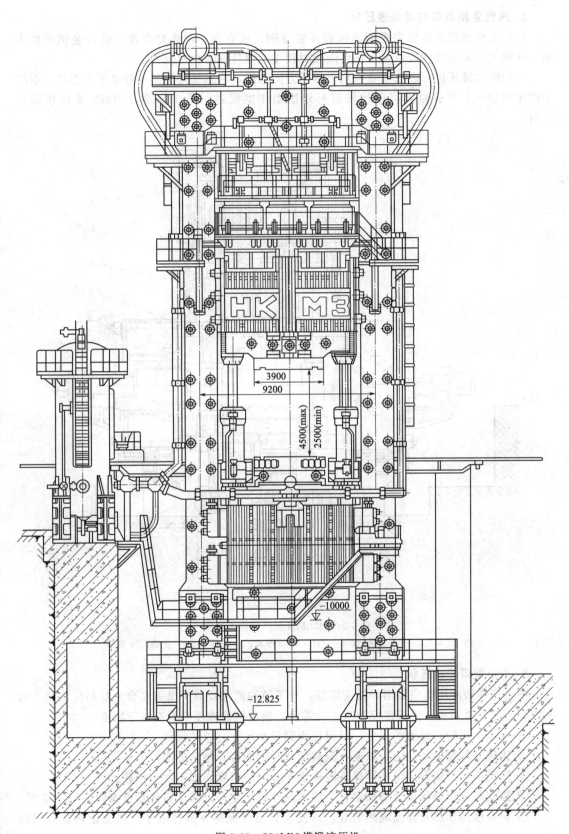

图 5-25 750MN 模锻液压机

2. 黑色金属及多向模锻液压机

黑色金属模锻液压机主要用来模锻高强度钢、钛合金、耐热合金及一般合金钢或碳素钢。这种大型液压机的特点是工作台面相对较小，但公称力相对较大。

多向模锻液压机可以从垂直和水平两个方向加压，特点是增加了一对水平工作缸，有时中间还增加一个穿孔缸，可以比较容易地锻出中空锻件。图 5-26 为 100MN 多向模锻液压机。

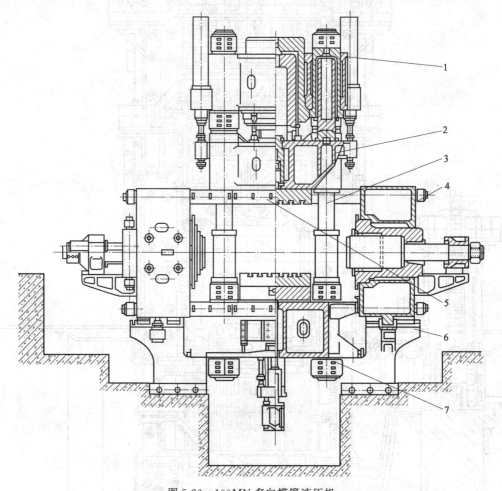

图 5-26　100MN 多向模锻液压机

1—上横梁；2—活动横梁；3—立柱；4—水平梁；5—水平柱；6—支承；7—底座

3. 中小型模锻液压机

中小型模锻液压机主要用于精密模锻，为了节约能源及减少昂贵高合金材料的浪费，精密模锻工艺发展很快。为满足模锻工艺的需要，精密模锻液压机具有以下特点：

① 液压机机架有足够的强度，以保证得到很小尺寸公差的锻件。

② 比较好的抗偏载能力，以便在偏载负载时仍能得到精密的锻件。

③ 活动横梁滑块导向结构能保证锻件水平方向的精度，即不发生错移。

④ 控制系统应能保证活动横梁有足够高的停位精度，以保证锻件垂直方向的尺寸精度。

⑤ 装有模具预热及保温隔热装置，以便模具温度保持在最佳水平，并防止热量传到机架上。

4. 冷锻液压机及等温锻造液压机

冷锻是指毛坯在模具内冷态塑性成形，包括冷态模锻与挤压成形。冷态成形的锻件一般是轴对称的实心体或空心体，或者是外表面或内表面有沟槽或齿的零件。

等温锻造是保持模具的温度并使之等于锻件的温度以消除从毛坯到模具的热传导，等温锻造是在十分慢的变形速度下进行的，约为 0.025～0.5mm/s，相当于蠕变变形。该产品主要用于铝合金、钛合金、高温合金、粉末合金等难变形的材料进行热模锻、等温超塑性成形，以制造用于航空、航天及其他主要机械、武器装备所需复杂形状和重要锻件。

用于等温锻造的模锻液压机应具有下述两个特点：①要能在整个等温锻造过程中（约2～8min）保持模具温度等于锻件的锻造温度；②要能控制比较合适的、很慢的变形速度，且在不同的变形阶段有不同的最佳变形速度。

习 题

1. 液压机的工作原理是什么？具有哪些特点？
2. 液压机的主要技术参数都有哪些？如何选用？
3. 液压机主要结构由哪些部分组成？各部分作用是什么？
4. 液压机的适用工艺有哪些？
5. 液压机液压系统有何要求？简要分析 Y32-315 型液压机的液压系统。

第六章 锻锤

第一节 概述

一、锻锤的工作原理、特点

1. 锻锤工作原理

锻锤是一种重要的、也是最早出现的锻造设备。它在机械制造领域应用非常广泛，在锻压生产中一直发挥着重要作用。随着液压机、机械压力机和其他类锻压设备的出现和发展，在一定程度上取代了一部分锻锤的工作。但是直到现在，锻锤仍是锻压生产的主要设备之一。

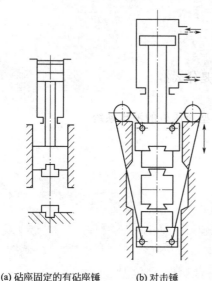

(a) 砧座固定的有砧座锤　　(b) 对击锤

图 6-1　锻锤的工作原理

锻锤是一种能量限定型设备，其工作原理如图 6-1 所示。图 6-1(a) 为砧座固定的有砧座锤，这种锻锤利用压力为 $0.7 \sim 0.9$ MPa 的蒸汽或 $0.5 \sim 0.7$ MPa 的压缩空气为工作介质经过管路送至锻锤本体的进气管，再经过气阀进入气缸的上腔或下腔，驱动锤头的落下部分下降以向下打击。在锤头碰到锻件后的极短时间内（千分之几秒），落下部分（锤头）将向下行程中积蓄的动能释放，以巨大惯性力冲击锻件，完成塑性变形。图 6-1(b) 为上下锤头对击的对击锤。对击锤的主要特点是没有固定的砧座，上下锤头通过联动构件相互联动。上锤头在气缸上腔气体压力作用下加速运动的同时由于联动构件的带动，下锤头向上作加速运动，使两个锤头对击。

2. 锻锤的特点

与机械压力机类、液压机类和其他类锻压设备相比，锻锤在结构和工艺方面具有如下特点。

① 锻锤是一种冲击成形设备，打击速度高，一般为 7m/s 左右，因此金属流动性和成形工艺性好。

② 锻锤行程次数高，空气锤打击次数在 100～250 次/min 之间，蒸汽-空气锤全行程平均打击次数一般也大于 70 次/min，因而有较高的生产率。

③ 锻锤操作灵活，功能性强，作为模锻设备时，在一台锤上可以完成拔长、滚挤、预锻、终锻等各种工序的操作，一般不需要配备制坯设备。

④ 锻锤是一种定能量设备，它不同于定行程设备的机械压力机和定力设备的液压机，锤头没有固定的下死点。其锻造能力不严格受吨位限制，当锻锤的有效打击能量小于锻件变形所需能量时，可以多打几锤。另外当锻件变形量较小时，可以产生很大的打击力。

⑤ 锤类设备结构简单，制造容易，安装方便。

然而，锻锤在使用中也存在一些问题。

① 有砧座锤工作时振动、噪声大。

② 蒸汽-空气锤需要配套蒸汽动力设备或大型空气压缩站，能量有效利用率低。

二、锻锤的分类、型号

1. 锻锤的分类

锻锤的种类很多，按锻锤的驱动形式分为蒸汽-空气锤、空气锤、机械锤、液气锤等；此外锻锤还有其他分类方法，如按工艺用途可分为自由锻锤和模锻锤，按打击特性可分为有砧座锤和对击锤（图 6-1），按落下部分作用形式可分为单作用锤和双作用锤。在锤头下落过程中，单纯靠落下部分重力作用实现下落打击的称单作用锤（如夹板锤等），除了重力外还有附加动力作用的，如在活塞上部通入蒸汽或压缩空气等，称为双作用锤。

2. 锻锤参数表示

锻锤类设备是靠锤头动能释放完成锻造工艺的，因此应该用打击能量作为主参数标志其工作能力，如对击锤就是用打击能量作主参数，但有砧座锻锤习惯上是用落下部分质量作主参数，实际上它没有真正标明设备能力。

根据锻压机械型号编制方法，各种锻锤型号如表 6-1 所示。例如 C41-750，C41 代表空气锤，750 代表落下部分质量为 750kg。C82-6.3，C82 代表液压模锻锤，6.3 代表打击能量为 63kN。

表 6-1　锻锤型号

C11	单柱蒸汽-空气自由锻锤	C71	钢带联动式对击锤
C13	双柱拱式蒸汽-空气自由锻锤	C72	液压联动式对击锤
C14	双柱桥式蒸汽-空气自由锻锤	C73	高速锤
C21	蒸汽-空气模锻锤	C82	液压模锻锤
C41	空气锤	C83	消振液压模锻锤
C43	模锻空气锤		

第二节　锻锤的打击特性

一、锻锤的打击能量、打击过程和打击效率

锻件由于锤头的打击而产生塑性变形，锤头对锻件的打击以锤头接触锻件而开始，以离开锻件而结束。这个打击过程可以分为两个阶段，第一阶段锤头和砧座彼此接近，使锻件产生弹性和塑性变形，并伴有砧座、模具等受力件弹性变形。在此阶段中锤头动能释放，打击力越来越大，称加载阶段。锤头能量释放完毕时，锻件、砧座、模具等获得最大变形，锤头、砧座不再接近，全系统的重心速度达到一致。第二阶段由于锻件、砧座、模具等的弹性变形恢复，使锤头和砧座彼此分离，直至锤头离开锻件。此阶段打击力越来越小，称卸载阶段。

在打击过程中，锻件塑性变形能与打击开始时锤头能量之比称为打击效率。

打击过程实际上是一个碰撞过程，假设打击为中心打击，下锤头为自由体，忽略打击过程中蒸汽压力与锤头重力，根据动量守恒。即

$$m_1 v_1 + m_2 v_2 = m_1 v_1' + m_2 v_2' = (m_1 + m_2) v \tag{6-1}$$

式中，m_1、v_1、v_1' 和 m_2、v_2、v_2' 分别表示上锤头和下锤头的质量、打击过程的初始速度和最后速度；v 表示全系统重心速度，速度方向以上锤头下落方向为正。

打击过程结束和开始时上、下锤头的相对速度之比的绝对值称为恢复系数。

$$|v_1'-v_2'|/|v_1-v_2|=K \tag{6-2}$$

$K=1$ 为完全弹性碰撞，$K=0$ 为完全塑性碰撞，锻击过程既非完全弹性碰撞，亦非完全塑性碰撞，K 值在 $1\sim0$ 之间。如果去掉绝对值符号则有

$$v_2'-v_1'=K(v_1-v_2) \tag{6-3}$$

将式(6-1) 和式(6-3) 联立求解可确定打击过程结束时上、下锤头的最后速度，以及全系统重心的速度，即

$$v_1'=v_1-\frac{m_2}{m_1+m_2}(v_1-v_2)(1+K) \tag{6-4}$$

$$v_2'=v_2+\frac{m_1}{m_1+m_2}(v_1-v_2)(1+K) \tag{6-5}$$

$$v=\frac{m_1v_1+m_2v_2}{m_1+m_2} \tag{6-6}$$

于是打击结束时系统所具有的动能为

$$E_k'=\frac{1}{2}m_1v_1'^2+\frac{1}{2}m_2v_2'^2 \tag{6-7}$$

打击开始时系统所具有的动能为

$$E_k=\frac{1}{2}m_1v_1^2+\frac{1}{2}m_2v_2^2 \tag{6-8}$$

可见打击过程中锻件吸收的能量为

$$E_p=E_k-E_k' \tag{6-9}$$

所以锻锤的打击效率为：

$$\eta=\frac{E_p}{E_k} \tag{6-10}$$

将式(6-4)、式(6-5)、式(6-7)、式(6-8) 代入式(6-10) 整理得

$$\eta=\frac{m_1m_2}{m_1+m_2}\times\frac{(v_1-v_2)^2}{m_1v_1^2+m_2v_2^2}(1-K^2) \tag{6-11}$$

上式为打击效率的一般公式。对于有砧座锤，则 $v_2=0$，打击效率为

$$\eta=\frac{m_1m_2}{m_1+m_2}(1-K^2) \tag{6-12}$$

由上式可见，对于有砧座锤，η 与 K、m_2/m_1 有关。恢复系数 K 越小 η 越高，K 又因锻坯的材料和温度而异。在进行自由锻或模锻的制坯、预锻工步时，温度较高，恢复系数可取 0.3，在进行终锻时，温度已接近终锻温度，塑性差，一般 K 取 0.5。

至于砧座质量和落下部分质量对打击效率的影响，m_2/m_1 越大 η 越高，但过大将使砧座重量、体积过于庞大，给加工运输带来困难。图 6-2 为一有砧座锤（锤头速度为 9m/s，$K=0.3$）打击效率 η 变化曲线。由图可见，当 m_2/m_1 超过 10 以后，对 η 就没有什么影响了，所以一般自由锻锤 m_2/m_1 取 $15\sim20$。对于模锻锤，由于模锻工艺的要求，锻件轮廓要清晰，尺寸精度要高，打击过程中砧座退让要小，即打击刚性要好，模锻锤的 m_2/m_1 取值主要是从保证打击刚性出发。打击刚性可用打击后锤头的初始速度和最后速度来衡量，这些速度越低，砧座的退让就越小，打击刚性就越大。由式(6-4) 和式(6-5) 可获得上述速度随

m_2/m_1 比值变化的曲线，如图 6-2 所示。由此可见砧座锤头质量比增加，这些速度将逐渐降低，即打击刚性逐渐提高。对于模锻锤，为了提高打击效率和打击刚性，m_2/m_1 一般取 20~25，对于模锻精度要求较高者可取 30。

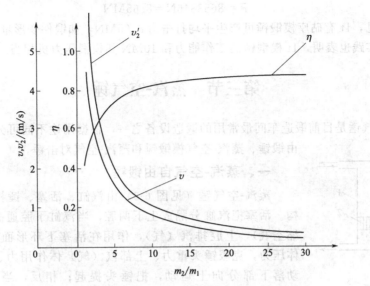

图 6-2　砧座锤头质量比对打击效率和打击刚性影响

这样打击效率在理论上，有砧座自由锻锤打击效率为 0.85~0.87，有砧座模锻锤终锻时打击效率为 0.72 左右。

对于对击锤，一般 $m_1v_1+m_2v_2=0$，代入式(6-11)，可得 $\eta=1-K^2$。所以当 $K=0.3$ 时，$\eta=0.91$；$K=0.15$ 时，$\eta=0.75$。可见，对击锤的打击效率高于有砧座锤。

二、锻锤的打击力

打击过程中，锻件变形是锤头能量释放的结果，因此锻锤的打击力与锤头的动能及锻件大小、形状、温度等有关。每一次打击其打击力是不一样的，在同一次打击中，打击力也是变化的。为简化计算，假设在打击加载阶段打击力为一不变的常力，称为平均打击力。

仍以对击锤为例。设对击锤上锤头质量为 m_1，打击开始时速度为 v_1，下锤头质量为 m_2，打击开始时速度为 v_2，打击加载阶段时间为 t，加载结束时刻系统具有共同速度 v，锻件变形量为 s_w，平均打击力为 F，速度以上锤头速度方向为正。

打击加载阶段，由冲量原理和动量原理可得

$$m_1v-m_1v_1=-Ft \tag{6-13}$$

$$m_1v_1+m_2v_2=(m_1+m_2)v \tag{6-14}$$

锻件变形量等于打击加载阶段上下锤头相对位移，即

$$s_w=\frac{(v_1+v)}{2}t-\frac{(v_2+v)}{2}t \tag{6-15}$$

上三式联立求解，可得锻锤打击力计算式

$$F=\frac{m_1m_2}{2(m_1+m_2)}\frac{(v_1-v_2)^2}{s_w} \tag{6-16}$$

上式表明锻锤的打击力随不同的打击并不保持为常数，它与锤头相对速度的平方成正比，与锻件变形量成反比。因此锻锤绝对不允许在较大能量下打击冷锻件或空击，不然打击

力会急剧上升，损坏模具和设备。

若有砧座模锻锤落下部分质量 $m_1 = 1000\text{kg}$，锤头速度 $v_1 = 6\text{m/s}$，砧座质量 $m_2 = 25m_1$，砧座速度 $v_2 = 0$，模锻工艺锻件变形量一般为 $1 \sim 3\text{mm}$，取 $s_w = 2\text{mm}$，则打击力为

$$F = 8653846\text{N} = 8.65\text{MN}$$

由此可见，1t 有砧座模锻锤可产生平均打击力 8.65MN，如锻件变形量再小，打击力会更大。生产实践也表明，1t 模锻锤的工作能力和 10MN 热模锻压力机相当。

第三节　蒸汽-空气锤

蒸汽-空气锤是目前锻造车间最常用的锻造设备之一，根据用途不同可分为蒸汽-空气自由锻锤、蒸汽-空气模锻锤和蒸汽-空气对击锤。

一、蒸汽-空气自由锻锤

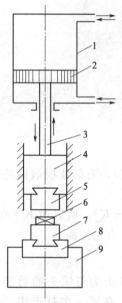

图 6-3　蒸汽-空气锤
1—汽缸；2—活塞；3—锤杆；4—锤头；5—上砧块；6—锻坯；7—下砧块；8—砧枕；9—砧座

蒸汽-空气锤（见图 6-3）由汽缸、活塞、锤杆等组成驱动机构。活塞把汽缸分隔成上下两腔，当汽缸下腔通高压蒸汽（或压缩空气），上腔排汽（气），作用在活塞下环形面积上的汽（气）体压力，克服锤头重力、上部汽（气）体作用力、摩擦阻力，推动落下部分向上运动，把锤头提起；相反，当汽缸上腔进汽（气），下腔排汽（气），作用在活塞上部的汽（气）体压力和锤头重力加速落下部分下行，积蓄能量打击锻件。

蒸汽-空气锤是用具有一定压力的蒸汽或压缩空气作为能量传递物，所使用的蒸汽压强为 $0.7 \sim 0.9\text{MPa}$，压缩空气压强为 $0.6 \sim 0.8\text{MPa}$，它们分别由蒸汽锅炉和总压缩气站供给。一般两种工作介质可以互换使用，但由于蒸汽和压缩空气的物理性质不同，致使它们的做功能力和做功时能量利用率不同，因此改变工作介质时，锻锤的汽阀等部件要作一些调整。

蒸汽-空气自由锻锤用于进行自由锻造和胎模锻造工艺。其落下部分质量一般在 $0.5 \sim 5\text{t}$ 之间，主要技术参数见表 6-2。一般比 0.5t 小的锻锤被空气锤代替，比 5t 大的锻锤被水压机代替。蒸汽-空气自由锻锤可锻最大锻件质量，成形锻件为 75kg，光轴类锻件为 1506kg。根据其锤身结构形式可分为单柱式、双柱拱式和双柱桥式。

表 6-2　蒸汽-空气自由锻锤主要技术参数

落下部分质量/t	0.63	1	2	2	3	3	5	5
结构形式	单柱式	双柱式	单柱式	双柱式	单柱式	双柱式	双柱式	桥式
最大打击能量/kJ	—	353	—	70	120	152	—	180
每分钟打击次数/(次/min)	110	100	90	85	90	85	90	90
锤头最大行程/mm	—	1000	1100	1260	1200	1450	1500	1728
汽缸直径/mm	—	330	480	430	550	550	650	685
锤杆直径/mm	—	110	280	140	300	180	205	203

单柱式蒸汽-空气锤（见图 6-4），锤身只有一个立柱，工人可以从锤身的正面和左右三

面进行操作，操作空间很大。但这种锻锤锤身刚性较差，工作时容易摇晃，一般仅适用于1t 以下的自由锻锤。

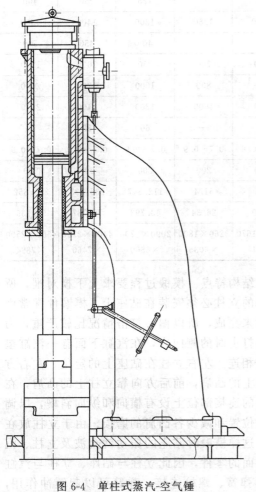

图 6-4　单柱式蒸汽-空气锤

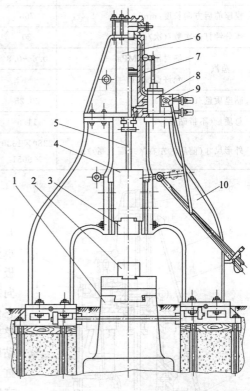

图 6-5　双柱拱式蒸汽-空气锤
1—下砧座；2—下模；3—上模；4—上砧座；
5—锤杆；6—气缸；7—活塞；8—滑阀；
9—节气阀；10—机身

　　双柱拱式蒸汽-空气锤（见图 6-5）的锤身由两个立柱组成拱门形状，上端靠螺栓固定在汽缸上，下端固定在基础底板上，形成框架。工人可以从前后两个方向接近砧座，进行操作和测量锻件。这种锻锤机身刚性较好，落下部分质量在 1～5t 之间，是应用最为广泛的一种锻锤。

二、蒸汽-空气模锻锤

　　完成模锻工艺的蒸汽-空气锤称蒸汽-空气模锻锤，由于它装模方便，能够多模膛模锻，可多次打击成形，锻出多种形状的锻件，所以直到现在，仍是一种重要的模锻设备，其主要技术参数见表 6-3。蒸汽-空气模锻锤也是以蒸汽或压缩空气作为工作介质，所以不论在结构形式上，还是在动作原理上都与蒸汽-空气自由锻锤有很多相同之处，例如其结构仍由落下部分、汽缸、配汽机构、锤身（机架）、砧座等部分组成，如图 6-6 所示。但由于模锻技术的要求，它也存在着一系列特点。

表 6-3　蒸汽-空气模锻锤主要技术参数

落下部分质量/t		1	2	3	5	10	16
最大打击能量/kJ		25	50	75	125	250	400
锤头最大行程/mm		1200	1200	1250	1300	1400	1500
锻模最小闭合高度(不算燕尾)/mm		220	260	350	400	450	500
导轨间距离/mm		500	600	700	750	1000	1200
锤头前后方向长度/mm		450	700	800	1000	1200	2000
模座前后方向长度/mm		700	900	1000	1200	1400	2110
每分钟打击次数/(次/min)		80	70	—	60	50	40
蒸汽	绝对压力/MPa	0.6~0.8	0.6~0.8	0.7~0.9	0.7~0.9	0.7~0.9	0.7~0.9
	允许温度/℃	—	200	200	200	200	200
砧座质量/t		20.25	40	51.4	112.547	235.533	325.852
总质量(不带砧座)/t		11.6	17.9	26.34	43.793	75.737	96.235
外形尺寸(前后×左右×地面上高)/mm		2380×1330 ×5051	2960×1670 ×5418	3260×1800 ×6035	2090×3700 ×6560	4400×2700 ×7460	4500×2500 ×7894

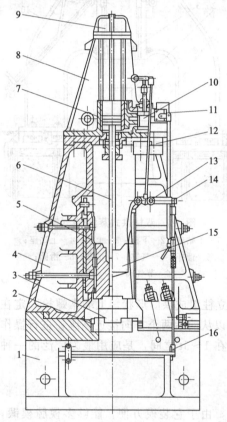

图 6-6　蒸汽-空气模锻锤

1—砧座；2—模座；3—下模；4—立柱；
5—导轨；6—锤杆；7—活塞；8—汽缸；
9—保险杠；10—滑阀；11—节流阀；
12—汽缸垫板；13—刀形杆；14—杠
杆；15—锤头；16—踏板

（1）结构特点　模锻过程要求上下模对准，所以模锻锤的立柱必须安装在砧座上。模锻件常常由几个模膛来完成，所以偏心打击情况比较严重，为承受偏心打击时的侧向力，在汽缸下面有一汽缸垫板与立柱相连。左右立柱在砧座上的定位，左右方向靠砧座上的凸肩，前后方向靠立柱上的凸肩，在它们之间的连接部位上设有横向和纵向斜楔，以调整机架的位置和减少各凸肩的磨损。由于立柱放在砧座上，这样模锻时砧座的振动就会波及立柱、汽缸及其上面的零件，因此立柱与砧座、立柱与汽缸之间都用弹簧、螺栓连接，弹簧可以起缓冲作用，避免螺栓拉断。立柱与砧座之间的连接螺栓向内倾斜 10°~20°，以形成立柱向砧座凸肩拉紧的力，使立柱振动时仍能保持左右导轨间距不变。

模锻时的打击力及偏心负荷都比自由锻大，同时打击力会波及立柱、汽缸等零件，因此，模锻锤的零部件受力较严重，砧座、立柱、汽缸等均用铸钢做成。

模锻锤为保证上下模准确对中，设有长而坚固的可调导轨，导轨间隙也比自由锻锤小。为保证打击刚性和打击效率，砧座、锤头质量比也较大，一般取 20~30。模锻锤砧座，当落下部分质量大于 10t 时，砧座质量将大于 200t，由于加工和运输能力的限制，一般采用组合式砧座，分上下两块，每个分块质量不大于 150t，两个分块接触面应保证光滑。

（2）操纵特点　蒸汽-空气模锻锤的操纵机构如图 6-7 所示，模锻锤采用脚踏板操纵。在模锻锤上能够锻造的锻件尺寸和质量一般都比相同吨位自由锻锤上能够锻造的锻件尺寸和质量小得多，因此模锻工有可能在用手操作锻件的同时，再用脚踏板来操纵锻锤，只有 10t 以上模锻锤才设司锤工。

模锻锤脚踏板可同时带动滑阀和旋阀。当脚踏板踩下时，旋阀全部打开，脚踏板松开时，旋阀关小一半。这样在操纵滑阀控制进汽量的同时，还可以改变旋阀开口的大小，控制进汽的压力，从而更加灵括地控制锻锤打击的轻重。

模锻锤用摆动循环代替悬空。所谓摆动循环就是，当放松脚踏板后，锤头在距下模 200～500mm 高度上方上下往复运动，以便工人操作和翻转锻件。

用摆动循环代替悬空主要是为了：

① 防止打击能量不足。自由锻锤长时间悬空，是靠滑阀芯上、下遮盖面的小槽使汽缸上腔排汽、下腔进汽来实现的。当从悬空转入打击循环时，上腔汽体压力由低变高，下腔汽体压力由高变低，这使得从悬空状态的第一次打击的能量不能达到最大值。而模锻加工要求，锻坯在终锻型槽里的第一次打击，打击能量要尽可能地大。在摆动循环中，当锤头向上运动时，

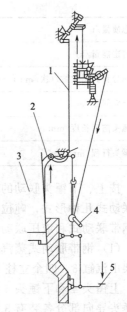

图 6-7　模锻锤配气操纵机构
1—拉杆；2—刀形杆；3—锤头；
4—调节手柄；5—脚踏板

汽缸上腔先排汽后压缩再进汽，下腔先进汽后膨胀再排汽，锤头到达上死点时，上腔汽体压力很高，下腔汽体压力很低，这与静止的悬空状态恰好相反。如果这时踩下脚踏板，可以得到最大能量的打击，所以模锻锤用摆动循环代替悬空。

② 方便打击能量调节。模锻锤上除了进行终锻工序外，一般还要进行镦粗、拔长等制坯工序，锻锤打击能量要大范围地迅速调节，而锻锤的打击能量与锤头所走的行程大小密切相关。采用摆循环时，锤头在行程上方的位置随时都在变化，当锤头摆到较低位置时踩下脚踏板，可以得到较轻的打击，当锤头摆到较高位置时踩下脚踏板，可以得到较重的打击。有了摆动循环，就可灵活调节打击能量。

三、蒸汽-空气对击锤

蒸汽-空气对击锤也称为无砧座模锻锤。它用活动的下锤头代替了有砧座锤固定的砧座。工作时，当汽缸中的蒸汽（或压缩空气）驱动上锤头系统向下打击时，通过联动机构（或下汽缸单独驱动）驱动下锤头向上作加速运动，以大致相等的速度和行程与上锤头实现对击。对击锤的吨位不是用落下部分的质量来表示，而是用打击能量来表示。在标准系列中规定有 40kJ、63kJ、100kJ、160kJ、250kJ、400kJ、630kJ、1000kJ、1600kJ 等规格，各项技术参数见表 6-4。

表 6-4　蒸汽-空气对击锤技术参数

锻模公称闭合高度/mm	2×355	2×400	2×450	2×500	2×600	2×750
锻模最小闭合高度/mm	2×200	2×250	2×280	2×315	2×335	2×450
工作气体压力/MPa	0.7～0.9	0.7～0.9	0.7～0.9	0.7～0.9	0.7～0.9	0.7～0.9
打击一次蒸汽耗量/kg	1.8	2.74		4.65		
顶出行程/mm					100	150
外形尺寸/(mm×mm×mm)（长×宽×高）	3000×3300×8400	2900×4000×9100		3600×5600×11600	6100×2500×16140	

续表

总质量/t	101	149		435	940	
打击能量/kJ	160	250	400	630	1000	1600
每分钟打击次数/(次/min)	45	45	40	35	30	25
导轨间距/mm	900	1000	1200	1500	1700	2000
锤头前后长度/mm	1200	1800	2000	2500	3700	5000
锤头行程/mm	2×650	2×650	2×700	2×800	2×900	2×1100

按上、下锤头联动的方式区分，蒸汽-空气对击锤可分为钢带联动式、液压联动式和杠杆联动式几种形式，吨位比较大的也有采用上、下气缸分别驱动的结构。但应用比较广泛的是钢带联动式和液压联动两种。

（1）钢带联动式蒸汽-空气对击锤　钢带联动式蒸汽-空气对击锤的结构如图6-8所示。机架由汽缸3、四个立柱5和底板9相连接而成。四个立柱彼此用螺栓10和套筒11连接起来。上锤头4和下锤头6的横断面呈"十"字形，可在机架四个立柱的导板之间移动。上、下锤头导向部分各装有8块导板，上、下锤头之间通过钢带12绕过滑轮14相连，钢带两端与上、下锤头连接处分别装有多层橡胶缓冲垫13和7，1为滑阀，控制汽缸上、下腔进气或排气，进而控制对击锤打击和回程。为了使锻锤工作时钢带保持良好的受力状态，设计时使下锤头比上锤头重10%～20%。当打击结束后，上锤头回程，下锤头靠自重下落在缓冲器

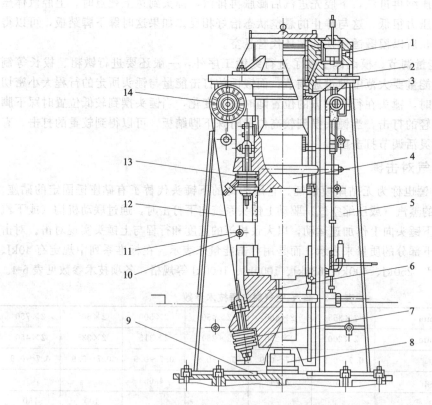

图 6-8　钢带联动式蒸汽-空气对击锤的结构

1—滑阀；2—活塞；3—汽缸；4—上锤头；5—立柱；6—下锤头；7,13—多层橡胶缓冲垫；
8—缓冲器；9—底板；10—螺栓；11—套筒；12—钢带；14—滑轮

上，其能量被缓冲器吸收。钢带联动式对击锤结构简单，但由于钢带的使用寿命较低，所以常用于中小型规格的对击锤。

（2）液压联动式蒸汽-空气对击锤 液压联动式蒸汽-空气对击锤的结构如图 6-9 所示。其机架结构类似于钢带联动式。液压联动部分安装在锻锤下部，三个液压缸呈"山"字形分布，中间液压缸的柱塞 9 通过柱塞杆 6、缓冲垫 12 与下锤头 5 相连，两边侧缸中的小直径侧柱塞 10 通过柱塞杆 11、缓冲垫 13 与上锤头 3 相连，中间柱塞杆通过球面 7 支承在柱塞上，连接处留有侧向间隙，借以消除两锤头倾斜时对侧柱塞的侧向作用力。2 为滑阀，控制工作缸的进气或排气。当上锤头活塞 1 在蒸汽作用下向下运动时，侧柱塞 10 将液体自两侧液压缸压向中间液压缸，中间柱塞便在液体的推动下上移，并驱动下锤头向上运动，直至上、下锤头实现相互对击。如果两侧液压缸中柱塞作用面积之和等于中间柱塞面积，则上、下锤头的行程和速度均相等。

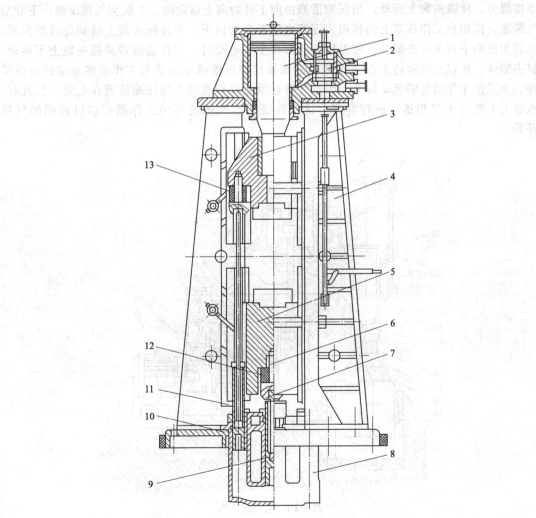

图 6-9 液压联动式蒸汽-空气对击锤结构

1—上锤头活塞；2—滑阀；3—上锤头；4—立柱；5—下锤头；6,11—柱塞杆；7—球面；
8—液压缸；9—柱塞；10—侧柱塞；12,13—缓冲垫

液压联动式蒸汽-空气对击锤比钢带联动式可靠，但结构复杂，主要用于大、中型对击锤。

第四节 空 气 锤

　　空气锤是目前我国中小型锻工车间中数量最多、使用最广泛的一种锻造设备。空气锤用空气作工作介质，但它所用的压缩空气不是由压缩空气站提供，而是由本身压缩缸提供，因此其工作原理与蒸汽-空气锤有本质区别。

　　图6-10是空气锤的结构，它有一个工作缸和一个压缩缸，两缸上下腔经机身气道及控制气道开闭的空气分配阀联通。曲柄连杆机构在电动机、减速机构带动下，推动压缩活塞上下往复运动。在打击循环中，压缩缸下腔与工作缸下腔相通，压缩缸上腔与工作缸上腔相通。当压缩缸活塞向下运动时，下腔空气被压缩，压强升高，上腔空气膨胀，压强降低，上下腔空气压力作用在工作缸活塞上下面积上，形成一个向上的作用力，克服落下部分重力和摩擦阻力，使锤头向上运动。当压缩活塞由向下转为向上运动时，上腔空气被压缩，下腔空气膨胀，作用在工作活塞上的作用力逐渐由向上变为向下，于是锤头向上运动先减速到零，然后加速向下直至打击锻件。可见压缩活塞在上下运动时，工作活塞带动锤头也上下运动，打击锻件。所以空气锤的工作介质可以看作是连接压缩活塞运动与工作活塞运动的弹性零件。为了使工作活塞的运动特性不因空气的逐渐漏损而改变，当压缩活塞在上死点位置时，汽缸上下腔与大气相通，进行补气，这样保证了空气锤的每一工作循环都以相同的气压开始。

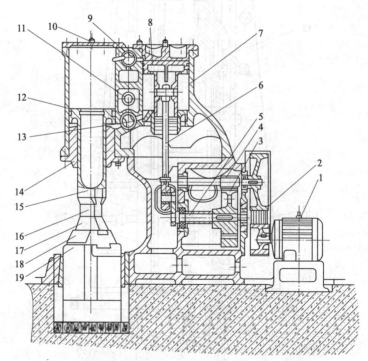

图 6-10 空气锤结构

1—电动机；2—带轮；3—大齿轮；4—小齿轮；5—曲柄轴；6—连杆；7—压缩缸；8—活塞；9—上旋阀；
10—顶盖；11—中旋阀；12—工作缸；13—下旋阀；14—锤杆导套；15—锤杆；16—锤头（上砧）；
17—下砧；18—砧垫；19—砧座

　　空气锤由电动机直接驱动，没有辅助设备，安装费用低，使用维护方便，操作灵活可靠，特别适用于中小锻件的自由锻造或胎模锻造。目前空气锤已取代了1t以下的蒸汽-空气锤的地位。但同时空气锤也存在空气在汽缸中反复压缩，易使缸壁和机身发热，每一工作循环中都要由外界补气，噪声较大，使工作环境恶化等缺点。这些问题在大型空气锤中尤为突出，所以空气锤吨位不宜于过大，一般落下部分质量在1t以下。

空气锤的主要技术参数详见表6-5。

表6-5 空气锤的主要技术参数

落下部分质量/kg	40	75	150	250	400	560	750	1000
打击能量/J	≥530	≥1000	≥2500	≥5600	≥9500	≥13600	≥19000	≥26500
锤头每分钟打击次数/(次/min)	245	210	180	140	120	115	105	95
工作区间高度/mm	245	300	380	450	530	600	670	800
锤杆中心线至锤身距离/mm	235	280	350	420	520	550	750	800
上、下砧块平面尺寸/mm	120×50	145×65	200×85	220×100	250×120	300×140	330×160	365×180
砧座质量/kg	≥480	≥900	≥1800	≥3000	≥6000	≥8250	≥11200	≥15000

近年来我国又试制了630kg和1000kg等吨位的模锻空气锤，它实际上是在一般的空气锤上多加装了一个可调节的导轨以及把机身放在砧座上（见图6-11）。

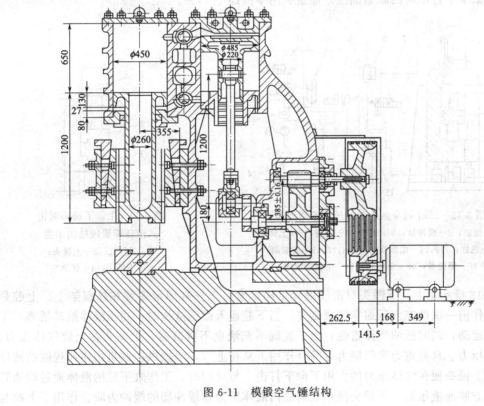

图6-11 模锻空气锤结构

第五节 液压模锻锤

蒸汽-空气模锻锤示功效率极低，废气带走了大量的热能。其一次能源效率仅为1%～2%；而用压缩空气传动的效率也只有3%～5%。采用液压动力头将现有蒸汽-空气锤改造为液压锤是一个较好的解决方案，其最大的优点就是节能。液压传动与蒸汽传动相比，能耗仅为后者的 4%~12%；与压缩空气传动相比，能耗也只有 16%~50%。被改造后的有砧座液压锤，一般都能达到原锤的工作能力，但为了提高液压系统的效率和运动密封的寿命，打击速度和锤头行程有所降低，锤头重量将相应增加以保持原有的打击能量。

我国目前发展的液压模锻锤，主要有两种结构形式：一种是锤身微动型液压模锻锤；另一种是下锤头微动型液压模锻锤。它们的工作原理的共同特点就是利用液压回程蓄能，气体膨胀做功，在上锤头向下打击的同时，通过联通油路驱动下锤头或锤身向上运动与其上锤头实现对击。

图 6-12 所示为 25kJ 锤身微动型液压模锻锤原理。工作缸部分与运动部分的锤身连成一体，打击时，随锤身一起上跳。工作缸上腔为汽缸，内部充有压缩空气或氮气，当高压液体进入回程缸（即工作缸的下腔）时，驱动活塞、锤杆和锤头向上运动，并使汽缸中的气体压缩蓄能，当回程缸液体排出时，汽缸中的气体膨胀做功，推动锤头系统向下打击，回程缸的液体同过联通油路排至下方联通液压缸，锤身系统（包括工作缸部分）在联通缸液体和下方气垫的联合作用下微动上跳，与锤头系统实现对击。打击时锤头与锤身形成封闭力系，减少了对地基的冲击和振动，减轻外框架受力状态，同时提高了锻造精度。

该系列液压模锻锤在锤身下方安装了两个气垫，消除了回程时锤身对底座的冲击和振动，同时减少了打击时的联通油压，能量利用率提高了 11%。

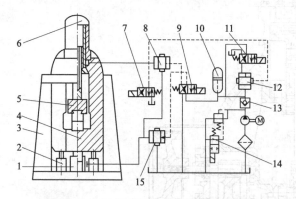

图 6-12 25kJ 锤身微动型液压模锻锤原理
1—联通缸；2—缓冲缸；3—机架；4—锤身；5—上锤头；
6—汽缸；7,9,11—电磁换向阀；8,12,15—插装阀；
10—蓄能器；13—单向阀；14—电磁溢流阀

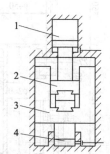

图 6-13 上、下锤头对击
式液压模锻锤结构示意
1—工作缸；2—上锤头；
3—下锤头；4—联通缸

图 6-13 所示是上、下锤头对击模锻锤结构示意。工作缸固定安装在外框架上。上腔是气室，工作前一次性充入压缩空气或氮气，当下腔通入高压液体时，高压液体推动活塞、下锤头向上运动，同时压缩气体蓄能；当下腔既不充液也不排液时，上锤头在上腔气体压力、下腔液体压力、自身重力和摩擦力等综合作用下悬在上方，当操纵控制机构使回程缸的液体排出时，上锤头便在气体压力的作用下向下打击，与此同时，工作缸下腔的液体通过联通管路排至下方联通液压缸。下锤头便在联通缸内液体压力和缓冲器的缓冲力联合作用下上跳与上锤头实现对击，由于下锤头与上锤头的质量比为（4~6）：1，所以下锤头上跳行程只是上锤头行程的 1/6~1/4。

上、下锤头对击式液压模锻锤具有如下一些特点：

① 由于这些结构液压模锻锤的下锤头与上锤头的质量比（即 $m_2 : m_1$）较小，因此相对减轻了下锤头的重量，给加工、安装运输带来了方便。

② 由于回程缸和联通缸均固定在不动的机架上，工作期间无相对运动，因此无需在联

通油路上设活动的连接装置或高压软管，既减少了漏油的可能性，又节省了加工维修的工作量。

③ 锻锤工作时，上锤头在 U 形的下锤头中导向，下锤头在机架内导向，因此可以保证与锤身微动型液压模锻锤具有相同的导向精度和锻造精度。但是从整体刚性出发，上、下锤头对击式液压模锻锤要求有一个刚性较大的机架。

习　题

1. 对比蒸汽-空气模锻锤与液压模锻锤的优缺点。
2. 锻锤的打击特性有哪些？
3. 为什么锻锤锻造时不能以最大打击速度锻冷锻件或空击？
4. 为什么要对蒸汽-空气锤进行换头改造？

第七章 塑料挤出机

第一节 概　述

挤出成型是塑料成型加工的重要成型方法之一，在塑料成型加工中占有重要的地位。几乎所有的热塑性塑料都可以用挤出成型方法加工。与其他成型方法相比，挤出成型具有下述特点：生产过程是连续的，因而其产品理论上可以无限长；生产效率高；应用范围广，能生产管材、棒材、薄膜、单丝、电线、电缆、异型材以及中空制品等；投资少，收效快。挤出机除了用于挤出制品外，还可以用于塑料混合、造粒、塑化等。

一、挤出成型过程及挤出设备组成

如图 7-1 所示，塑料从料斗进入机筒中，由于螺杆的转动将其向前输送，塑料在向前移动的过程中，受到料筒的加热、螺杆的剪切作用和压缩作用使塑料由粉状或粒状固态逐渐熔融塑化为黏流态，这一阶段叫塑化。塑化后的熔料在压力作用下，通过多孔板和一定形状的口模，成为截面与口模形状相仿的高温连续体，这就是成型阶段。然后对已成型的连续体进行冷却定型，使其成为具有一定强度、刚度、几何形状和尺寸精度的玻璃态等截面制品，再按要求将其卷取成卷（软制品）或按一定尺寸切断（硬制品）便可得到所需制品。

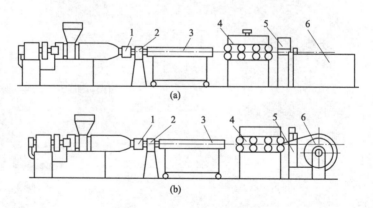

图 7-1　挤出机组成（挤管）

1—机头；2—定型装置；3—冷却装置；4—牵引装置；5—切割装置；6—成品堆放或卷取装置

由高分子材料学知，高聚物一般存在着三种物理状态——玻璃态、高弹态和黏流态。在一定的条件下，这三种物理状态可以发生相互转化。根据实验研究，在挤出加工时物料自料斗落入料筒到熔体从机头挤出，发生了温度、压力、黏度等变化，使物料出现三种不同的物理状态；经历了几个职能区，即固体输送区、熔融区和熔体输送区。

常规全螺纹螺杆的三个职能区如图 7-2 所示。由图可见，在固体输送区，物料被转动的螺杆向前输送并被压实，但仍处于固体状态。进入熔融区后，一方面由于螺纹深度减小使物料进一步被压缩，另一方面在料筒外部加热和螺杆剪切、摩擦热的作用下，物料开始熔融。至熔融区末，物料全部熔融。熔体输送区则进一步将熔体均匀塑化，并使其定量、定压、定温地挤出机头。

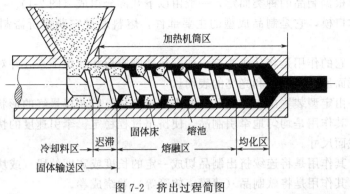

图 7-2　挤出过程简图

一台挤出机设备一般由主机（挤出机）、辅机和控制系统组成，统称为挤出机组。

1. 挤出机

挤出机（主机）主要由以下三个部分组成（见图 7-3）。

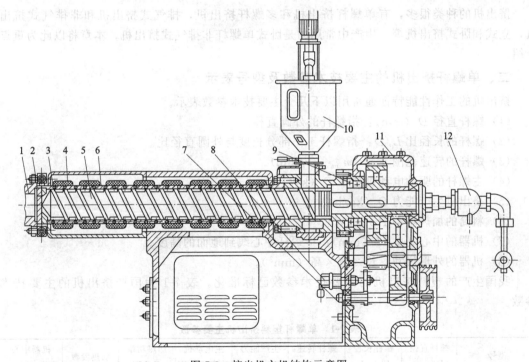

图 7-3　挤出机主机结构示意图

1—机头连接法兰；2—多孔板；3—冷却水管；4—加热器；5—螺杆；6—料筒；7—油泵；
8—测速电动机；9—止推轴承；10—料斗；11—减速箱；12—螺杆冷却管

挤压系统：它主要由螺杆和料筒（也叫机筒）组成，是挤出机的关键部分。塑料通过挤压系统塑化成均匀的熔体，并在挤压过程中所建立的压力作用下，被螺杆连续地定压、定温、定量地挤出机头。

传动系统：其作用是驱动螺杆，给螺杆提供所需的扭矩和转速。

加热冷却系统：提供一定热量使塑料熔融并通过对料筒（或螺杆）进行加热冷却，以保证成型过程中塑料温度控制在工艺条件所规定的范围内。

2. 辅机

辅机的组成根据制品的种类而定，一般由以下几部分组成（图 7-1）。

机头：亦称口模，它是制品成型的主要部件，熔料通过它获得所需制品的截面形状和尺寸。

定型装置：它的作用是将从机头挤出的塑料的既定形状稳定下来，并对其进行精整，以得到更精确的截面形状、尺寸和光亮的表面。

冷却装置：由定型装置出来的制品在此进一步冷却，以获得最终的形状和尺寸。

牵引装置：其作用是均匀地牵引制品，使挤出过程稳定。牵引速度的快慢在一定程度上能控制制品的截面尺寸。

切割装置：其作用是将连续挤出制品切成一定的长度或宽度的段（或块）。

卷取装置：其作用是将软制品（薄膜、软管等）卷绕成卷。

3. 控制系统

它是由电器、仪表和执行机构组成。可控制主机和辅机的拖动电机、驱动油泵、液压缸等机构的动作，并检测主机和辅机的温度、压力等参数，最终实现对整个挤出机组的控制和对产品质量的控制。

挤出机的种类很多，有单螺杆挤出机和多螺杆挤出机，排气式挤出机和非排气式挤出机，立式和卧式挤出机等。生产中常用的是卧式单螺杆非排气式挤出机，本章将以此为重点介绍。

二、单螺杆挤出机的主要技术参数及型号表示

挤出机的工作性能特征通常用以下几个主要技术参数表示。

（1）螺杆直径 D（mm）：指螺杆的外圆直径。

（2）螺杆的长径比 L/D：指螺杆工作部分长度与外圆直径比。

（3）螺杆的转速范围 $n_{min} \sim n_{max}$（r/min）。

（4）主螺杆的驱动电动机功率 P（kW）。

（5）挤出机生产能力 Q（kg/h）。

（6）料筒的加热功率 P_H（kW）。

（7）机器的中心高度 H（mm）：指螺杆中心线到地面的高度。

（8）机器的外形尺寸：长×宽×高（mm³）。

我国生产的塑料挤出机的主要技术参数已标准化。表 7-1 为国产挤出机的主要技术参数。

表 7-1　单螺杆塑料挤出机主要参数

型号	螺杆直径 D/mm	螺杆长径比 L/D	螺杆转速 n/(r/min)	生产能力 Q/(kg/h)	主电动机功率 P/kW	加热功率 E/kW	加热段数	机器中心高度 H/mm
SJ-30/20	30	20	11～100	0.7～6.3	1～3	3.3	3	1000
SJ-30/25B	30	25	15～225	1.5～22	5.5	4.8	3	1000
SJ-45/20B	45	20	10～90	2.5～22.5	5.5	5.8	3	1000
SJ-65/20A	65	20	10～90	6.7～60	5～15	12	3	1000
SJ-65/20B	65	20	10～90	6.7～60	22	12	3	1000
SJ-Z-90/30	90	30	12～120	25～250	6～60	30	6	1000
SJ-90/20B	90	20	14～72	30～90	2.4～24	16	4	1000

续表

型号	螺杆直径 D/mm	螺杆长径比 L/D	螺杆转速 n/(r/min)	生产能力 Q/(kg/h)	主电动机功率 P/kW	加热功率 E/kW	加热段数	机器中心高度 H/mm
SJ-120/20D	120	20	8~48	25~120	18.3~55	37.5	5	1000
SJ-Z-150/27	150	27	10~60	60~200	25~75	71.5	6	1000
SJ-65/20DL	65	20	10~100	10~70	0~17	12.5	3	1000
SJ-150/20DL	150	20	7~42	200	25~75	72	6	1000

国产挤出机的型号用汉语拼音字母的缩写和数字表示，其中"SJ"表示塑料挤出机，"Z"表示造粒机，"W"表示喂料机，最后的数字代表螺杆的直径，"A"、"B"和"D"表示机器结构或参数改进后的标记（机型）。例如：SJ-150 型挤出机型号的意义是：螺杆外圆直径为 150mm 的塑料挤出机。

三、螺杆的主要参数

螺杆的参数除了螺杆直径 D 和长径比 L/D 外，还有下面几个参数。

螺杆的分段：根据物料在料筒中的运动和物理状态变化过程，对常规螺杆来说，一般可分为三段（图 7-4）：加料段 L_1（也叫固体输送段），由料斗加入的物料靠此段向前输送，并开始被压实；压缩段 L_2（也叫转化段），物料在此段继续被压实，并向熔融状态转化；均化段 L_3（也叫计量段），物料在此段呈黏流态。螺槽深度：对常规螺杆来说，加料段的螺槽深度用 h_1 来表示，一般是一个定值；均化段的螺槽深度用 h_3 表示，一般也是一个定值；压缩段的螺槽深度是变化的，用 h_2 表示。

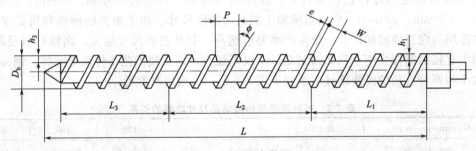

图 7-4 螺杆参数图

几何压缩比：它是螺杆加料段第一个螺槽容积和均化段最后一个螺槽容积之比，用 ε 表示

$$\varepsilon = \frac{(D - h_1)h_1}{(D - h_3)h_3} \tag{7-1}$$

螺纹螺距 P、螺纹升角 ϕ 和螺纹线数（头数）n：这三个参数的定义与一般螺纹相同。

螺纹宽度 e：指沿轴向螺棱顶部的宽度。

第二节　单螺杆挤出机

图 7-3 所示的是单螺杆挤出机，它由挤压系统、传动系统和加热冷却系统三部分组成。本节对组成单螺杆挤出机的这三个主要部分的结构和有关参数的选取进行介绍。

一、挤压系统

挤压系统是挤出机的最重要部分，常常被人们称之为挤出机的心脏。因为塑料就是在这部分由玻璃态转变为黏流态，然后通过口模和辅机而被成型为制品的。如前所述，挤压系统主要由料筒和螺杆所组成，因此，将分别介绍螺杆和料筒的结构及有关参数。又由于分流板与螺杆有一定联系，加料装置和料筒密切相关，故将它们放在这部分介绍。

（一）螺杆

1. 常规螺杆的结构及参数

螺杆是完成塑料塑化和输送的关键部分。挤出机的生产率、塑化质量及动力消耗等都主要取决于螺杆的性能。螺杆可分为常规螺杆和新型螺杆两种。

所谓常规螺杆是指从加料段到均化段为全螺纹的三段式结构的螺杆。生产中最常用的常规螺杆有（螺距不变而螺槽深度变化的）渐变型螺杆和突变型螺杆两大类。渐变型螺杆是指由加料段较深螺槽向均化段较浅螺槽的过渡，是在一个较长的螺杆轴向距离内完成的，如图7-4所示。而突变型螺杆的上述过渡是在较短的螺杆轴向距离内完成的，如图7-5所示。渐变型螺杆对物料的剪切作用较小，且对大多数物料能提供较好的热传导，因此多用于

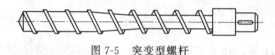

图 7-5　突变型螺杆

软化温度范围较大的非结晶型塑料。突变型螺杆由于压缩段较短 $[(3\sim5)D]$，有的只有 $(1\sim2)D$，对物料能产生较大的剪切作用，故适用于黏度较低、具有突变熔点的结晶型塑料，如尼龙、聚烯烃等。对于高黏度塑料易引起局部过热，不宜使用。在选用螺杆时，除螺杆形式外，还需考虑螺杆的各主要参数。

（1）螺杆直径　这是一个重要参数，挤出机规格用它来表示。螺杆直径已标准化，我国挤出机标准所规定的螺杆直径系列为：20mm、30mm、45mm、65mm、90mm、120mm、200mm、250mm、300mm。应根据所加工制品的断面尺寸、加工塑料的种类和所要求的生产率来选用一定直径的螺杆。一般生产率要求越高，制品断面尺寸越大，则螺杆直径越大。如果用大直径的螺杆生产小截面的制品，不仅不经济，而且使工艺条件难以掌握。制品截面积的大小和螺杆直径的经验统计关系列于表7-2中，供选用时参考。

表 7-2　螺杆直径与挤出制品尺寸之间的关系

螺杆直径/mm	30	45	65	90	120	150	200
硬管直径/mm	3～30	10～45	20～65	30～120	50～180	80～300	120～400
吹膜直径/mm	50～300	100～500	400～900	700～1200	～2000	～3000	～4000
挤板宽度/mm	—	—	400～800	700～1200	1000～1400	1200～2500	

（2）螺杆的长径比　它也是螺杆的一个重要参数。当其他条件不变时加大长径比，等于螺杆长度增加，物料在料筒中所经的路程增大，使塑化更充分更均匀，有利于提高制品质量。另外 L/D 加大后（L_3 也相应增加）可减少压力流和漏流，提高了挤出机的生产能力。但是对热敏性塑料，过大的长径比易造成塑料停留时间过长而产生热分解，并且长径比增大后螺杆和料筒的加工制造和安装都较困难，功率消耗增大，容易因螺杆自重弯曲使料筒和螺杆端部间的间隙产生不均匀现象，甚至可能刮磨料筒，影响挤出机的寿命。因此应根据加工塑料的性能、所需产品质量和生产率要求来确定长径比。一般对难加工的塑料（如含氟塑料）、塑化质量要求较高（如吹膜）或挤出质量较高的情况，选用较大的长径比。目前螺杆的长径比多为20、25、28、30，国外已出现长径比达43的螺杆。

（3）螺杆的分段　如前所述，常规螺杆一般分为三段。

加料段：它的作用是将固态物料压实并输送给均化段，因此，输送能力是它的核心问

题。加料段的输送能力应与后两段的熔化和均化能力相一致。为了提高输送量可通过在料筒加料段开纵向沟槽和加工出锥度来实现，另外螺杆表面摩擦因数越小，料筒的摩擦因数越大，则输送量（Q_S）越大，因此螺杆表面加工质量要求较高。

加料段的长度占螺杆全长的比例，对非结晶型塑料约为 $10\%\sim25\%$，对结晶型塑料约为 $30\%\sim65\%$。

压缩段：其作用是进一步压实物料，排除气体并使物料熔融。在这一段，由于气体被排除，物料熔融后密度增加以及在压力作用下物料被压缩，使物料的密度有所增大，这就需要补偿其体积变化以保证物料到达均化段时具有足够的致密度。因此应有足够的压缩比，压缩比与物料的性质、制品的情况等因素有关，一般根据经验选取，表 7-3 列出了常用塑料加工时的螺杆几何压缩比。

表 7-3　加工常用塑料的螺杆几何压缩比

物料	压缩比	物料	压缩比
硬聚氯乙烯(粒)R-PVC	2.5(2~3)	ABS	1.8(1.6~2.5)
硬聚氯乙烯(粉)R-PVC	3~4(2~5)	聚甲醛 POM	4(2.8~4)
软聚氯乙烯(粒)S-PVC	3.2~3.5(3~4)	聚碳酸酯 PC	2.5~3
软聚氯乙烯(粉)S-PVC	3~5	聚苯醚 PPO	2(2~3.5)
聚乙烯 PE	3~4	聚砜(片)PSF	2.8~3
聚苯乙烯 PS	2~2.5(2~4)	聚砜(膜)PSF	3.7~4
纤维素塑料 CNP	1.7~2	聚砜(管、型材)PSF	3.3~3.6
有机玻璃 PMMA	3	聚酰胺(尼龙 6)PA6	3.5
聚酯 PET	3.5~3.7	聚酰胺(尼龙 66)PA66	3.7
聚三氟氯乙烯 PCTFE	2.5~3.3(2~4)	聚酰胺(尼龙 11)PA11	2.8(2.6~4.7)
聚全氟乙丙烯 FEP	3.6	聚酰胺(尼龙 1010)PA1010	3
聚丙烯 PP	3.7~4(2.5~4)		

注：括号外为常用值，括号内为使用范围。

对压缩段还有另一个要求，即要有一定的渐变度 A，$A=(h_1-h_3)/L_2$，亦即压缩段应有一定的长度，以便螺槽的体积变化与物料的熔融速率相适应，但由于一般事先不知道熔融速率，渐变度也难以直接确定，故设计中仍多采用压缩比的概念。

压缩段长度，对于非结晶型塑料约占螺杆全长 $55\%\sim65\%$，对于结晶型塑料约为 $(1\sim4)D$。

均化段：它的作用是将来自压缩段的熔料相混合，使其温度、密度和黏度达到均匀，并且定压、定量、定温地输送到机头。均化段的螺槽深度和长度是两个重要参数。该段螺槽深度应和压缩段的熔融能力相匹配。如果螺槽深度过大，使其潜在的熔料输送能力大于熔料能够充满时能力，压缩段未熔的物料有可能进入该段。残留的固相碎片若得不到进一步均匀塑化而挤入机头，就会影响制品质量。反之，若太浅则熔料受到的剪切过大，会使熔料温度升高，甚至过热分解。均化段长度对生产影响也较大，长度增大，可使物料均化时间延长，有利于物料的均匀混合，但过长会使加料段和压缩段在螺杆全长中所占比例变小，且对热敏性塑料易引起过热分解。这两个参数一般靠经验确定。对于非结晶型塑料均化段长度约取螺杆全长的 $22\%\sim25\%$；对于结晶型塑料则为螺杆全长的 $25\%\sim35\%$。而槽深一般取为 $(0.02\sim0.06)D$。

（4）螺杆头部结构　当熔料从均化段螺槽进入机头流道时，料流由螺旋带状流动急剧改变为直线流动。因此应选择合理的螺杆头部形状，以使物料尽可能平稳地从螺杆进入机头，避免产生涡流，使局部滞留受热时间过长而产生分解。螺杆头部的结构形式有多种，如图7-6所示。应用较广的是图7-6(a)、图7-6(b)两种，图7-6(c)、图7-6(d)多用于挤出流动性好的塑料，图7-6(e)、图7-6(f)多用于流动性差及热敏性塑料，图7-6(g)和图7-6(h)由于具有不对称的头部，有助于防止物料因滞流而分解，图7-6(i)多用于挤出黏度大、导热性不良或有明显熔点的塑料，而图7-6(j)能使物料借助头部的螺纹向前移动，多用于挤电缆。

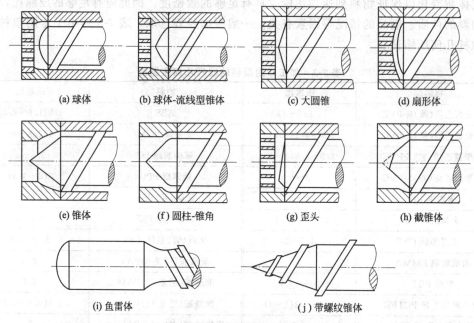

图 7-6 常用的螺杆头部形状

影响螺杆工作性能的还有螺杆与料筒的间隙、螺纹的断面形状、螺纹的头数等，在选用时也应根据具体的生产情况确定。

由于螺杆的工作条件恶劣（高温、高压、腐蚀、磨损并承受较大的扭矩），因此，螺杆材料应具有较高的力学性能和较好的切削、热处理性能。常用的材料有45钢、40Cr、38CrMoAlA，并经表面镀铬或氮化处理。使用最多的是38CrMoAlA，也有的是在螺杆表面喷涂或堆焊耐磨耐腐合金以提高螺杆的使用寿命。

2. 新型螺杆

常规的全螺纹三段式螺杆由于其结构简单，制造容易等特点在生产中获得广泛的应用。但随着塑料工业的发展，对生产也提出了更高要求。由于常规螺杆存在着固体输送效率低、熔融效率低且不彻底、塑化混炼不均匀及对一些特殊塑料的加工工艺过程不适应等缺点，使其不能充分满足生产的要求，生产中也常用提高螺杆转速和料筒温度、增大长径比、改进加料段结构等方法来改善螺杆的工作性能，但成效有限。

为了克服上述缺点，人们对挤出过程进行了更深入的研究，在大量实验和生产实践的基础上，开发了各种新型螺杆。这些螺杆在不同的方面和不同程度上克服了常规螺杆所存在的缺点，已引起人们的重视并获得广泛的应用。下面对这种新型螺杆的工作原理作一简单介绍（见图7-7）。

（1）**分离型螺杆** 分离型螺杆的特点是在压缩段设置一条附加螺纹，称之为副螺纹，其

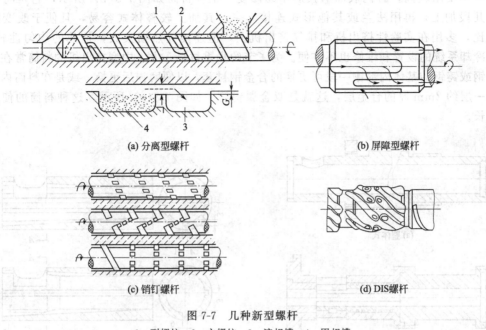

(a) 分离型螺杆　　　　　　　　　　(b) 屏障型螺杆

(c) 销钉螺杆　　　　　　　　　　(d) DIS螺杆

图 7-7　几种新型螺杆

1—副螺纹；2—主螺纹；3—液相槽；4—固相槽

外径小于主螺纹，从而将原螺槽一分为二，一条与加料段相通（固体螺槽），另一条与均化段相通（熔体螺槽），由于主副螺纹螺距不等，使熔体螺槽逐渐变宽，至均化段时达到整个螺槽宽度，而固体螺槽变窄最后为零。当固体床开始熔融时，已熔物料可从副螺纹与料筒之间隙进入熔体螺槽，而未熔粒子则不能进入。从而将已熔物料和未熔物料尽早分离，促进了未熔物料的熔融。分离型螺杆示意图如图 7-7(a) 所示。

（2）屏障型螺杆　屏障型螺杆是在普通螺杆的某一部位（一般在螺杆头部附近）设置屏障段，使未熔的残余固体不能通过，并促使其熔融和均化的一种螺杆。它是由分离型螺杆变化而来的。但加工比分离型螺杆容易。屏障型螺杆示意图如图 7-7(b) 所示。

（3）分流型螺杆　分流型螺杆是在普通螺杆的某一部位设置分流元件（如销钉或沟槽、孔道等），将螺槽内的料流多次分割，以改变物料的流动状况，从而促进熔融、增强混炼和均化的一类螺杆。如图 7-7(c)、(d) 所示的是销钉螺杆和 DIS 螺杆，它们是分流型螺杆的代表。

除以上介绍的几种类型外还有组合螺杆、波状螺杆、静态混炼器等。限于篇幅本书不做介绍，有兴趣的读者可参阅有关资料。

（二）料筒

料筒和螺杆组成了完成物料塑化和输送的挤压系统。料筒上要开加料口，设置加热冷却系统，还要安装机头。因此，料筒是挤压机中仅次于螺杆的重要零部件。

由于料筒与螺杆一样，在恶劣的环境下工作，故对材料的要求也较高，一般与螺杆材料相同（但表面硬度要求更高），也有采用一般钢材或铸钢或球墨铸铁制造的。

1. 料筒的结构形式

图 7-8 所示是常见的料筒结构形式，料筒结构形式分为整体式、组合式和双金属料筒等。整体料筒如图 7-8(a) 所示，这种结构容易保证较高的制造精度和装配精度，可以简化装配工作，便于加热冷却系统的设置和装拆，而且热量分布较均匀，但对加工设备和

加工技术要求较高，且内表面磨损后不易修复。组合料筒如图7-8（b）所示，它是将料筒分成几段加工，再用法兰或其他形式连接起来。其加工较整体式容易，且便于改变螺杆长径比，多用在实验性挤出机和排气挤出机上，但连接处热损失大，加热的均匀性较差，加热冷却系统的设置和维修也不方便。为了节约贵重材料，大、中型挤出机的料筒常在一般碳素钢或铸钢的基体内部镶一段可更换的合金钢衬套，以便磨损后更换，或是在料筒内离心浇铸一层约2mm厚的合金层，这就是双金属料筒，如图7-8（c）所示，这种料筒的使用寿命较长。

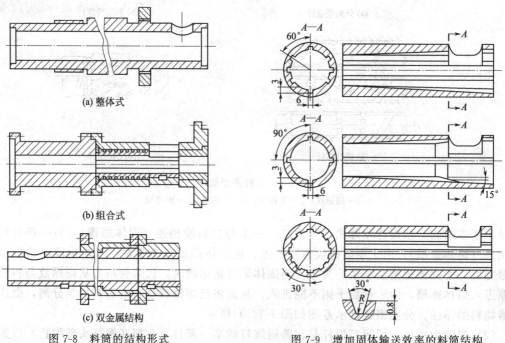

(a) 整体式

(b) 组合式

(c) 双金属结构

图 7-8　料筒的结构形式

图 7-9　增加固体输送效率的料筒结构

生产中为提高加料段的固体输送效率，以充分发挥各种新型螺杆的工作效能，常采用加大料筒表面摩擦因数和物料通过面积及对加料段强力冷却的方法。图7-9所示就是通过在料筒内壁开纵向沟槽及将内壁做成锥形，以提高固体输送效率的几种结构。

2. 加料口

加料口的形状和位置对加料性能有很大影响。加料口的形式必须和物料的形状相适应，应能使物料顺利地加入料筒而不产生"架桥"现象。加料口的形状（俯视）有圆形、方形，也有矩形的。一般情况多用矩形的。其长边平行于料筒轴线，长度约为螺杆直径的1.3～1.8倍。当采用机械搅拌强制加工料时多用圆形的加料口。图7-10为常用加料口的断面形状。其中图7-10（a）适用于带状料，不适于粒料和粉料。图7-10（c）和图7-10（e）多用于简易式挤出机，图7-10（b）、图7-10（d）、图7-10（f）三种类型应用较多。以图7-10（f）用得最成功，其一壁垂直地与料筒圆柱面相交，另一壁下方倾斜45°，加料口中心线与螺杆轴线错开1/4料筒直径。图7-10（b）的右侧壁倾角一般为7°～15°。

3. 料筒与机头的连接形式

在选择料筒与机头的连接形式时，除了考虑结构简单、加工制造方便和夹紧可靠外，还必须做到机头装拆方便。图7-11所示是目前常用的几种连接形式，其中图7-11（a）由于拆装机头快速方便，应用较广，但结构略复杂。图7-11（b）结构简单但拆装较繁琐。图7-11（c）多用于小型挤出机。图7-11（d）拆装也较快。

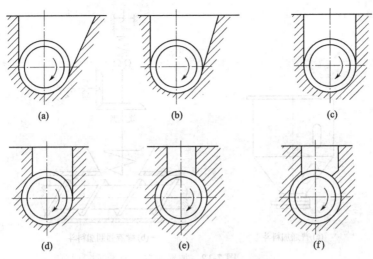

图 7-10　常用加料口的断面形状

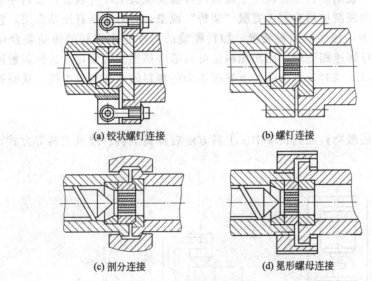

(a) 铰状螺钉连接　　　　(b) 螺钉连接

(c) 剖分连接　　　　(d) 冕形螺母连接

图 7-11　料筒与机头的连接方式

（三）加料装置

加料装置是给挤出机提供物料的，它一般是由加料斗和上料部分所组成。理想的加料装置应具备以下条件：①供料均匀，不会产生"架桥"现象；②料斗要有一定的容量，上料可以自动进行；③设有计量装置，使料斗内料位保持一定的高度；④带有预热装置，能对物料起到预热干燥作用；⑤带有抽真空装置，能排除物料中所含的水分和气体。

1. 加料方法

加料方法有重力加料和强制加料两种，如图 7-12 所示。

（1）重力加料　物料靠自重进入挤出机内的方法称为重力加料。最简单的重力加料装置只有一个加料斗，如图 7-12(a) 所示。料斗能容纳 1h 左右使用的物料，物料是由人工上料的。料斗底部有活门，以便调节进料量和停产时切断料流。为了观察料斗内的物料储量，侧面装有视镜。料斗上部有盖子，以免灰尘进入和防潮。这种加料装置一般只用于小规格的机台上。

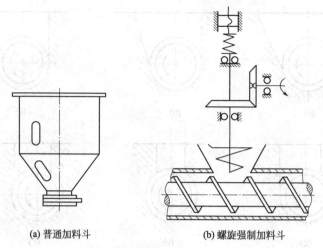

(a) 普通加料斗　　　　　(b) 螺旋强制加料斗

图 7-12　加料装置

（2）强制加料　强制加料是在料斗中设置搅拌器或螺旋桨叶等装置，使料斗中的物料强制进入挤出机。采用强制加料有利于克服"架桥"现象，并对物料有压填作用，能保证加料均匀。图 7-12(b) 为一种强制加料装置，加料螺旋的转动是由螺杆的传动装置带动的，加料螺旋的转速与螺杆转速相适应，因而加料量可以适应挤出量的变化。这种装置还设有过载保护装置。当加料口堵塞时，螺旋就会上升而不会将塑料硬往加料口中挤，从而避免了加料装置的损坏。

2. 上料方法

上料指的是将松散物料加到料斗中。上料方法有弹簧上料、鼓风上料等方式，如图7-13所示。

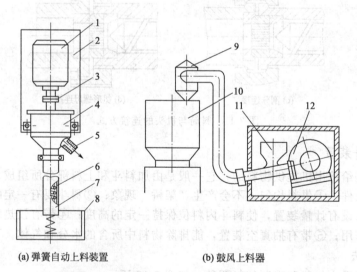

(a) 弹簧自动上料装置　　　　　(b) 鼓风上料器

图 7-13　自动上料装置

1—电动机；2—支承架；3—联轴器；4—铝皮筒；5—出料口；6—弹簧；7—软管；
8—料箱；9—旋风分离器；10—料斗；11—加料器；12—鼓风机

（1）弹簧自动上料装置　此装置如图 7-13(a) 所示，它是由电动机、弹簧、软管、进料口等组成。电动机带动弹簧转动，物料被弹簧推动而提升，当物粒到达送料口时，由于重力的作用而进入料斗。弹簧自动上料的能力决定于弹簧的转速、弹簧的外径和节距、弹簧外径与软管内壁的间隙。

(2) 鼓风上料　图 7-13(b) 是鼓风上料装置示意图。鼓风上料是利用风力将物料吹入输送管，再经旋风分离器将空气分离，物料则进入料斗。该装置只适用于粒料，粉料不宜采用。

(四) 分流板和过滤网

在口模和螺杆头部之间的过渡区经常设置分流板（也叫多孔板）和滤网。其作用是使料流由螺旋运动变为直线运动，阻止未熔融的粒子和杂质进入口模，还可以提高熔料压力，保证塑化质量。当物料通过孔眼时，还能得到进一步均匀塑化。分流板同时还对过滤网起支承作用，但在挤出黏度大而热稳定性差的塑料时一般不用过滤网，甚至也不用分流板。

分流板有各种形式。目前使用较多的是结构简单、制造方便的平板分流板，如图 7-14 所示。板上孔眼的分布原则是使流过它的物料流速均匀。因料筒壁阻力大，故有的分流板中间孔眼分布疏，边缘的孔眼分布密；也有的是边缘孔眼大，中间孔眼小。孔眼的直径一般为 3～7mm，孔眼的总面积约为分流板总面积的 30%～50%。分流板的厚度由挤出机尺寸及分流板承受的压力而定，一般为料筒内径的 1/5～1/3左右。孔道应光滑无死角，孔道进料端应倒出斜角。分流板多用不锈钢制成。

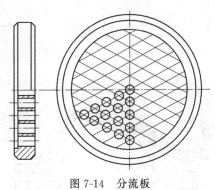

图 7-14　分流板

分流板至螺杆头的距离不宜过大，否则易造成物料积存，使热敏性塑料分解；距离太小，则料流不稳定，对制品不利，一般为 0.1D。

在制品质量要求高或需要较高压力时，如透明制品、薄膜等，一般放置过滤网。网的细度为 20～120 目，层数为 1～5 层，可根据塑料性能、制品要求及设备的情况来选。

二、加热和冷却系统

温度控制是挤出工艺的一个重要方面，通过加热或冷却调节料筒中物料温度，使其保持在工艺要求的温度范围内，从而保证制品的质量，所以挤出机中必须设置加热冷却系统。

塑料在挤出过程中得到的热量有两个来源，一是料筒外部加热器供给的热量，另一个是塑料与料筒内壁、塑料与螺杆以及塑料之间相对运动所产生的摩擦剪切热。前一部分热量由加热器的电能转化而来，后一部分热量由电动机给螺杆输入的机械能转换而来。这两部分热量所占比例的大小螺杆和料筒的结构形式、工艺条件、物料的性质等有关，也与挤出过程的阶段（如启动阶段、稳定阶段）有关。另一方面，为使塑料能连续地从料斗进入料筒，加料口处要进行冷却。在螺杆的加料段，因为螺槽较深，固体尚未熔化，产生的摩擦热较小，主要靠外部加热来提高料温。在均化段物料已是温度较高的熔体，而且螺槽较浅，产生的剪切摩擦热量较多，有时不但不需要加热器供热，还需冷却器冷却。在压缩段，物料受热情况是上述两种情况的过渡状态。因此，挤出机料筒的加热和冷却是分段设置的。

1. 挤出机的加热系统

挤出机的加热方法通常有两种：载热体加热和电加热。

(1) 载热体加热　它是先将液体（水、油和有机溶剂或其混合物）加热，再由它们加热料筒。低于 200℃时用矿物油作为加热介质，高于 200℃时一般都用有机溶剂。温度控制可以用改变恒温液体的流率来实现。这种加热方法优点是加热均匀稳定，温度波动小。但加热系统比较复杂，热滞较大，有的液体加热温度过高时有燃烧的危险，有的液体还易分解出有毒气体，故应用不太广泛。

（2）电加热　目前挤出机上应用最多的是电加热，电机热又分为电阻加热和电感应加热两种。电阻加热是利用电流通过电阻较大的线圈产生大量的热量来加热料筒和机头的。这种加热方法包括带状加热器、铸铝加热器和陶瓷加热器等，图 7-15 所示为铸铝加热器。电感应加热是通过电磁感应在料筒内产生电的涡流使料筒发热来加热塑料的。如图 7-16 所示。它与电阻丝加热相比具有如下优点：其一是温度的调节和控制较电阻加热灵敏，从而有较大的温度灵敏性，对制品的质量有利；其二是加热均匀，效率高，大约比电阻加热省 30％的电能；其三是使用寿命长。其不足之处是加热温度受感应线圈绝缘性能的限制；径向尺寸大，不宜在大型挤出机上使用。另外其成本高，装拆也不方便。

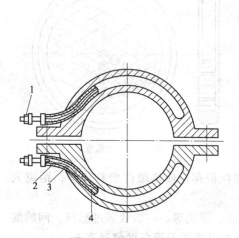

图 7-15　铸铝加热器
1—接线柱；2—钢管；3—电阻丝；
4—氧化镁粉；5—铸铝外壳

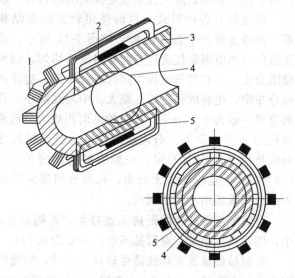

图 7-16　电感应加热器
1—硅钢片；2—冷却剂；3—机筒；
4—感应电流（机筒上）；5—线圈

由于挤出机的料筒较长，挤出工艺对料筒在轴线方向的温度轮廓有一定要求。根据螺杆直径和长径比的大小，对料筒分为若干区段进行加热，每段长度约为 $(4\sim7)D$。一般加料口处 $(2\sim3)D$ 不设置加热器。机头可视其类型和大小决定加热段数。我国挤出机系列标准推荐的加热功率和加热段数见表 7-1 和表 7-2，供读者参考。

2. 挤出机的冷却系统

挤出机冷却系统也是为保证塑料在成型过程中所需的温度而设置的。因为在挤出过程中有时会产生螺杆回转生成的摩擦剪切热比物料所需的热量多的现象，会使物料温度过高，引起物料（特别是热敏性塑料）分解，甚至使成型难以进行。为了排除过多的热量，必须对料筒和螺杆进行冷却。在料斗座和加料段设冷却系统的目的就是为了加强固体输送作用。

（1）料筒的冷却　现代挤出机的料筒都设有冷却系统。料筒的冷却方法有风冷和水冷。如果用水冷，料筒表面要加工出螺旋状的沟槽，用以缠绕冷却水管。若用风冷，料筒表面也要形成一定的通道，以便冷风均匀地通过料筒表面。风冷却主要采用空气。从冷却效果来看空气冷却比较柔和，但冷却速度较慢。从设备成本来看，由于需配备鼓风机等设备，故其成本高。另外风冷却系统体积庞大，冷却效果受外界气温的影响。水冷却通常采用自来水，因此所用装置简单。水冷却速度较快，但易造成急冷，而且水一般未经软化，水管易出现结垢和锈蚀现象，从而降低冷却效果，故完善的水冷却系统所用水应经过化学处理。水冷却一般用于大型挤出机中，图7-3所示。

（2）螺杆的冷却　冷却螺杆有两个目的：一是为了提高固体的输送率。固体的输送率与物料对螺杆摩擦因数和物料对料筒的摩擦因数有关，即料筒与物料的摩擦因数越大，物料与螺杆的摩擦因数越小，越有利于固体物料的输送。除了在料筒加料段内壁设纵向沟槽，降低螺杆表面粗糙度可以达到目的，还可以通过控制螺杆和料筒的温度来实现。这是因为固体塑料的摩擦因数在温度较低时，其值较小，从而可获得大的固体输送率。二是为了控制制品的质量。经验证明，若将螺杆由冷却孔深入到均化段进行冷却，则物料塑化较好，可以提高制品质量，但挤出量会降低，而且冷却水的温度越低，挤出量越低，这是因为冷却均化段螺杆会使接近螺杆表面的物料变得胶黏，不易流动，相当于减少了均化段螺槽深度，有的螺杆冷却长度可以调节，以适应不同要求。螺杆冷却如图7-17所示。

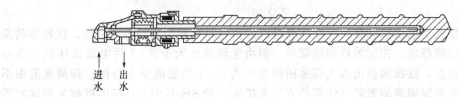

进　出
水　水

图 7-17　螺杆冷却

（3）料斗座的冷却　挤出机工作时，进料口的温度不能太高，否则在进料口处易结块形成"架桥"现象，使物料不能顺利加入料筒。为此，在挤出机料斗座部分应设有冷却装置。这不仅可以使进料顺利，而且还能阻止热量传至止推轴承和减速箱，从而保证挤出机的正常工作。

为保证挤出机工作时的温度适宜、稳定、充分发挥加热、冷却系统的作用，挤出机中还设有温度测量装置和温控装置，以准确地测定和控制挤出机各段的温度并减小其波动，保证产品的质量和生产率。

三、传动系统

（一）挤出工艺对传动系统的要求

传动系统是挤出机的重要组成部分之一。它的作用是驱动螺杆，并在给定的工艺条件（机头压力、螺杆转速、挤出量、温度）下，使螺杆以所需的扭矩和转速均匀地回转，完成对物料的塑化和输送。由于一定规格的挤出机有一定的适用范围，因此挤出机的传动系统应能在此适用范围内提供最大扭矩和可调节的一定的转速范围。

在实际生产中，由于挤出机所加工的材料、制品及对生产能力的要求往往是变化的，要控制产品的产量和质量，除了控制温度、压力等条件外，另一个重要的方面是通过改变螺杆的转速来控制。因此，转速范围的确定及其控制很重要，它直接影响到挤出机所能加工物料和制品的范围、生产率、功率消耗、制品质量、设备成本等。对挤出机螺杆转速的要求有两个方面，一是能无级调节；二是应有一定的调节范围。前一个要求是为了控制挤出质量及与辅机配合一致；后一个要求是为使挤出机适应各种加工情况（指不同的物料制品）而提出的。对大多数通用挤出机来说，调速比在6∶1以下，小规格的挤出机调速范围要大些，专用挤出机的调速范围则要小些。我国挤出机系列标准推荐的螺杆转速、调速范围可参阅表7-1和表7-2。

螺杆转速与螺杆圆周线速度的关系为$v=\pi Dn$，其中n为转速，D为螺杆直径，v为螺杆的线速度。据统计，目前国内生产下列几种产品所采用的螺杆线速度为：硬聚氯乙烯管、板，$v=3\sim6\text{m}/\text{min}$；软聚氯乙烯管、板、丝，$v=6\sim9\text{m}/\text{min}$；薄膜，$v=16\sim18\text{m}/\text{min}$。螺杆直径大，选小值；产品截面大，选大值；软制品增塑剂用得多，选大值。

传动系统还应满足如下要求：传动安全可靠，使用寿命长，过载保护可靠，传动效率高，安装和维修方便等。

（二）传动组成和常用传动系统

传动系统一般由原动机、调速装置（大多为原动机本身）和减速器组成。

原动机有电动机和液压马达。电动机中常用的是交流整流子电动机、直流电动机等。上述原动机都可直接进行调速。调速装置一般有两种类型，即有级调速和无级调速，有级调速在挤出机中已很少采用。减速器目前多为齿轮减速箱，蜗轮减速器应用较少，因为它的效率较低。

由上述原动机、变速器和减速器组成了各种挤出机的传动系统。目前国内常见的有以下几种。

（1）三相整流子电动机和普通（立式或卧式）齿轮减速箱组成的传动系统。这种传动系统运转可靠，性能稳定，控制维修都较简单。但由于调速比大于3：1后电动机体积显著增大，成本相应提高，故我国挤出机大都采用调速比为3：1的整流子电动机。若调速范围不足时，可采用与有级调速装置联合使用的方法来扩大。如SH-150/20B挤出机就采用这种传动系统。

（2）直流电动机和一般（立式或卧式）齿轮减速箱组成的传动系统。直流电动机的调速范围较宽，近几年来，可控硅控制的整流-调速系统在挤出机上得到应用，它具有体积小、重量轻、效率高、可以简化结构等优点。国外很多挤出机采用这种系统。我国生产的SJ-65/20B、SJ-45/20B就是采用这种系统。这种系统的另一个优点是当主辅机速度需要准确配合时，比较容易实现自动化。

（3）液压马达和交流感应电动机配合实现无级调速在近几年得到了一定的应用。它的传动特性软，启动惯性小，可起到对螺杆的过载保护作用。若用低速大扭矩液压马达直接传动螺杆，可简化传动装置。

目前常用的传动形式和组成归纳于图7-18中。

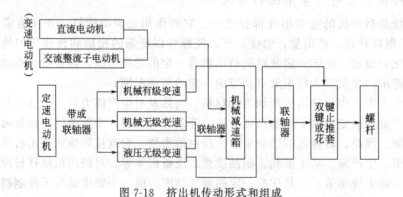

图7-18　挤出机传动形式和组成

第三节　挤出机辅机

由前所述，在挤出机组中主机是很重要的组成部分，它的性能好坏对产品的质量和产量都有很大影响，但是要完成挤出成型的全部工艺过程，没有机头和辅机的配合是不能生产出合格制品的。机头的内容将在"塑料成型工艺及模具设计"课程中介绍，此处不再重复。

　　辅机的作用是将从机头挤出并已获得初步形状和尺寸的高温连续体冷却、定型，成为合乎要求的制品或半成品。辅机的种类很多，如图7-19所示，根据成型制品工艺过程的不同，可由不同装置组成。但一般由以下几个基本部分组成：冷却定型（吹胀）装置、冷却装置、牵引装置、切割装置和卷取（堆放）装置。

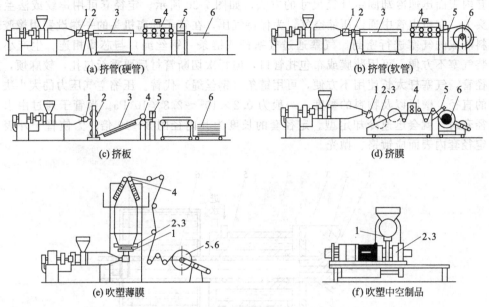

图 7-19　挤出机的辅机种类
1—机头；2—定型；3—冷却；4—牵引；5—切割；6—卷取（或堆放）

　　除以上几个基本组成部分外，根据不同制品的要求还可以增加其他组成部分。

　　辅机的性能对产品的质量和产品的产量影响也很大。塑料经过辅机时要经历物态变化、分子取向以及形状和尺寸的变化。这些变化是在辅机提供的定型、温度、速度、力和各种动作的条件下完成的。定型不佳，冷却不均匀，牵引速度不稳定都会影响制品的质量和产量。

　　辅机按生产制品的不同可分为：挤管辅机、吹膜辅机、吹塑中空制品辅机、挤板辅机、拉丝辅机等。

一、挤管辅机

　　管材是挤出制品的重要产品之一。可以用作管材原料的塑料有（软质和硬质）聚氯乙烯、聚乙烯、聚丙烯、ABS、聚酰胺、聚碳酸酯等。目前我国塑料管生产以聚氯乙烯、聚乙烯为主。管子直径小至几个毫米，大至500mm都有生产。

　　（一）管材挤出过程

　　硬管挤出过程如图7-19(a)所示，塑料由螺杆在料筒内塑化后经机头口模和芯模间的环形缝隙挤压成管状，接着已初步成型的坯料进入冷却定型装置，在冷却装置内其温度逐渐下降，获得所需的最终几何形状、尺寸精度和表面粗糙度。然后进入冷却水槽进一步冷却，最后由牵引装置牵引至切割装置，切成所需的长度。

　　（二）定型装置

　　为保证管子获得正确的几何形状和尺寸精度，在温度还相当高的管坯离开口模后，必须立即进行定径和冷却，使其温度下降而硬化、定型，这就是定径。管材的定径方法一般有两种：外径定径和内径定径。

1. 外径定径法

外径定径法是靠管子外壁和定径套内壁相接触进行冷却来实现的。根据实现接触的方法又可分管内充气加压定径法和在管外壁与定径套内壁之间抽真空的真空定径法。

（1）内压充气法　这是一种管内加压缩空气、管外壁加冷却定径套，使管材外表面贴在定径套内表面迅速冷却固定外径尺寸的方法，如图 7-20 所示。定径套可用螺纹或法兰连接到机头上。在挤出管中通以压缩空气，为保持气压，在管子远离机头的一端设置用橡胶或泡沫塑料制成的气塞进行密封。气塞通过气塞杆或链条（钢丝绳）与芯棒相连。生产小口径管，装气塞不方便，可用薄膜或布包扎管口，但每次切断管材后要重新包扎，较麻烦，生产大口径管，气塞杆太长使用不方便，可用链条（钢丝绳）代替。压缩空气压力的大小决定于管子的直径、壁厚以及物料的黏度，一般为 $0.2 \times 10^5 \sim 2.8 \times 10^5$ Pa。当管子通过由水冷却的定径套时，就会迅速冷却定型。定径套的长度为其内径的 $3 \sim 10$ 倍。为使管子外表面光滑，定径套内表面应镀铬、抛光。

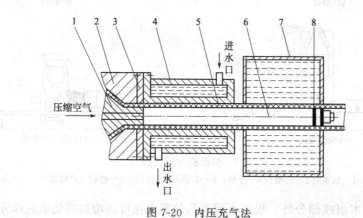

图 7-20　内压充气法

1—芯棒；2—外口模；3—绝缘橡胶垫；4—外定径套；5—塑料管；6—链条；7—水浴槽；8—气垫

（2）真空定径法　这是一种借助管外抽真空，将管外壁吸附在定径套内壁冷却而固定外径尺寸的方法，如图 7-21 所示。真空定径套与机头相距约 $20 \sim 100$ mm。管材先经空气冷却，然后进入真空定径套内。为防止空气进入定径套，破坏真空度，定径套内径要比管坯外径略小，以保证密封。有的定径套内分隔为三段，第一段冷却，第二段抽真空，第三段继续冷却。真空定径套是一个圆筒，周围打上直径为 $0.5 \sim 0.7$ mm 的小孔，这些小孔与真空泵相连。真空度一般为 $53.3 \sim 66.7$ kPa。这种方法简单，对中小尺寸厚度不大的管材，其定径效果也较内压定径好，管材外表面光滑，不用更换气塞，易于操作，生产稳定，适合于加工

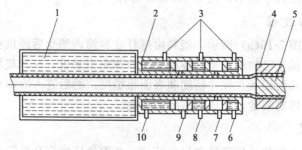

图 7-21　真空定径法

1—水槽；2—真空定径套；3—排气孔；4—外口模；5—芯棒；6,8,10—进水口；7,9—抽真空孔

聚烯烃等结晶型材料的中小尺寸管子。且管子的内应力较小，废料较少。缺点是管径大时，靠抽真空吸力难以控制管材的圆度，抽真空设备费用较高，生产投资大。

我国塑料管材的标准规定了管子的外径公差，故我国皆用外径定径。用外径定径的方法生产的管子，其外径尺寸精度好，表面粗糙度低，外观好，但内表面粗糙，有缺陷；不利于物料充动。

2. 内径定径法

内径定径法是将从机头挤出的管子内壁与定径芯棒（带有微小的锥度）接触，由于挤出管收缩，管子贴在芯棒上，使管子内径定径。如图 7-22 所示。这种方法多用直角机头或偏心机头，便于冷却水从芯棒端面流入，即在芯棒内直接通入冷却水。这种方法特别适于 PE、PP，尤其是要求内径尺寸稳定的包装箱筒。

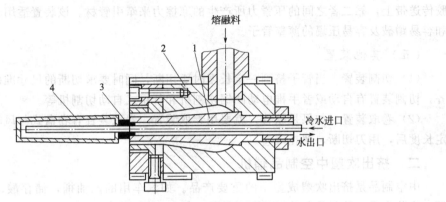

图 7-22 内径定径直角机头

1—芯棒；2—机头体；3—绝热垫圈；4—延长芯棒

用内冷芯棒生产的管子，其内表面很光滑，有利于物料流动，但外表面则不如用外径定径法生产的光滑。用这种方法生产管子，操作简单，不受压缩空气等因素的影响，但冷却水对机头温度有影响。

（三）冷却装置

管子由定型装置出来，并没有完全冷却到室温。如果继续冷到室温，管子已变硬的表面会升温而发生变形。冷却装置一般有冷水槽和喷淋水箱两种。对于薄壁管子有的用冷空气冷却。

冷却水槽一般分 2～4 段，长约 2～3m。一般用自来水作为冷却介质。水流方向与管子运动方向相反，以使冷却缓和，减少管子内应力。水槽中的水位应将管材完全浸没。冷却水槽因上下层水温不同，管材有可能弯曲；大管受浮力大，易弯曲。冷却长度与冷却水温、管子温度、管子壁厚、牵引速度以及塑料的种类有关，多由经验决定。

喷淋冷却是用喷淋水管均布在管材周围进行冷却的。靠近定径套一端喷水孔较密。喷淋冷却，由于水喷到四周的管壁上，克服了水槽冷却时，粘到管壁上的水层会减少热交换的缺点，因而冷却效果好。这种方法适用于大直径管材的冷却。

（四）牵引装置

牵引装置用以均匀地引出管子并适当地调整管子的厚薄。若牵引速度大于挤出速度，管子将被拉薄，甚至将管子拉撕，若牵引速度小于挤出速度时，管子壁厚增加，甚至在机头处造成堆积，若牵引速度不稳定，会使管子表面出现波纹，影响管子质量。使用时牵引速度一般与挤出速度相当或比挤出速度快些。因一台挤出机要生产多种直径管材，所以牵引装置应能在较大的范围内（速比一般不小于 10）无级调速，并要求运行平稳；无跳动，夹持管子的夹持力可以调节，以适应各种管子的需要，并具有足够的夹持力，使之不会打滑。

目前常用的牵引装置有以下几种。

（1）滚轮式　滚轮式牵引装置如图 7-1 所示。它一般由 2～5 对牵引滚轮组成，下轮为主动轮，上轮为从动轮，轮子直径在 50～150mm 之间，上轮能上下移动以适应不同直径管子的需要，由于这种牵引装置牵引力较小，故一般用来牵引管径为 100mm 以下的管子。

（2）履带式　这种牵引装置一般由两条、三条或六条履带组成。这种牵引装置所产生的牵引力较大，而且夹紧力分散在较大面积上，并由于从几个方向同时向心夹紧管子，故可减少管子的变形。但其结构复杂。该装置主要用于牵引直径较大的管子。

（3）橡胶带式牵引装置　它是由一条橡胶传送带和压紧辊组成。用压紧辊将管子压到橡胶传送带上，靠二者之间的压紧力所产生的摩擦力来牵引管材。该装置适用于小直径的管子和容易蹭破及容易压塌的薄壁管子。

（五）其他装置

（1）切割装置　当管子挤到一定长度时要切断，同时要求切断的尺寸准确，切口均匀整齐。切割装置有自动或者手推电动圆锯切割机和行星式自动切割机等。

（2）卷取装置　如果是软管，就要用卷取装置。卷取装置有卷盘式与风轮式。卷绕至一定长度后，用刀切断，捆扎成卷。

二、挤出吹塑中空制品辅机

中空制品是挤出吹塑成型中的重要产品。如汽车用的汽油桶，储存酸、碱、水的大容器，盛装食品、饮料的各种塑料瓶子等等。这些制品质轻、价廉、耐化学腐蚀、成型制造方便，因而挤出吹塑成型发展很快。

挤出吹塑成型的原料，主要有低密度聚乙烯，高密度聚乙烯，软、硬聚氯乙烯，纤维素，塑料，聚苯乙烯，聚丙烯，聚碳酸酯等。目前吹塑制品以聚乙烯和聚氯乙烯为主。挤出吹塑成型的辅机包括：挤出型坯的机头、吹胀用的模具、模具开闭及供气装置。

1. 挤出吹塑成型过程

挤出吹塑成型是将挤出机挤出的管状型坯趁热封闭在模具中，并立即通入压缩空气吹胀、冷却而得到制品。其生产工序大致可分五步，如图 7-23 所示，图 7-23（a）是挤出型坯，图 7-23（b）是将型坯引入对开的模具，图 7-23（c）是将模具闭合，图 7-23（d）是向型腔内通入压缩空气，使其膨胀附着模腔壁而成型，图 7-23（e）所示是保压、冷却、定型、最后放气塑件脱模。

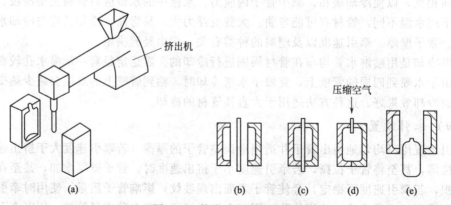

图 7-23　挤出吹塑中空成型

2. 挤出吹塑成型中的模具

吹塑用的模具通常由两瓣合成，其中设有冷却用的冷水通道。冷却通道能使模具冷却，温度通常控制在 20～50℃左右。同时也使制品各部分得到均匀的冷却而最终定型。另外模口部分应做成锋利的切口，以便切断型坯。切口的形状一般为三角形或梯形，切口最小纵向长度约为 0.5～2.5mm，过小容易将型坯切破，以致不能吹胀。由此可见，吹塑成型中的模具兼有冷却定型（吹胀）、切割的功能。

3. 模具动作及供气装置

为提高吹塑成型的生产率，生产中多用带有两个以上模具的辅机。在有两个模具的情况下，使用在机头下方沿平行方向交替供给模具的方式，当一个模具敞开并向其中挤入型坯时，另一模具闭合并与吹气接管一同移向一方进行吹胀和冷却，可使生产率提高近两倍。

在三个以上模具的情况下，将模具安装在环绕垂直中轴旋转的圆盘上，圆盘周期性地转动，轮流供应接受型坯的模具，并在合模后移开进行吹胀和冷却。这种装置提供了可完全利用挤出机工作能力（当其连续工作时）的可能性。

图 7-24 所示为旋转式中空制品成型辅机，该装置可完成以下动作：①模具在挤出机机头下移动；②当型坯达到模具的下平面时，使两半模闭合；③移动模具；④向型坯内供给压缩空气进行吹胀成型；⑤开启模具并取出制品。

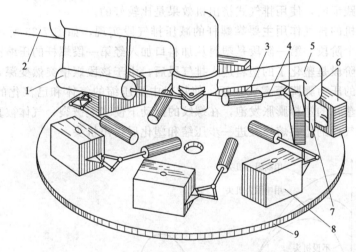

图 7-24　旋转式中空制品成型辅机

1—往复汽缸；2—挤出机机头；3—模具启闭汽缸；4—杠杆系统；5—供料弯头；
6,8—模具；7—管坯；9—回转工作台

半模的闭合与型坯的夹紧，必须以超过型坯吹胀时的最大空气内压力 20%～30% 的总压力迅速进行。

吹胀用的空气可自上而下经过模芯中的沟道或自下而上经过成型接管或其他接管送入。

制品的冷却只有依靠吹胀的热型坯与模具内表面完全接触时的热传导。对型坯壁厚为 2～2.5mm、空气压力在 0.5MPa 以下，模壁温度在 30～40℃ 的情况，制品在模具中冷却 8～10s 即可。

制品冷却后，即可打开半模，从接管上用手工卸下制品，或用压缩空气将其吹落在接料斗内。从下向上吹制时，要从模嘴中挤出的挤塑管上将制品脱下。

第四节 其他类型挤出机

由于挤出机具有连续生产、生产能力大、设备简单、劳动强度低等优点，所以在塑料加工工业中得到了广泛的应用。随着生产的发展，国内外对塑料挤出机的结构性能不断加以改进，出现了各种不同类型的挤出机。目前除了常用的普通挤出机外，还有排气式挤出机、双螺杆挤出机、行星齿轮式挤出机、两级式挤出机等其他类型挤出机。本节对这些特殊类型挤出机分别做简单介绍。

一、排气式挤出机

在挤出过程中，需要从物料中排出的气体包括三个部分：一是物料颗粒间带入的空气；二是物料上吸附的水分所形成的水蒸气；三是物料内部包含的气体或液体挥发物，如剩余单体、低分子挥发物及水汽等。这些气体如果不能排出，不仅会影响制品的物理力学性能、化学性能，而且在制品表面或内部也会出现孔隙、气泡和表面缺陷等，严重地影响制品的外观和性能。因此，在挤出前物料中这些成分含量一般不得大于 0.2%。

在普通挤出机中，物料带入的空气和吸附的水分可在塑化挤压时从加料口逸出，或者在加入料筒前用烘干的方法除去，这叫预热干燥。但是预热干燥需要增加干燥设备，还要消耗电能和劳动力，因而成本上升。此外，用干燥方法对某些单体和某些高沸点的溶剂的去除效果也不够好。实践证明，使用排气式挤出机效果是比较好的。

排气式挤出机的排气作用主要靠螺杆的减压排气段实现，如图 7-25 所示。塑料在排气螺杆中经历了三个阶段：第一阶段是塑料从加料口加入经第一段螺杆的压缩混合后达到基本塑化状态；第二阶段是塑化了的塑料进入排气段后，由于该段螺槽突然变深，且排气口还设有真空泵，物料的压力骤降至零或负压，使物料中受压缩的气体和已汽化的挥发物得以逸出，并使已基本塑化的塑料膨胀发泡，在螺纹的搅动下使气泡破裂，气体被真空泵抽出；第三阶段是经过排气段的塑料熔体被进一步压缩和塑化后挤出机头。

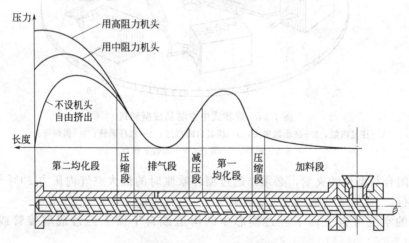

图 7-25 二阶单螺杆排气式挤出机的一般结构及其压力分布

根据排气结构不同，排气式挤出机有直接抽气式、旁路排气式、中空排气式和尾部排气式挤出机，其工作原理基本相同，故本书不再详细介绍。

二、双螺杆挤出机

单螺杆挤出机设计和制造容易，价格便宜，因而应用广泛。但是单螺杆挤出机在使用中有其局限性，主要表现在以下几方面：

① 单螺杆挤出机的物料输送主要靠摩擦，使其加料性能受到限制，粉料、糊状料、玻璃纤维及无机填料等较难加入。

② 当机头压力较高时，逆流增加，使生产率降低。

③ 单螺杆排气挤出机物料在排气区的表面更新作用小，因而排气效果较差。

④ 单螺杆挤出机不适于某些工艺过程，如聚合物着色、热固性粉料的加工等。

为了解决上述问题，出现了双螺杆挤出机，它的挤压系统由两根啮合或非啮合、同向回转或异向回转的螺杆和料筒组成。双螺杆挤出机与单螺杆挤出机相比具有以下优点：

① 加料容易。由于双螺杆挤出机在输送物料时推力大，在机头处可建立较高压力，不会有压力回流。因此，带状料、糊状料、粉料等都可加入。

② 在相同的挤出量下，物料在螺杆中停留时间短。因此适于那些停留时间长就会固化或凝聚的物料着色和混合。

③ 混合、塑化效果好，并有良好的自洁功能。

④ 排气性能好。

⑤ 比功率消耗低，据介绍，相同产量的单螺杆挤出机和双螺杆出机进行比较，双螺杆挤出机的能耗少 50%。

图 7-26 所示为双螺杆挤出机的结构简图。

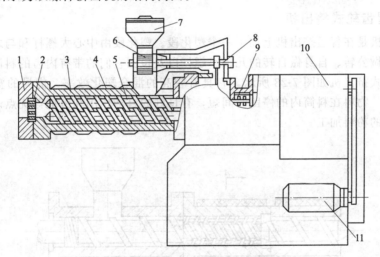

图 7-26　双螺杆挤出机结构简图

1—机头连接器；2—多孔板；3—机筒；4—加热器；5—螺杆；6—加料器；7—料斗；
8—加料器传动机构；9—止推轴承；10—减速箱；11—电动机

三、两级式挤出机

两级式挤出机（也叫两段式挤出机）可以由两台单螺杆挤出机组成，也可以由一台双螺杆挤出机和一台单螺杆挤出机组成。两级式挤出机的第一级螺杆直径较大，螺槽较深，有较大的加热功率，主要是输送和塑炼物料。第二级螺杆直径较小，落槽较浅，加热功率较第一级小，但转速较第一级高，主要是将第一级送来的物料进一步塑化、均化并完成挤出成型。如图 7-27 所示为两级式挤出机的结构简图。

两级式挤出机具有以下优点：

① 塑化质量高。

② 便于排气。排气可通过改变两级螺杆的转速来调节。

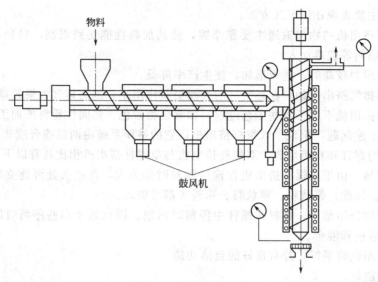

图 7-27　两级式挤出机

③ 由于螺杆职能区分开由两根螺杆来承担，可以使能耗合理化。

④ 生产效率高。

四、行星齿轮式挤出机

这种挤出机是在普通挤出机上加了一个塑化段。塑化段由中心大螺杆和与之相啮合并并绕中心大螺杆做公转、自身做自转的几根小螺杆以及包围它们的带有内齿的料筒组成。

行星齿轮式挤出机如图 7-28 所示，它具有较高的混合塑化效率，优异的塑化质量，较低的熔体温度。物料在料筒内的停留时间短，有良好的自洁作用和节能等优点。它特别适用于用聚氯乙烯的粉料加工。

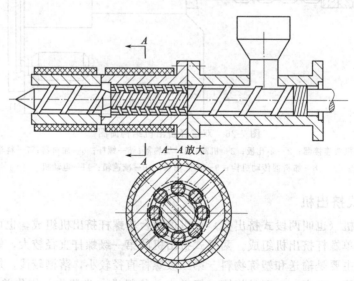

图 7-28　行星齿轮式挤出机

五、挤出机的发展情况

随着塑料工业的发展，塑料品种日益增多，从而促使塑料加工机械迅速发展。目前挤出机正朝着大型化、高速、高效化和多功能自动化方向发展。国外螺杆直径为 $200\sim250\mathrm{mm}$

的挤出机已很普遍，螺杆直径大于 400mm 的专用挤出机也已不罕见。增大螺杆直径，可提高挤出机的生产能力，当螺杆直径增大一倍时，挤出机的生产能力可增加几倍。提高生产能力的另一个有效方法是提高螺杆转速。国外出现了转速 300r/min 以上的高速和超高速挤出机，从而使挤出机的生产能力获得很大提高。

但提高转速后带来了塑化不良等问题，这就促使人们对挤出理论和螺杆的结构进行研究和试制，从而出现了许多新型螺杆，如分离型、分流型、屏障型、组合型等。螺杆的长径比也由过去的 20∶1 发展到 36∶1，有的高达 43∶1。这对提高塑化质量和效率都是非常有效的。

为了提高螺杆和料筒的使用寿命，采用了各种耐磨、耐腐蚀的合金钢。如常用 Xaloy 合金作料筒的衬套，对螺杆进行辉光离子氮化处理及表面喷涂硬质合金处理。

挤出机自动化也正在迅速发展。如采用微机对挤出机工艺参数进行检测和控制，温差可控制在 ±1℃ 以内。挤出设备采用微电子技术，使塑料成型加工向准确、精密、高效、节能和自动化方向发展。

此外，为了适应新材料新工艺要求，新的或专用挤出机不断出现。如多螺杆挤出机、无螺杆挤出机、反应式挤出机、双色挤出机、发泡挤出机等。

习　　题

1. 塑料挤出机一般是由哪几部分组成的？每部分的作用是什么？
2. 常规螺杆的结构形式有哪些？它们各适合哪些塑料的挤出？为什么？
3. 新型螺杆有哪些基本的类型？分别有什么优缺点？
4. 挤出机哪些部位需要冷却？冷却系统有哪些形式？
5. 与单螺杆挤出机相比较，双螺杆挤出机有哪些优点？
6. 排气式挤出机的工作原理是什么？
7. 挤出机辅机有何作用？由哪几部分组成？

第八章 塑料注射成型机

注射成型是将热塑性或热固性塑料制成各种塑料制件的重要成型方法之一，它广泛应用于各种塑料制品的成型加工中。注射成型能一次成型出外形复杂、尺寸精确或带有嵌件的塑料制品；对各种塑料加工的适应性强（几乎能加工所有热塑性塑料）；生产率高；易于实现自动化；所成型的制件经过很少修饰或不修饰就可满足使用要求。塑料注射成型机是注射成型的主要设备。

第一节 注射机的结构组成及工作过程

一、注射机的结构组成

一台通用注射成型机主要由以下几个基本部分组成，如图8-1所示。

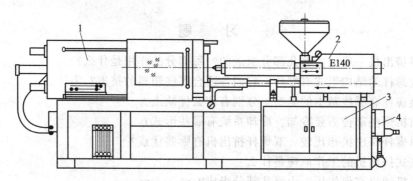

图8-1 卧式注射机的组成

1—合模装置；2—注射装置；3—电气控制系统；4—液压传动系统

1. 注射装置

注射装置的主要作用是将塑料均匀地塑化，并以足够的压力和速度将一定量的熔料注射到模腔内。注射装置一般由塑化部件（螺杆或柱塞、料筒、喷嘴和加热器等）、料斗、计量装置、传动装置、注射和注射座移动油缸等组成。

2. 合模装置

合模装置的主要作用是保证成型模具可靠地闭合、开启以及脱出塑料制品。合模装置主要由固定模具的前后固定模板、移动模板、连接前后固定模板用的拉杆、合模机构、连杆机构、调模装置、制品顶出装置和安全门等组成。

3. 液压传动和电气控制系统

注射成型是由塑料熔融、模具闭合、注射入模、保持压力、制品硬化定型和开模顶出制品等一系列工序所组成的连续生产过程。液压传动和电气控制系统是为了保证注射成型机按生产过程预定的要求（压力、速度、温度、时间）和动作程序，准确有效地工作而设置的动力和控制装置。注射机的液压系统主要由各种液压元件和回路及其他附属设备组成。它包括动力液压泵、方向阀、压力控制阀、流量阀和管路及附属装置等。电气控制系统主要由各种电器元件，仪表或计算机系统等组成。

二、注射机的工作过程

塑料注射成型是利用塑料的三种物理状态（玻璃态、高弹态和黏流态），在一定的技术条件下，借助于注射机的模具成型出所需要的制品。以螺杆式注射机为例予以说明（图 8-2）。

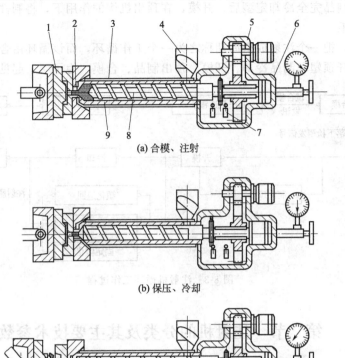

(a) 合模、注射

(b) 保压、冷却

(c) 预塑、开模顶出制品

图 8-2　注射成型过程

1—模具；2—喷嘴；3—加热圈；4—料斗；5—螺杆传动系统；6—注射液压缸；7—行程开关；8—螺杆；9—料筒

1. 加热塑化

塑料粒料从料斗落入料筒，随着螺杆的转动沿着螺杆的螺槽向前输送。在输送过程中，物料被逐渐压实，物料中的气体由加料口排除。在料筒外加热和螺杆剪切热的作用下，塑料温度升高，逐步从玻璃态转变成黏流态，达到完全塑化状态，并建立起一定的压力。当螺杆头部的熔料压力达到能克服注射油缸活塞退回时的阻力（所谓背压）时，螺杆便开始向后退，进行所谓计量。与此同时料筒前端和螺杆头部熔料逐渐增多，当达到所需要的注射量时（即螺杆退回到一定位置时），计量装置撞击限位开关，预塑完毕。螺杆停止转动和后退。

2. 合模注射

同时，合模油缸中的压力油推动合模机构动作，移动模板使模具闭合，注射座前移，喷嘴和模具的流道贴紧对准后，注射油缸充入压力油，使油缸活塞带动螺杆按调定的压力和速度将熔料注入到模腔。

3. 保压冷却

当熔料充满模腔后，螺杆仍对熔料保持一定的压力，即所谓进行保压，以防止模腔中熔料的反流，并向模腔内补充因制品冷却收缩所需要的物料。此时，螺杆有少量前移。

保压结束后，熔料冷却，由黏流态回复到玻璃态，从而定型，获得一定的尺寸和形状的制件。

4. 开模顶出

模具内的制品完全冷却定型后，开模，在顶出机构的作用下，将制件脱出，从而完成一个注射成型周期。

按照习惯，把一个注射成型周期称之为一个工作循环，而该循环由合模算起，依次为注射、保压、螺杆预塑和制品冷却、开模、顶出制品、合模。为了明了起见，用图 8-3 表示。

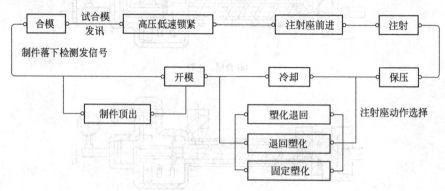

图 8-3　注射机循环工作过程

第二节　注射机的分类及其主要技术参数

一、注射机的分类

近年来注射机发展很快，类型日益增多，而分类方法不尽相同。

按机器的外形特征分类，可分为立式注射机、卧式注射机、角式注射机和多模注射机。

1. 立式注射机

立式注射机如图 8-4 所示。它的注射装置与合模装置的轴线呈一线与水平方向垂直排列。立式注射机一般具有以下优点：占地面积小，模具拆装方便；成型制件的嵌件易于安放。其缺点是：制件顶出后常需要用手或其他方法取出，不易实现全自动化操作；因机身较高，机器稳定性差，加料及机器维修不便。目前这种形式主要用于注射量在 $60cm^3$ 以下的小型注射机上。

2. 卧式注射机

卧式注射机的注射装置和合模装置的轴线呈一线水平排列（见图 8-5）。同立式机相比，卧式机具有以下优点：机身低，利于操纵和维修；机器因重心较低，故较稳定；成型后的制件可利用其自重自动落下，容易实现全自动操作。所以卧式注射机应用广泛，对大、中、小型都适用，是目前国内外注射机中的基本形式。

3. 角式注射机

角式注射机的注射装置和合模装置的轴线相互垂直排列（见图 8-6）。因此其优缺点介于立、卧两种注射机之间，使用也比较普遍，在大、中、小型注射机中都有应用。它特别适合于成型中心不允许留有浇口痕迹的制件，因为使用卧式或立式机成型制件时，模具必须设计成多型腔或偏至一边的型腔。但是，这经常受到机器模板尺寸的限制。使用角式机成型这类件时，由于熔料是沿着模具的分型面进入型腔，因此不存在上述问题。

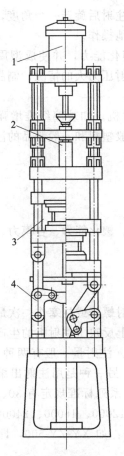

图 8-4　立式注射机

1—注射缸；2—注射装置；3—调模
装置；4—合模装置

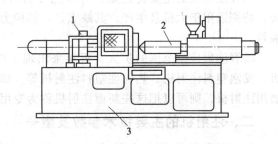

图 8-5　卧式注射机

1—合模装置；2—注射装置；3—机身

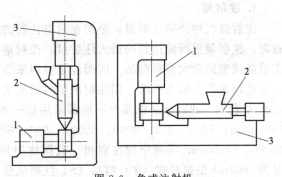

图 8-6　角式注射机

1—合模装置；2—注射装置；3—机身

4. 多模注射机

多模注射机是一种多工位操作的特殊注射注射机，它的注射装置与一般卧式注射剂相似，而合模装置采用了转盘式结构（见图 8-7）。工作时，旋转台上可装几副模具，随着旋

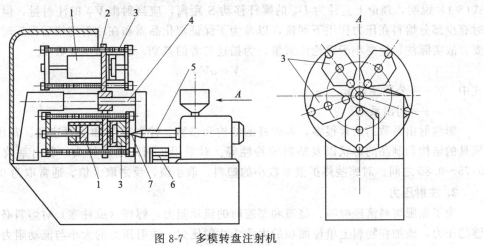

图 8-7　多模转盘注射机

1—液压机构；2—转盘；3—模具；4—转盘轴；5—注射机构；6—液压缸；7—主流道衬套

转台的定时间歇旋转，依次与注射装置的喷嘴相接触，接受注射后旋转一个角度，离开喷嘴进行冷却，然后再旋转一个角度，启模取件，如此周而复始地操作。

这种注射机的主要优点是：可以充分利用注射装置的塑化能力，并使成型周期大大缩短，特别适用于大批量生产。其缺点是：锁模力较小，在注射压力大的情况，制品容易产生溢料。

随着注射成型范围的扩大，近年来出现了许多新型注射机。如玻璃纤维增强塑料注射机、发泡塑料注射机、热固性塑料注射机等。如果把加工一般塑料和一般制品的注射机称为通用注射机，则可以把这些新型注射机称为专用注射机。

二、注射机的主要技术参数及型号

（一）注射机的主要技术参数

注射机的主要技术参数有注射量、注射压力、注射速率、塑化能力、合模力、合模装置的基本尺寸、开合模速度、空循环时间等。

这些参数是设计、制造、购置和使用注射成型机的依据。

1. 注射量

注射量也称公称注射量，是指在对空注射的条件下，注射螺杆或柱塞作一次最大注射行程时，注射装置所能达到的最大注射量。注射量在一定程度上反映了注射机的生产能力，标志着能成型的最大塑料制品，因而经常被用来表征机器规格。注射量一般有两种表示方法：一种是以聚苯乙烯为标准，用注射出熔料的质量（g）表示；另一种是用注射出熔料的容积（cm³）表示。我国注射机系列标准常采用后一种表示方法。系列标准规定有 30、60、125、250、350、500、1000、2000、3000、4000、6000、8000、12000、16000、24000、32000、48000、64000cm³ 等规格的注射机。我国注射机的表示方法：如 XY-ZY-500，即表示注射量为 500cm³ 的螺杆式（Y）塑料（S）注射成型（X）机。

公称注射量即实际最大注射量。还有一个理论最大注射量，其表达式为

$$V_\text{T} = \frac{\pi}{4} D_\text{S}^2 S \tag{8-1}$$

式中　V_T——理论最大注射量，cm³；

　　　　D_S——螺杆或柱塞的直径，cm³；

　　　　S——螺杆或柱塞的最大行程，cm。

式(8-1) 说明，理论上直径为 D_S 的螺杆移动 S 距离，应当射出 V_T 的注射量，但是在注射时有少部分熔料在压力作用下回流，以及为了保证塑化品质和在注射完毕后保压时补缩的需要，故实际注射量要小于理论注射量，为描述二者的差别，引入射出系数 α。

$$V = \alpha V_\text{T} \tag{8-2}$$

式中　V——公称注射量，cm³；

　　　　α——射出系数。

影响射出系数的因素很多，如螺杆的结构和参数、注射压力和注射速度、背压的大小、模具的结构和制品的形状以及塑料的特性等。对采用止回环的螺杆头，射出系数 α 一般在 0.75~0.85 之间。对那些热扩散系数小的塑料，取小值，反之取大值。通常取为 0.8。

2. 注射压力

为了克服熔料流经喷嘴、浇道和型腔时的流动阻力，螺杆（或柱塞）对熔料必须施加足够的压力，施加在物料上单位面积的力称为注射压力。注射压力的大小与流动阻力、制品的形状、塑料的性能、塑化方式、塑化温度、模具温度及对制品精度要求等因素有关。

　　注射压力的选取很重要。注射压力过高，制品可能产生毛边，脱模困难，使制品的粗糙度增加，内部产生较大的内应力，甚至成为废品，同时还会影响到注射装置及传动系统的设计；注射压力过低，则易产生物料充不满模腔，甚至根本不能成型。注射压力的大小要根据实际情况选用，如加工黏度低、流动性好的低密度聚乙烯、聚酰胺之类的塑料，其注射压力可选用 60～100MPa；加工中等黏度的塑料（如改性聚苯乙烯、聚碳酸酯等），形状一般，但有一定的精度要求的制品，注射压力可选 100～140MPa，对聚砜、聚苯醚之类高黏度工程塑料薄壁、长流程、厚度不均和精度要求严格的制品，其注射压力大约为 140～170MPa内。加工优质精密微型制品时，注射压力可用到 230～250MPa 以上。

　　为了满足加工不同塑料对注射压力的要求，一般注射机都配备三种不同直径的螺杆（或用一根螺杆而配备三个可供更换的螺杆头）。采用中间直径的螺杆，其注射压力为 100～130MPa；采用大直径的螺杆，注射压力为 65～90MPa；采用小直径的螺杆，其注射压力为 120～180MPa。

　　注射压力的计算如下

$$P = \frac{\frac{\pi}{4} D_0^2 P_0}{\frac{\pi}{4} D^2} = \left(\frac{D_0}{D}\right) P_0 \quad （\text{MPa}） \tag{8-3}$$

式中　P_0——油压，MPa；
　　　D_0——注射油缸内径，mm；
　　　D——螺杆（柱塞）外径，mm。

　　由于注射油缸活塞施加给螺杆的最大推力是一定的，故改变螺杆直径时，便可相应改变注射压力。不同直径的螺杆和注射压力的关系为

$$D_n = D_1 \sqrt{\frac{P_1}{P_n}} \quad （\text{mm}） \tag{8-4}$$

式中　D_1——第一根螺杆的直径（一般指中间螺杆即加工聚苯乙烯的螺杆的直径），mm；
　　　P_1——第一根螺杆的注射压力，MPa；
　　　P_n——所换用螺杆取用的注射压力，MPa；
　　　D_n——所换用螺杆的直径，mm。

3. 注射速率（注射时间、注射速度）

　　注射速率是指注射机注射时单位时间内注射出的熔料质量（g/s）。它是表示充模快慢的参数。类似的参数还有注射速度（注射时柱塞或螺杆的移动速度）和注射时间（从开始注射到注射结束所经历的时间）。

　　注射时，熔料通过喷嘴后就开始冷却，为使熔料及时充满型腔，注射机除有足够的注射压力外，还应有一定的注射速率，以保证获得性能均匀和高精度的制品。生产中选择合理的注射速率是保证制品品质的一个重要因素。如果注射速率过低，熔料充模时间长，型腔不易充满，制品易产生冷接缝等弊病，特别是加工结晶型塑料和薄壁制品时，这些问题表现得更为突出。如果注射速率过高，熔料流经喷嘴和浇口等处时，会产生大量的摩擦剪切热，使塑料产生分解和变色，直接影响到制品的品质。一般说来，注射速率应根据技术要求，塑料的性能、制品的形状及壁厚、浇口设计以及模具的冷却情况选定。

　　注射速率与注射速度的关系为

$$q = \frac{V}{\tau} \tag{8-5}$$

$$v = \frac{S}{\tau} \qquad (8\text{-}6)$$

式中　q——注射速率，cm^3/s；

　　　V——标称注射量，cm^3；

　　　τ——注射时间，s；

　　　v——注射速度，m/s；

　　　S——注射行程，即螺杆移动距离，m。

　　合理地提高注射速率，能缩短生产周期，减少制品的尺寸公差，能在较低的模温下获得优质制品。尤其是在成型薄壁、长流程制品及低发泡制品时，更要采用高速注射，以保证成型制品的品质。因此，目前在生产上有提高注射速率的趋势。$1000cm^3$ 以下的中小型螺杆式注射机注射时间通常为 3～5s，大型或超大型注射机也很少超过 10s。表 8-1 列出了目前注射速率的数值，供参考。

表 8-1　目前常用的注射速率

注射量/cm^3	125	250	500	1000	2000	4000	6000	10000
注射速率/(cm^3/s)	125	200	333	570	890	1330	1600	2000
注射时间/s	1	1.25	1.5	1.75	2.25	3	3.75	5

　　为了提高制件质量，尤其对形状复杂制品的成型，近年来发展了变速注射，即注射速度是变化的，其变化规律根据制件的结构形状和塑料的性能决定。

4. 塑化能力

　　塑化能力是指单位时间内所能塑化的塑料量。通常以"g/s"为单位。注射机的塑化装置应该在规定的时间内，保证能够提供足够量的塑化均匀的熔料。塑化能力应与注射机的整个成型周期配合协调，若塑化能力高而机器的空循环时间太长，则不能发挥塑化装置的能力，反之，则会加长成型周期。

　　影响注射机塑化能力的因素较多，除了物料本身的性能外，螺杆和料筒的结构、温度及螺杆转速、驱动功率等都对塑化能力有较大影响。在选用注射机时，一般选取的注射量和塑化能力等参数都较实际需要大 25% 左右，这样既能使塑料完全达到塑化状态，又能保证充满型腔。

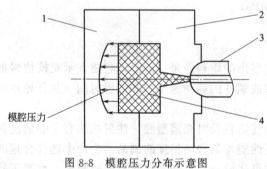

图 8-8　模腔压力分布示意图
1—动模；2—定模；3—喷嘴；4—制件

5. 合模力

　　合模力是指注射机的合模机构对模具所能施加的最大夹紧力。合模力与平均模腔压力、成型制件投影面积的关系如图 8-8 所示。在此力的作用下，模具不应该被熔融的塑料所顶开。合模力同标称注射量一样，也在一定程度上反映出机器所能注射成形塑料制品的大小，有的国家采用最大合模力作为注射机的规格标称。

　　为使注射时模具不被熔融的塑料顶开，则合模力应为

$$F \geqslant KPA \qquad (8\text{-}7)$$

式中　F——合模力，N；

　　　P——注射压力，Pa；

　　　A——制品在模具分型面上的投影面积，m^2；

K——考虑到压力损失的折算系数，一般为 0.4～0.7，对黏度小的塑料如尼龙，取 0.7，
　　　对黏度大的塑料如聚氯乙烯，取 0.4；模具温度高时取大值，模具温度低时取小值。

也可以把上式中 P 理解为模具型腔内熔料的平均压力，它是实验测得的模腔内熔料总
的作用力和制品在模具分型面上投影面积之比，K 为安全系数，一般取 1～2。

但模腔内熔料的平均压力是一个比较难以确定的数值，因为它受到注射压力、塑料黏
度、成型条件、制品形状和精度要求、喷嘴和浇道形式以及模具的温度等多种因素的影响。
模腔压力常取注射压力的 25%～50%。

对于形状要求复杂、精度要求高的制品，如果塑料的流动性差，则需要较高的模腔压
力。但模腔压力过高，对合模力和模具强度的要求高，易导致制品脱模困难，制件内部残余
应力增大。表 8-2 列出了加工不同要求的塑料制品时，模腔平均压力 P 的数值。

表 8-2　通常所选用的平均模腔压力

制品的物料特性	平均模腔压力/MPa	举例
易于成型的制品	25	聚乙烯、聚丙烯等厚壁均匀的日用品、容器类等
普通制品	30	薄壁容器类
高黏度、制品精度高	35	ABS、聚甲醛等工业机械零件，精度高的制品
黏度特别高、制品精度高	40	高精度的机械零件

平均模腔压力的大小，涉及到对合模力的要求，也影响合模机构的设计。我国塑料注射
机系列标准（1974）是根据平均模腔压力为 25MPa 确定合模力的。

近年来国外注射机的合模力有普遍降低的趋势，这是由于改进了注射螺杆的结构设计从
而提高了塑化性能，对注射量施行了精确控制，提高了注射速度并实现了程序控制，改进了
合模装置，提高了螺杆和模具的制造精度，降低了表面粗糙度等。

6. 合模装置的基本尺寸

合模装置的基本尺寸包括模板尺寸、拉杆空间、模板间最大开距、动模板的行程，模具
最大厚度与最小厚度等。这些参数规定了机器加
工制品所使用的模具尺寸范围，亦是衡量合模装
置好坏的参数。

（1）模板尺寸及拉杆间距　我国注射机系列
标准规定以装模方向的拉杆中心距代表模板的尺
寸，而规定垂直方向两拉杆之间的距离与水平方
向两拉杆之间的距离的乘积为拉杆间距。图 8-9 显
示了模具与模板及拉杆间距之间的关系。模板尺
寸为 $L \times H$，拉杆间距为 $L_0 \times H_0$，显然这两个尺
寸都涉及到所用模具的大小。因此，模具模板尺
寸及拉杆间距应满足机器规格范围内常用模具尺
寸的要求。而模板尺寸与成型面积有关，模板面
积大约为注射机最大成型面积的 4～10 倍。

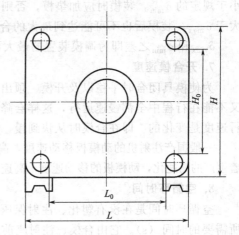

图 8-9　模具与模板及拉杆间距的尺寸关系

目前，为适应加工投影面积较大的制品及自动化模具的安装要求，有增大模板面积的趋
势（特别是中小型机器）。

（2）模板间最大开距　模板间最大开距是指动模开启时，定模板与动模板之间能达到的
最大距离（包括调模行程在内），见图 8-10。为使成型后的制品顺利取出，模板最大开距 L
一般为成型制品最大高度 h 的 3～4 倍。

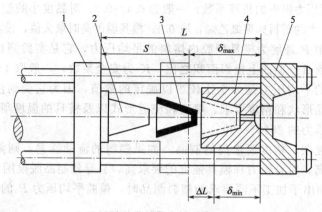

图 8-10 模板间最大开距

1—动模板；2—动模；3—制件；4—定模；5—定模板

$$L = S + \delta_{max} \tag{8-8}$$

式中 L——模板最大开距，mm；

S——动模板行程，mm；

δ_{max}——模具最大厚度，mm。

（3）动模板行程 动模板行程是指动模板行程的最大值，一般用 S 表示（见图 8-10）。为了便于取出制品，一般 S 大于制品最大高度 h 的 2 倍，即

$$S > 2h$$

而 $L \geq (1.5 \sim 2)S$。

为了减少机械磨损和动力消耗，成型时尽量使用最短的模板行程。

（4）模具最小厚度与最大厚度 模具最小厚度 δ_{min} 和模具最大厚度 δ_{max} 系指动模板闭合后，达到规定合模力时动模板和定模板间的最小和最大距离（见图 8-10）。如果模具的厚度小于规定的 δ_{min}，装模时应加垫板，否则不能实现最大合模力或损坏机件；如果模具的厚度大于 δ_{max}，装模后也不可能达到最大的合模力。

δ_{max} 和 δ_{min} 之差即为调模装置的最大可调行程。

7. 开合模速度

为使模具闭合时平稳以及开模、顶出制品时不使塑料制件损坏，要求模板慢行，但模板又不能在行程中全都慢速运行，这样会降低生产率。因此，在每一个成型周期中，模板的运行速度是变化的。即在合模时从快到慢，开模时则由慢到快再慢。

一般国产注射机的动模板移动速度，高速为 $12 \sim 22 m/min$，低速为 $0.24 \sim 3m/min$。目前随着生产的高速化，动模板的移动速度，高速已达 $25 \sim 35 m/min$，有的甚至可达 $60 \sim 90 m/min$。

8. 空循环时间

空循环时间是在没有塑化、注射保压、冷却、取出制品等动作的情况下，完成一次循环所需要的时间（s）。它由合模、注射座前进和后退、开模以及动作间的切换时间所组成。

空循环时间表征机器综合性能。它反映了注射机机械结构的好坏、动作灵敏度、液压系统以及电气系统性能的优劣（如灵敏度、重复性、稳定性等），也是衡量注射机生产能力的指标。

近年来，由于注射、移模速度的提高和采用了先进的液压电器系统，空循环时间已大为缩短。

注射机的其他技术参数如注射机的功率、开模力、注射座推力、液压马达最大扭矩等，不一一介绍（表 8-3）。

表 8-3　部分国产塑料注射成型机技术参数

项目	SZ-10/16	SZ-25/25	SZ-40/32	SZ-60/40	SZ-100/60	SZ-60/450	SZ-100/630	SZ-125/630	SZ-160/1000	SZ-200/1000	SZ-250/1250	SZ-320/1250	SZ-400/1600	SZ-630/3500	SZ-500/2000	SZ-800/3200	SZ-1250/4000	SZ-1600/4000
结构形式	立	立	立	立	立	卧	卧	卧	卧	卧	卧	卧	卧	卧	卧	卧	卧	卧
理论注射容量/cm³	10	25	40	60	100	78/106	75/105	140	179	210	270	335	416	634	525	840	1307	1617
螺杆直径/mm	15	20	24	30	35	30/35	30/35	40	44	42	45	48	48	58	52	67	80	85
注射压力/MPa	150	150	150	150	150	170/152	224/164.3	126	132	150	160	145	141	150	153	142.2	154.2	155
注射速率/(g/s)						60/75	60/80	110	110	110	110	140	160	220	200	260	410	410
塑化能力/(g/s)						5.6/10	7.3/11.8	16.8	10.5	14	18.9	19	22.2	24	28	34	65	70
螺杆转速/(r/min)						14~200	14~200	14~200	10~2150	10~250	10~200	10~200	10~200	10~125	10~160	10~125	10~170	10~150
锁模力/kN	160	250	320	400	600	450	630	630	1000	1000	1250	1250	1600	3500	2000	3200	4000	4000
拉杆内间距/mm	180	205	205	295×135	440×340	280×250	370×320	370×330	360×260	315×315	415×415	435×415	410×410	545×485	460×460	600×600	750×750	750×750
调模行程/mm	130	160	160	260/180	260	220	270	270	280	300	360	360	360	490	450	550	750	750
最大模具厚度/mm	150	160	260	260	340	300	300	300	360	350	350	550	550	500	450	600	770	770
最小模具厚度/mm	60	130	130	160	10	100	150	150	170	150	150	150	150	250	280	300	380	380
调模形式						双曲肘	双曲肘	双曲肘	双曲肘	双曲肘	双曲肘	双曲肘	双曲肘	双曲肘	双曲肘	双曲肘		
模具定位孔直径/mm						Φ55	Φ125	Φ125	Φ120	Φ125	Φ160	Φ160	Φ150	Φ180(深20)	Φ160	Φ160	Φ200	Φ200(深25)
喷嘴球直径/mm	10	10	10	15	12	20	15	15	10	15	SR 15	SR 15	SR 18	SR 18	SR 15	SR 20	SR 20	SR 20
喷嘴口直径/mm		Φ3	Φ3.5	Φ4														
生产厂家	常熟市塑料机械总厂					上海第一塑料机械厂												

（二）注射机的型号表示

注射机型号规格的表示法目前各国尚不统一，但主要有注射量、合模力、注射量与合模力同时表示等三种。我国允许采用注射量、注射量与合模力两种方法。

1. 注射量表示法

注射量表示法是用注射机的注射容量（cm³）表示注射机的规格。即注射机以标准螺杆（常用普通型螺杆）注射时的80％理论注射量表示。这种表示法比较直观，规定了注射机成型制件的体积范围。但注射容量与加工塑料性能和状态有着密切的关系，所以注射量表示法不能直接判断两台机器规格的大小。

如 XS-ZY-125，其中 125 是指注射机的注射容量为 125cm³，XS-ZY 表示 X 为成型、S 为塑料、Z 为注射、Y 为预塑式。

2. 合模力表示法

合模力表示法是用注射机最大合模力来表示注射机规格。所以此表示法直观、简单。因为注射机合模力不会受到其他取值的影响而改变，可直接反映出注射机成型制件面积的大小。但随着注射成型加工领域的扩大，对设备的合模力与注射量的匹配关系需要拓宽，仅用合模力一项表示设备规格不够了，而采用合模力和注射量共同表示。

3. 合模力与注射量表示法

合模力（kN）与注射量（cm³）表示法是国际上通行的规格表示法。这种表示法是用注射机合模力作为分母，注射量作为分子表示注射机的规格（注射量/合模力）。对于注射量，为了对不同的注射机都有一个共同的比较基准，特规定为注射压力在 100MPa 时的理论注射量。这种表示法比较全面地反映了注射机的主要性能。

如 XZ-63/50，其中 63 表示注射容量为 63cm³，合模力为 50×10kN，S 表示塑料机械，Z 表示注射机。

第三节　注射装置

注射装置在注射成型机的一个工作循环中，应能在规定的时间内将规定数量的塑料均匀地熔融塑化到成型温度，以一定的压力和速度将熔料注射到模具型腔中去，注射完毕后，并能对已注射到模具型腔中的熔料施行保压。

目前，注射机上所采用的注射装置，主要有柱塞式、预塑式和往复螺杆式。其中以往复螺杆预塑式注射装置使用得最多。

一、注射装置的组成和动作过程

下面简要介绍柱塞式注射装置、螺杆预塑式以及往复螺杆式注射装置的组成和动作过程。

（一）柱塞式注射装置

柱塞式注射装置由定量加料装置、塑化部件、注射油缸、注射座移动油缸等组成。

图 8-11 所示为 XS-Z-60 注射成型机的柱塞式注射装置。其工作原理如下：粒料从料斗 6 落入加料装置 5 的计量室 7 中，当注射液压缸中的柱塞式注射活塞 10 前进时，推动柱塞 8 前移，与之相连的传动臂 9 带动计量室 7 同时前移，从而将一定量的粒料推入料筒的加料口。当柱塞后退时，加料口的粒料进入料筒，同时料斗中的第二份粒料又落入计量室 7 中。注射动作反复进行，粒料在料筒中不断前移，在前移的过程中，依靠料筒加热器 3 加热塑化，使粒料逐渐变为黏流态，通过分流梭 2 与料筒内壁间的窄缝，使熔料温度均匀，流动性

进一步提高。最后，在柱塞的推动下，熔料通过喷嘴1注射到模腔中成型。

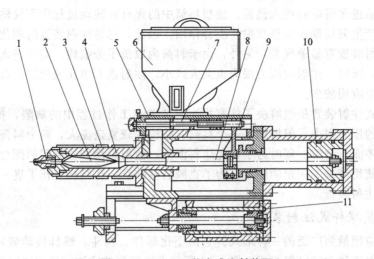

图 8-11　XS-Z-60柱塞式注射装置
1—喷嘴；2—分流梭；3—加热器；4—料筒；5—加料装置；6—料斗；7—计量室；
8—注射柱塞；9—传动臂；10—注射活塞；11—注射座移动液压缸

柱塞式注射装置的塑化方式是利用外加热的热传导方式使塑料熔融塑化，这就会使料筒内的塑料形成一定的温度梯度，而塑料的导热性能差，故塑料与料筒接触处的温度和塑料与分流梭接触处的温度是不同的，从而造成塑化不良和温度不均。

对于柱塞式注射装置，要提高塑化能力，主要依靠增加料筒直径和长度。因这种注射装置的料筒分为加料室和塑化室两段，提高塑化量意味着成倍增加料筒的长度或截面积，这对设计和热传导均不利，从而限制了塑化能力的提高。因此，这种塑化装置一般用于小型注射机上。

（二）螺杆预塑式注射装置

螺杆预塑式注射装置的组成和工作原理如图 8-12 所示，它是由两个料筒组成的，一个是螺杆预塑料筒，另一个是注射料筒，两个料筒的连接处有单向阀。料粒通过螺杆预塑料筒

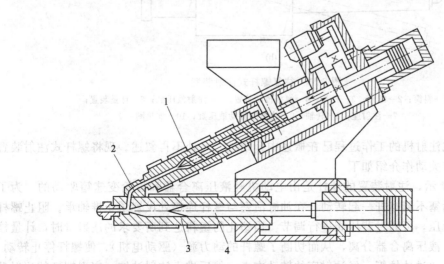

图 8-12　螺杆预塑式注射装置
1—预塑料筒；2—单向阀；3—注射料筒；4—注射柱塞

而塑化，熔料经过单向阀进入注射料筒。当注射料筒中的熔料量达到预定量时，螺杆塑化停止，注射柱塞前进并将熔料注入模腔。预塑料筒中的螺杆在转动过程中不仅输送塑料，更重要的是对塑料产生剪切摩擦加热和搅拌混合作用。因此，这种注射装置的塑化质量和塑化效率比柱塞式注射装置有显著提高。另外，由于料筒内取消了分流梭，而且进入注射料筒的是已塑化的熔料，所以，注射时压力损失也大大减小，注射速率也比较稳定，故在连续注射或大型注射装置上应用较多。

　　螺杆预塑式注射装置虽然解决了柱塞式注射装置在工作过程中的缺陷，扩大了注射量，减小了注射时的压力损失，但增加了一个料筒，结构比较复杂庞大，两个料筒的单向阀处容易引起塑料的停滞与分解。同时为了避免熔料泄漏，注射料筒和柱塞间的配合要求较高。因此，给制造和使用带来了一定的困难。为了克服这些缺点，在结构上作了进一步改进，产生了往复螺杆式注射装置。

（三）往复螺杆式注射装置

　　这是目前应用最为广泛的一种形式。它由塑化部件、料斗、螺杆传动装置、注射油缸、注射座以及注射座移动油缸等组成。图 8-13 所示为往复螺杆式注射机的注射装置。

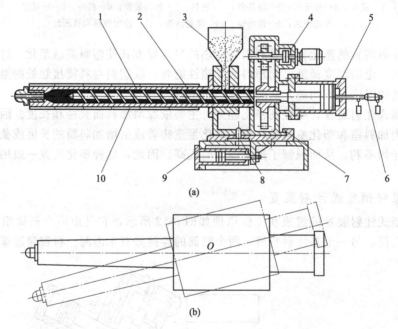

图 8-13　往复螺杆式注射装置

1—料筒；2—螺杆；3—料斗；4—螺杆传动装置；5—注射液压缸；6—计量装置；
7—注射座；8—转轴；9—注射座移动液压缸；10—加热圈

　　关于螺杆式注射机的工作过程已在概述中介绍过，此处不再叙述。现将螺杆式注射装置的结构特点及有关动作介绍如下。

　　如图 8-13 所示，注射装置的螺杆是由电动机经液压离合器和齿轮变速箱驱动的。为了使注射油缸的活塞不随螺杆一起转动，在油缸活塞与螺杆连接处设置了止推轴承。阻止螺杆预塑时后退的背压，可通过背压阀进行调节。当塑化的塑料达到所要求的注射量时，计量柱压合行程开关，液压离合器分离，从而切断了螺杆的动力源（驱动电机），使螺杆停止转动。此时，压力油可通过抽拉管，经注射座的转动支点，然后进入注射油缸，实现螺杆的注射动作。由于螺杆与活塞杆连接处与齿轮箱传动部分之间设置了较长的滑键，故注射时，驱动电动机和齿轮箱固定不动（不随螺杆移动）。设在注射座下面的移动油缸可使注射座沿注射架的导轨作往复运动，使喷嘴和模具离开或紧密地贴合。这种结构的主要特点是：压力油管全部使用钢管连接，寿命长，承压能力大；由于注射座沿平面导轨运动，故承载量大，精度易保持，螺杆的拆装和清理比较方便；螺杆传动部分的效率比较高，故障少，易于维修等。目前我国生产的注射量由 125cm³ 到 4000cm³ 的 XS-ZY 型注射机，基本采用了类似的注射装置。

二、塑化部件

塑化部件是注射装置的重要组成部分。下面介绍柱塞式塑化部件和螺杆式塑化部件。

（一）柱塞式塑化部件

柱塞式塑化装置主要由加热料筒、柱塞、分流梭等组成。

1. 加热料筒

加热料筒是一个外部受热、内部受压的高压容器。它既要完成对塑料的塑化，又要完成对塑料的注射，因此它的耐温、耐腐蚀、耐磨损、具有一定热惯性等性能要求都与挤出机料筒相同，但它承受的熔体压力要比挤出机料筒高（挤出机熔体压力多为 30～50MPa，注射机熔体压力可高达 150MPa）。

根据料筒不同部位作用的不同，可将它分成加料室和加热室，如图 8-14 所示。

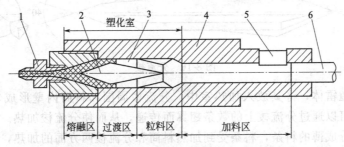

图 8-14　柱塞式注射机料筒
1—喷嘴；2—分流梭；3—加热室；4—料筒；5—加料室；6—柱塞

（1）加料室　是指柱塞在推料时所占据的料筒的运行空间，加料室应该具有足够的落料空间，使散状的塑料方便地加入。加料室的容积一般取为机器一次注射量的散料体积的 2～2.2 倍，加料室上部有对称开设的长方形加料口，其轴向长度为柱塞直径的 1.5 倍，其宽度约为柱塞直径的 2/3。为保持良好加料条件，加料口附近要设冷却装置。

（2）加热室　为料筒前半部除分流梭以外的内部空间，是对塑料加热并实现其物态变化的重要部位。由于塑料受热塑化所需要的时间比注射成型的循环周期长好几倍，因此加热室的容积比注射量大，一般为一次注射量的 4～6 倍。过大的容积会增加柱塞推料时的运动阻力，也会因塑料长时间处于高温之下引起分解和变色。加热室的长度约为柱塞直径的 5 倍左右，直径约为柱塞直径的 1.3～1.8 倍。加热室与加料室之间过渡区长度一般为（0.5～2）倍柱塞直径。室内壁拐角处应光滑呈流线型，利于物料流动，防止停滞分解。

2. 柱塞

柱塞的主要作用是把注射油缸的压力传递到塑料上，并以较快的速度将一定量的熔料注射到模腔内。柱塞所承受的压力为 120～180MPa，其柱塞的行程和直径根据标称注射量确定。常用柱塞头部形状如图 8-15 所示。

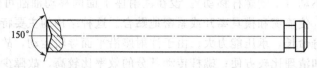

图 8-15　柱塞

柱塞常用 40Cr 或 38CrMoAl 制造。它是一个表面光洁、硬度较高的圆柱体，其头部做成内圆弧或大锥度的凹面。柱塞与料筒的配合要求既不漏料，又能自由地往复运动，一般可采用 F8/h7 或 H8/f7 的间隙配合。

3. 分流梭

在料筒结构和被加工塑料的性质以及注射量已定的情况下，塑料受热塑化的快慢主要取决于传热面积的大小。为了缩短塑化时间，提高生产能力，必须增大传热面积。传热面积与加热容积之比越大，则加热时间越短，加热效果越好，塑化性能好，注射压力损失也小。设置各种分流梭的目的就是为了增大传热面积与加热容积之间的比值。图 8-16 是一种分流梭。

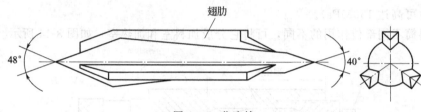

图 8-16　分流梭

分流梭亦称鱼雷体，将其放入加热室中。分流梭周围和料筒内壁形成匀称且较浅的流道，料筒的热量可以通过分流梭上的数条翅翼而传递，从而使分流梭加热。当塑料进入加热室后，被分流梭分成薄的料条，料条受到加热料筒和分流梭两方面的加热，从而缩短了塑化时间，提高了塑化能力，改善了塑化效果。

分流梭应具有合理的结构，其与料筒之间的流道应形成一个逐渐压缩的空间，以适应塑料物理状态的变化。分流梭和粒状塑料接触的一端，因运动阻力较大，故取其扩张角（图中标为 40°）比末端的压缩角（图中标为 48°）略小些，一般在 30°～60° 之间。分流梭应光滑、呈流线型。为了便于装拆，又能防止塑料挤入其与料筒的间隙，分流梭与料筒可用 H7/h6 的配合形式。

除了上述形状的分流梭外，还有无翼分流梭、转动式分流梭、内部带加热器的分流梭等。

（二）螺杆式塑化部件

往复螺杆式主要塑化部件包括螺杆、螺杆头、料筒、注射喷嘴等。

（1）**螺杆**　和挤出机螺杆相似，注射螺杆的形式有渐变螺杆、突变螺杆两大类。在注射机中还使用通用螺杆。因为在注射成型中，由于经常更换塑料品种，拆螺杆比较频繁，既花费劳力又影响生产，故有时虽备有多根螺杆，但在一般情况下都不予更换，而根据不同物料的要求调整技术条件（温度、螺杆转数、背压）。通用螺杆的特点是其压缩段长度介于渐变螺杆和突变螺杆之间，长约 (2～3)D，可以适应结晶性塑料和非结晶性塑料的加工需要。虽然螺杆的适应性扩大了，但其塑化效率低，单耗大，使用性能比不上专用螺杆。注射螺杆的有关参数如图 8-17 所示。

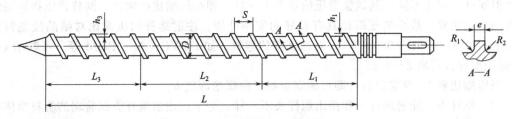

图 8-17　注射螺杆参数

① 螺杆的直径与行程　螺杆的直径应保证注射量和塑化能力。一次最大注射量是根据螺杆的直径与最大行程决定的。行程过长，会使螺杆的有效长度缩短，使塑化不均匀；行程过短，为保持一定的注射量就得增加螺杆的直径，也要相应增大注射油缸的直径和功率消耗。一般螺杆的行程与直径之比 $R=2\sim4$，常取 3 左右。注射量小或长径比小的螺杆 R 较小，即螺杆直径较大，强度和刚度好。

② 螺距、螺棱宽、径向间隙　注射螺杆一般具有恒定的螺距，且螺距与螺杆直径相等，这时螺旋角等于 17.8°。

螺杆棱顶的宽度一般为直径的 10%。

螺杆与料筒的间隙过大，会使塑化能力下降，注射时回流增加，过小，又会增加机械制造的困难和螺杆功率的消耗。根据实际情况，一般为 $(0.002\sim0.005)D$。

③ 螺杆的长径比和分段　注射机螺杆的长径比（L/D）一般比挤出机螺杆小。这是因为注射机螺杆仅作预塑之用，塑化时出料的稳定性对制品品质的影响很小，并且塑化所经历的时间比挤出机长，而且喷嘴对物料还起到塑化作用，故 L/D 没有像挤出机那么大。注射机螺杆的长径比过去多为 15～18，现在加大到 $L/D=20$。L/D 加大后，塑化效果好，温度均匀，混炼效果也好，还可以在保证塑化品质的前提下，提高螺杆转数，增加塑化量。但从制造角度看，短的螺杆制造容易，也可以缩短注射机的机身，减轻注射机质量，清理螺杆也方便。

根据注射机螺杆的类型，螺杆分段的大致范围可参看表 8-4。由表可见，与挤出螺杆相比，加料段增长，计量段相应缩短，这是因螺杆退回之故。

表 8-4　注射机螺杆各段长度

螺杆类型	$L_{加}$	$L_{压}$	$L_{计}$
渐变型	25%～30%	50%	15%～20%
突变型	65%～70%	$(1\sim1.5)D$	20%～25%
通用型	45%～50%	20%～30%	20%～30%

注：本表为 $L/D=15\sim18$ 的分段。

④ 螺槽深度和压缩比　注射机螺杆计量段的螺槽深度 h_3 由塑料的比热容、导热性、热稳定性、黏度以及塑化时的压力等因素所决定。h_3 小，剪切热大，功率消耗大。由于注射机中物料熔融塑化所需热量的 50% 来自于外加热器，且注射机又不设冷却系统，故没有很强的剪切作用。另外，注射螺杆塑化与出料之间无直接联系，故不必取小的 h_3 以得到稳定挤出。相反，h_3 大，可以提高塑化品质和生产效率。因此注射机螺杆计量段螺槽深度一般比挤出螺杆深 15%～20%，约为 $(0.04\sim0.07)D$（小直径取大值）。黏度高、热敏感性塑料，宜采用较深的螺槽。

注射机螺杆的压缩比一般比挤出机螺杆小，可以通过调节背压来调节注射螺杆的塑化情况，但螺杆压缩比不同，其调整背压的效果不一样，即小压缩比的螺杆，调整背压物料塑化温度的变化明显。故小的压缩比具有较好的实用性能。注射螺杆的压缩比对结晶性塑料如PP、PE、PA，一般取 3.0~3.5；对黏度高的塑料，如 HPVC、AS、POM 等，可取 1.4~2，通用型螺杆可取 2~2.8。

当压缩比和 h_3 确定之后，即可确定加料段的螺槽深度 h_1。

（2）螺杆头　注射螺杆头和挤出螺杆头不一样。为了把注射螺杆头部前端的塑料熔体尽量注射到模具中去，防止剩余塑料在螺杆头部间隙处滞留分解以及减少注射时物料的流动阻力，注射螺杆头多为尖头。也有的设计成特殊结构，例如为了适应不同塑料的加工，螺杆头部的结构往往做成可换的。

下面介绍几种使用效果较好的螺杆头。

① 锥形螺杆头　图 8-18 所示为锥形螺杆头的结构形式。其锥角一般为 20°~30°。其中一种为光滑圆锥头，另一种在锥形处加工出螺纹。这两种螺杆头结构简单，能消除滞料分解现象，适于高黏度、热敏性材料如硬聚氯乙烯等的加工。

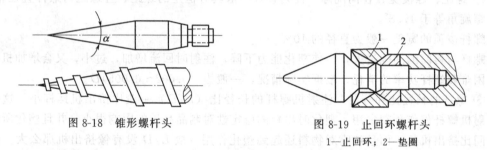

图 8-18　锥形螺杆头

图 8-19　止回环螺杆头
1—止回环；2—垫圈

② 止回环螺杆头　对于中等黏度和低黏度的塑料，为了防止注射时熔料沿螺纹槽回流，提高注射效率，通常需要带有止回环的螺杆头。图 8-19 表示出了止回环螺杆头的结构。它由止回环、环座和螺杆头主体组成。当螺杆旋转塑化时，沿螺槽前进的熔体将止回环推向前方，熔料通过止回环与螺杆头之间的间隙进入螺杆头的前面。注射时，料筒和螺杆头前端的熔体压力急剧上升，将止回环压向后退，与环座密合，从而阻止熔料回流。

止回环与料筒之间应选取适当的配合，如果为了提高密封性而使环与料筒的间隙过小，料筒将产生过度磨损，增大螺杆退回的阻力；如果间隙过大，不仅漏流严重，还对物料产生高剪切作用，使塑料过热分解。该间隙一般为 0.1~0.2mm。止回环的宽度一般为环径的60%~80%。

③ 止逆球螺杆头　图 8-20 所示为止逆球螺杆头。其作用原理与止回环螺杆头差不多。

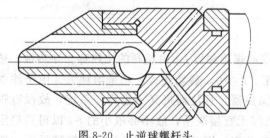

图 8-20　止逆球螺杆头

它由密封钢球、球座和销子组成。预塑时，熔料推开钢球，经销子流到螺杆头的前面。注射时，钢球密封熔料回流的通道，起到止回作用。这种结构由于钢球设在中心，不受离心力的作用，钢球行程短，流道阻力小，启闭迅速，对物料无附加剪切作用，钢球的装拆更换也容易。

（3）新型注射螺杆　在注射过程中，螺杆的旋转是间歇的，且螺杆要做轴向移动，因而注射螺杆中物料的熔融过程是非稳定的。另外，螺杆高速注射时将在螺槽中引起较大的横流和反流，导致固体床解体比在挤出机中更早。由挤出过程知，解体后的固体床碎片被熔体包围，不利于熔融塑化。在注射螺杆中物料的整个熔融过程中，熔融效率最高处在固体床解体之前，大约在 $X/W=0.4\sim0.5$ 处。根据注射过程的特点，注射螺杆的计量段不像挤出螺杆计量段的职能那样要求得到稳定的熔体输送，而是要对解体后的固体床碎片进行粉碎、细化、混炼、剪切，以促进其熔融。由于常规全螺纹注射螺杆不能很好地完成这一任务，以致"彻底熔化点"很可能越过螺杆头，甚至当物料离开螺杆时还有一部分未熔融塑化。为此，在研制出新型挤出螺杆的基础上，经过移植，研制了一些类似于挤出螺杆的新型注射螺杆。

正像新型挤出螺杆那样，新型注射螺杆也多是在常规注射螺杆的计量段增设一些混炼剪切元件，常见的有屏障型、销钉型等，也有将 DIS 分流型混炼元件用到注射螺杆上的。图8-21 所示为用于注射螺杆上的几种混炼剪切元件。实践证明，在注射螺杆上增设混炼剪切元件，能收到一定的效果，如对物料能提供较大的剪切；可获得低温熔体，从而降低成型制品的内应力；由于物料塑化好，温度均匀，可获得表面光泽的制品，节约能耗，获得较大的经济效益。

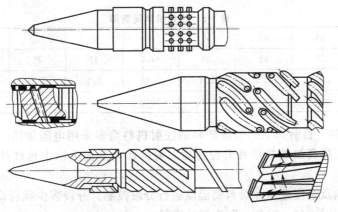

图 8-21　用于注射螺杆上的混炼剪切元件

近年来，有些学者正在研究另一种新型螺杆——无计量段螺杆。与常规的三段式普通螺杆相比较，其特点是只有加料段和压缩段而无计量段。而且压缩段较长，螺槽深度呈线性变化。用这种新型螺杆加工塑料具有塑化性能好、塑化效率高等特点。

（4）螺杆材料及强度校核　注射螺杆在比较恶劣的条件下工作，它不仅承受预塑时的扭矩，而且经受带负荷的频繁启动，以及承受注射时的高温高压。注射螺杆受到的腐蚀和磨损（特别是加工玻璃纤维增强塑料）相当严重。在小直径螺杆中，也常有因疲劳而发生断裂破坏，这就要求选用高强度耐磨、耐腐蚀的材料，和挤出螺杆基本相同，大都用氮化钢或其他合金钢。

注射螺杆的强度计算可按挤出螺杆所用的方法进行。如果必要，可增加注射时压缩应力的校核。

（5）料筒及其加热

① 料筒材料　注射机的料筒是塑化部件的另一个重要零件，其结构形式大多采用整体式。由于要求其耐温、耐压、耐磨及耐腐蚀，因此常采用含铬、钼、铝的特殊合金钢制造，经氮化处理（氮化层深约 0.5mm）表面硬度较高。常用的氮化钢为 38CrMoAl。

注射机料筒也可以不用氮化钢，而用碳钢。内层浇铸 Xaloy 合金衬里。

料筒设计时要考虑塑料的加入与输送、加热与冷却、强度等因素。

② 料筒加料口的断面形状　注射机大多采用自重加料。加料口的形状应尽可能增强对塑料的输送能力。加料口的形式有对称和偏置两种（图 8-22）。国产注射机常用偏置加料口。

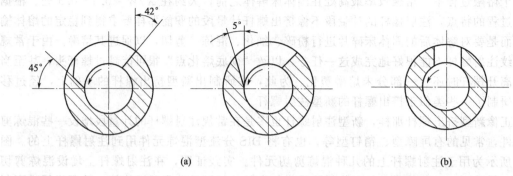

图 8-22 加料口断面形状

③ 料筒的壁厚 注射机料筒壁厚的确定及其强度验算可参照挤出机料筒进行。表 8-5 为注射机料筒壁厚的常用数据。

表 8-5 注射机料筒壁厚

螺杆直径/mm	34	42	50	65	85	110	130	150
料筒壁厚/mm	25	29	35	47.5	47	75	75	60
外径与内径比	2.46	2.5	2.4	2.46	2.1	2.35	2.19	1.8
注射压力/MPa	1260	1190	1300	1040	1200	900	1060	850

④ 料筒的加热 目前加工热塑性塑料的注射机料筒多采用电阻加热。国产注射机普遍采用电热圈。为了提高加热效率和升温速度，有的在电热圈上涂上远红外加热剂和增加保温层。

通常用热电偶及温度毫伏计对料筒温度进行分段控制。分段多少视料筒长短而定，一般为 2~6 段。每段长约 $(3\sim5)D$，D 为螺杆直径。

注射螺杆塑化物料时产生的剪切热比挤出机螺杆少，一般对料筒和螺杆无需加冷却装置，而靠自然冷却，但是为了能顺利进料，在料斗座加料口处需进行冷却。

料筒加热功率的确定，除了要满足塑料塑化所需要的功率以外，还要保证有足够快的升温速度。为使料筒升温速度加快，功率的配备应适当大些。因为一般电阻加热器都采用开关式控制线路，其热惯性较大，从减少温度波动的角度出发，加热功率的配备又不宜过大。升温时间，一般小型机器不超过 30min，大、中型机器大约为 1h，过长的升温时间会影响机器的生产率。

（三）喷嘴

喷嘴是连接料筒与模具的部件。它的主要功能是：①预塑时，建立背压，排除气体和防止熔料"流涎"（预塑时熔料自喷嘴口处流出），提高塑化质量；②注射时，和模具主流道保持良好接触，保证熔料在高压下不外溢，并使熔料经过时，进一步塑化均匀，以高速注入模腔；③保压时，向模腔补料；④冷却定型时，增加回流阻力，防止模腔中的熔料回流；⑤喷嘴还承担着调温、保温和断料的功能。

目前，生产中喷嘴的类型很多，但基本可分为直通式喷嘴、自锁式喷嘴和特殊用途喷嘴三种类型。

1. 直通式喷嘴

直通式喷嘴是指熔料从料筒内到喷孔的通道始终是敞开的，如图 8-23 所示。根据使用要求不同有以下几种。

（1）通用式喷嘴 ［图 8-23（a）］ 其特点是结构简单，制造方便，压力损失小，补缩效果好。但因其长度有限，不能安设加热器，熔料易冷却。如果用这种喷嘴加工低黏度的物料，将会产生"流涎"现象。故这种喷嘴一般用于加工黏度高的物料，如聚氯乙烯等。

（2）延伸式喷嘴 ［图 8-23（b）］ 它是通用式喷嘴的改型，延长了喷嘴体的长度，可进行加热，故不易形成冷料，补缩作用大，射程比较远，但"流涎"现象未能克服。这种喷嘴主要用来加工高黏度厚壁制品。

（3）远射程喷嘴 ［图 8-23（c）］ 其上设有加热器，并且扩大了喷嘴内的储料室，以防止熔料冷却。由于这种喷嘴口径较小，"流涎"现象不太严重，射程远。

总之，直通式喷嘴结构简单，压力损失小，补缩作用大，不易产生滞料分解现象，因此用得很普遍，特别适于加工高黏度的塑料，如聚碳酸酯、硬聚氯乙烯、有机玻璃、聚砜、聚苯醚以及一些增强塑料等。因这种喷嘴易产生"流涎"现象，故不适于低黏度塑料的加工。

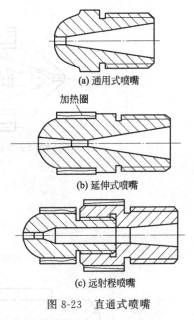

图 8-23 直通式喷嘴

2. 自锁式喷嘴

为了克服"流涎"现象，出现了自锁式喷嘴。

图 8-24 所示为弹簧针阀自锁式喷嘴。它是依靠弹簧力（大于预塑时熔体压力）通过挡圈和导杆压合顶针（即阀芯）实现喷嘴闭锁的。注射时，由于熔料具有很高的注射压力，强制顶针压缩弹簧打开喷嘴，使熔料注射到模腔中。当注射压力下降到一定值时弹簧又强制顶杆关闭喷嘴口。这种喷嘴使用方便，在使用过程中没有"流涎"现象，但是结构比较复杂，压力损失大，补缩作用小，射程较小，适用于低黏度物料如尼龙等的加工。为使闭锁可靠，使用寿命长，最好选用耐高温的弹簧。

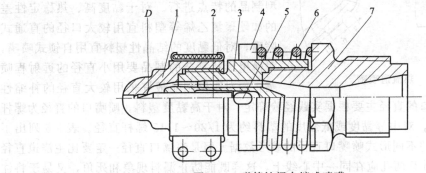

图 8-24 弹簧针阀自锁式喷嘴

1—喷嘴头；2—针形阀芯；3—阀体；4—垫圈；5—导杆；6—弹簧；7—后体

目前广泛采用液控自锁式喷嘴。图 8-25 所示的喷嘴是靠液压控制的小油缸通过杠杆联动机构来控制阀芯启闭的。这种喷嘴使用方便、锁闭可靠、压力损失小、计量准确，但在液压系统中要增设控制小油缸的液压回路。

3. 特殊用途的喷嘴

图 8-26 所示为混色喷嘴，它是为提高柱塞式混色效果而设计的专用喷嘴，在流道中设置了双过滤板。

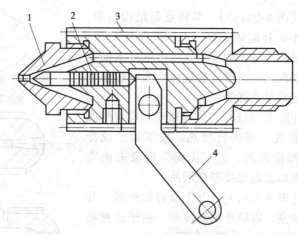

图 8-25　液控自锁式喷嘴

1—喷嘴头；2—针阀芯；3—加热器；4—操纵杆

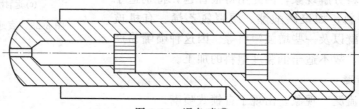

图 8-26　混色喷嘴

图 8-27 所示为用于热流道模具的喷嘴。

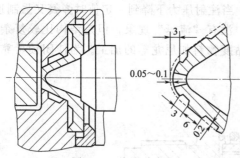

图 8-27　热流道喷嘴

由于流道短，喷嘴直接与成型模腔接触，注射压力损失少，主要用来加工聚乙烯、聚丙烯等热稳定性好、熔融温度范围较宽的塑料。

4. 喷嘴的设计

喷嘴的设计应根据所加工塑料的性能和成型制品的特点进行。对于黏度高、热稳定性差的如硬聚氯乙烯等塑料宜用较大口径的直通式喷嘴，对低黏度的结晶性塑料宜用自锁式喷嘴，对薄壁形状复杂的制品要用小直径的远射程喷嘴，而对厚壁制品最好采用较大直径的补缩性能好的喷嘴。喷嘴口的直径主要根据实践经验确定。对于高黏度塑料，喷嘴口的直径为螺杆直径的 1/15～1/10，对中等黏度或低黏度的塑料约为 1/20～1/15 螺杆直径。表 8-6 列出了对应于不同注射量的不同形式喷嘴口直径的参考数据。但是喷嘴口直径一定要比主浇道直径约小 0.5～1mm，并且两孔应在同一中心线上，这样既能防止漏料现象和死角，又易于将注射时积存在喷嘴处的冷料连同主浇道料柱一同拉出。

表 8-6　喷嘴口的直径数据　　　　　　　　　　　　　　　mm

注射量/cm²		30	60	125	250	500	1000	2000	4000
直通式	通用类	2	3～4	3.5	3.5～4	5～6	7	7～8	13
	硬 PVC		4～5	5	6～8	8～9	9～12	9～12	
	远射程			2		3	4	4～6	
弹簧针阀式			1.5	2～3	2～3	3～5	3～5	3～5	6

喷嘴头一般都是球形，很少做成平面形的。为了使喷嘴与模具很好地接触，模具主浇道衬套的凹面圆弧直径应比喷嘴头球面圆弧直径稍大，亦可使二者直径相等。图 8-28 所示为喷嘴头部与模具的接触情况。

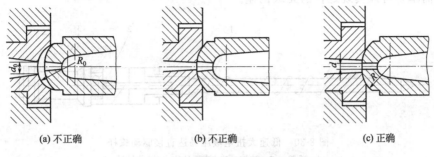

| (a) 不正确 | (b) 不正确 | (c) 正确 |

图 8-28　喷嘴与模具的接触

喷嘴常用中碳钢制造，经淬火使其硬度高于模具主浇道的硬度，以延长喷嘴的使用寿命。

喷嘴若装置加热器，其加热功率一般为 100～300W。喷嘴的温度应单独控制。

三、传动装置

注射机螺杆传动装置是为提供螺杆预塑时所需要的扭矩与速度而设置的。

注射机的螺杆传动装置主要特点是：①螺杆的"预塑"是间歇式工作，因此启动频繁并带有负载；②螺杆转动时为塑化供料，与制品的成型无直接联系，塑料的塑化状况可以通过背压等调节，因而对螺杆转速调整的要求并不十分严格；③由于传动装置放在注射架上，工作时随着注射架作往复移动，故传动装置要求简单紧凑。

（一）螺杆传动的形式

根据注射机螺杆传动的特点和要求，出现了各种螺杆传动形式。若按实现螺杆变速的方式分类，可分为无级调速和有级调速两大类。

1. 无级调速传动装置

主要有两种形式，一种是用高速液压马达经齿轮减速箱驱动螺杆，另一种是用低速大扭矩液压马达直接驱动螺杆。

高速液压马达经齿轮箱驱动螺杆的传动方式见图 8-29，它和定速电动机经齿轮箱驱动螺杆的传动方式类似。不同的是可以方便地实现螺杆的无级变速。这种传动装置由于最后一

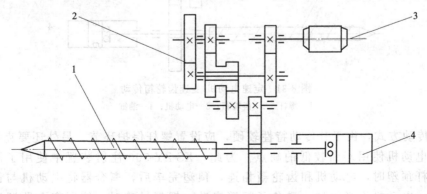

图 8-29　高速液压马达经齿轮箱驱动螺杆

1—螺杆；2—齿轮；3—液压马达；4—油缸

级的齿轮和螺杆同轴固定，所以螺杆的传动部分是"随动"的，即变速箱必须随螺杆作轴向移动。

低速大扭矩液压马达直接驱动螺杆的传动方式见图 8-30。这种传动方式省去了齿轮箱，结构非常简单，可以实现螺杆的无级调速。

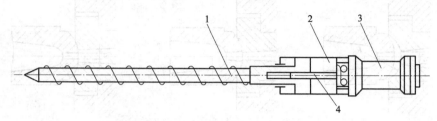

图 8-30　低速大扭矩液压马达直接驱动螺杆
1—螺杆；2—油缸；3—液压马达；4—花轴键

根据注射螺杆传动的要求，使用液压马达是比较理想的。这是因为液压马达的传动特性软（即当负荷发生变化时，转速能迅速地跟着改变），启动惯性小，可以对螺杆的过载起保护作用。与同规格的电动机相比，液压马达具有体积小、质量轻、结构简单和噪声小等优点。由于大部分注射机均采用液压传动，当螺杆预塑时，机器正处于冷却定型阶段，油泵这时为无负载状态，故用液压马达可方便地获得动力源。另外，液压马达可在较大的范围内实现螺杆的无级调速等。

正是由于这些优点，新设计的注射机越来越多地采用液压马达传动。但是液压马达传动系统维修比较复杂，效率较低。

2. 有级调速传动装置

主要由定速电动机和齿轮变速箱组成。它可通过变速箱换挡或调换齿轮来改变螺杆转速。这是目前国内注射机使用较多的传动形式。它只能实现有级变速，但因为注射螺杆对速度调节的要求不高，而且这类传动装置易于维护、寿命长，制造比较简单，效率高，启动力矩大，成本较低，故应用较普遍。图 8-31 所示即为这种传动形式之一。

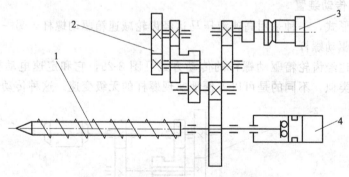

图 8-31　定速电动机-变速齿轮箱传动
1—螺杆；2—齿轮箱；3—电动机；4—油缸

这种传动方式，由于其传动特性较硬，应设置螺杆保护环节。另外还要克服电动机频繁启动电动机使用寿命较低的缺点。为此，XS-ZY-500 注射装置中使用了液压离合器。当螺杆预塑时，电动机和齿轮箱相连，预塑完毕后，离合器将电动机与齿轮箱的联系切断，电动机不必停转，避免了频繁启动。螺杆过载时，液压离合器还可以起保护作用。

这种传动方式调速范围小，并且是有级的，结构比较笨重，噪声也较大。

（二）螺杆转速

为了适应多种塑料的塑化要求和平衡注射成型循环周期中预塑工序的时间，要求螺杆的转速在一定范围内可调。

螺杆的转速范围，根据使用情况确定。对热敏性塑料或高黏度塑料，螺杆的最高线速度为 15～20m/min。对一般塑料，螺杆的最高线速度为 30～45m/min。螺杆转速的提高，有助于塑料的塑化。因此，随着注射机的高速化，螺杆转速有提高的趋势，特别是对于中小型注射机上更是如此。国外注射机的螺杆转速有的已高达 300～450r/min，线速度提高到 48～60m/min。

在有级调速装置中，螺杆速度一般具有 3～4 级，多至 6～8 级。

（三）螺杆驱动功率

注射螺杆塑化时的功率-转速（N-n）特性线与挤出机螺杆类似，基本呈线性关系，可近似看作恒扭矩传动。

注射螺杆的驱动功率的计算方法，一般参照挤出螺杆驱动功率的确定方法结合实际使用情况确定。经实验和统计，注射螺杆的驱动功率一般要比同规格的挤出螺杆小。这是因为注射螺杆在预塑时，塑料在料筒内已经过一定时间的加热，其次是螺杆的结构上也有不同。

可用下面的经验公式估算注射机螺杆的驱动功率

$$N = 0.00016 D_S^{2.5} n^{1.4} \tag{8-9}$$

式中　　N——螺杆驱动功率，kW；

　　D_S——螺杆直径，cm；

　　n——螺杆转速，r/min。

国产注射机螺杆的驱动功率可由注射成型机主要技术参数表（即表 8-3 和表 8-4）中查取。

第四节　合模装置

合模装置是保证成型模具可靠的闭锁、开启并取出制品的部件。一个良好的合模装置，应该满足下列三个基本要求：

① 足够的合模力，使模具在熔料压力（即模腔压力）作用下，不致有开缝现象。

② 足够的模板面积、模板行程和模板间的开距，以适应不同外形尺寸制品的成型要求。

③ 模板的运动速度，应闭模时先快后慢，开模时慢、快、慢，以防止模具很大碰撞，实现制品的平稳顶出并提高生产能力。

合模装置主要由固定模板、活动模板拉杆、油缸、连杆以及模具调整机构、制品顶出机构等组成。由于合模机构对注射机的性能影响很大，人们一直在对合模机构进行研究和探索，力求设计出合模力大、运行速度快、能耗低、安全可靠又结构简单的合模装置。有些学者提出了符合实际的多目标函数和考虑实际约束条件的理论模型，对合模机构进行优化设计和研究。

目前，注射机上所使用的合模装置结构上大体可分为机械式、液压式和液压-机械组合式三大类。

一、液压合模装置

这种合模装置是依靠液体的压力实现模具的启闭和锁紧的。

(一) 单缸直压式合模装置

如图 8-32 所示，模具的启闭和锁紧都是在一个油缸的作用下完成的，这是最简单的液压合模装置。

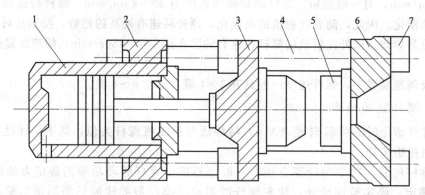

图 8-32　单缸直压式合模装置

1—合模油缸；2—后固定模板；3—移动模板；4—拉杆；5—模具；6—前固定模板；7—拉杆螺母

其移模速度为

$$v=\frac{4Q}{\pi D^2} \tag{8-10}$$

式中　Q——合模时对油缸的供油量，m^3/s；

　　　D——活塞直径，m；

　　　v——移模速度，m/s。

其所产生的合模力为

$$F=\frac{\pi D^2 P}{4} \tag{8-11}$$

式中　F——合模力，N；

　　　P——油压，Pa。

合模初期，模具尚未闭合，合模力仅是推动移动模板及半个模具，所需力量甚小；为了缩短循环周期，这时的移模速度应快。但因油缸直径甚大，实现高速有一定困难。

合模后期，从模具闭合到锁紧，为防止碰撞，合模速度应该低些，直至为零。锁紧后的模具才需要达到合模吨位。

这种合模装置并不十分符合注射机对合模装置的要求。合模速度高时合模力小，速度为零时合模力大，单缸直压式合模装置难以满足这种条件。正是这个原因，促使液压合模装置在单缸直压式的基础上发展成其他形式。

(二) 增压式合模装置

如图 8-33 所示，压力油先进入合模油缸，因为油缸直径较小，推力小，但却增大了移模速度。当模具闭合后，压力油换向进入增压油缸。

由于增压活塞两端的直径不一样（即所谓差动活塞），利用增压活塞面积差的作用，提高合模油缸内的液体压力，可满足合模力的要求，达到在不用高压油泵的情况下提高合模力。

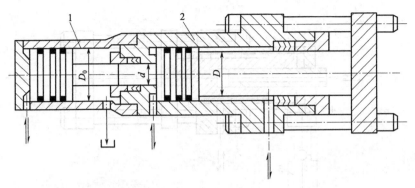

图 8-33　增压式合模装置
1—增压油缸；2—合模油缸

增压式合模装置的移模速度及合模力分别为

$$v = \frac{4Q}{\pi D^2} \tag{8-12}$$

$$F = \frac{\pi D^2 P}{4} M \tag{8-13}$$

式中　v——移模速度，m/s；

　　　F——合模力，N；

　　　D——合模油缸内径，m；

　　　Q——对合模油缸的供油量，m^3/s；

　　　P——油压，Pa；

　　　M——增压比。

$$M = \left(\frac{D_0}{d_0}\right)^2 \tag{8-14}$$

式中　D_0——增压缸内径，m；

　　　d_0——增压活塞杆直径，m。

由于油压的增高对液压系统和密封有更高的要求，故增压是有限度的。一般增压到20～32MPa，最高可达 40～50MPa。

实际上，合模油缸直径还是比较大，合模速度并不十分快，所以增压式合模装置一般用在中小型注射机上。

（三）二次动作液压式合模装置

为满足注射机对合模装置提出的速度和力的要求，除了采用增压式的合模装置外，较多地采用不同直径的油缸，分别实现快速移模和加大合模力。这样，既缩短生产周期提高生产率，保护模具，也降低能量消耗。

1. 充液式合模装置

如图 8-34 所示，合模时，压力油首先进入装在合模油缸中心的小直径合模液压缸 4 内，推动合模油缸运动，实现快速闭模。合模过程中，合模缸的活塞随着移动模板前进，在合模油缸 1 内形成负压，使充液阀 3 打开，大量的工作油进入合模油缸左腔。模具闭合时，合模油缸接通高压油，使合模力迅速上升到标称合模吨位。

开模时，从合模缸的右腔进油，由于是差动油缸，进油腔一侧驱动面积小，故能实现快速开模。

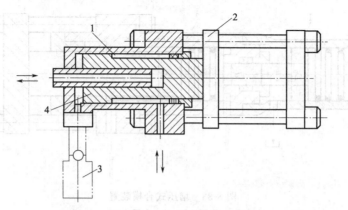

图 8-34　充液式合模装置

1,4—合模液压缸；2—动模板；3—充液阀

图 8-35 是另一种充液式合模装置，它兼有充液式和增压式，称为充液增压式合模装置。

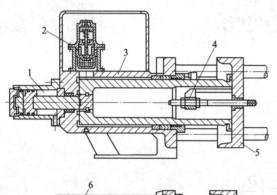

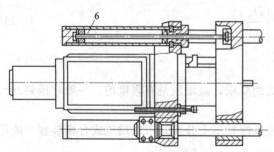

图 8-35　充液增压式合模装置

1—增压油缸；2—充液阀；3—合模油缸；
4—顶出装置；5—动模板；6—移模油缸

合模时，压力油进入设在两旁的小直径长行程快速移模油缸 6 内，带动动模板 5 和合模油缸 3 的活塞前进。同时，合模油缸 3 内形成负压，充液阀打开，油缸自行吸油。由于油箱设置在合模装置的上部，便于油的自行流入，不仅加快了充油速度，同时也减少了油泵的供油量和电机的功率消耗。

当模具闭合后，压力油进入增压油缸 1，使合模油缸内的油增压。由于合模油缸的直径大和在高压油的作用下，从而达到所需的锁模力。

上述充液增压式合模装置可以实现快速移模，一般可达 30m/min 以上，合模力也相当大，约 30～40MN。但是，合模缸不仅直径大，而且缸体长，因而用油量也大。如果将一个大油箱置于合模装置之上，则显得格外笨重。

2. 液压-闸板合模装置

图 8-36 为液压-闸板合模装置。合模时，压力油进入移模液压缸 7 的右端，因活塞固定不动，移模液压缸 7 和稳压缸 10 前移。到某一定位置时，闸板 5 在扇形传动器作用下，卡住移模油缸外圆柱表面上的凹槽，其开闭如图 8-37 所示。与此同时，高压油进入稳压缸 10，其直径大、容积小，因此迅速达到合模力。

开模时，稳压缸 10 首先卸压，合模力消失，闸板 5 张开，压力油进入移模液压缸 7 左端，使移动模板迅速后退。

这种合模装置是根据移模速度先快后慢，合模力先小后大设计的。移模液压缸直径小，用大泵供油，从而提高模板运动速度，缩短循环周期，提高生产率。移模液压缸所产生的力

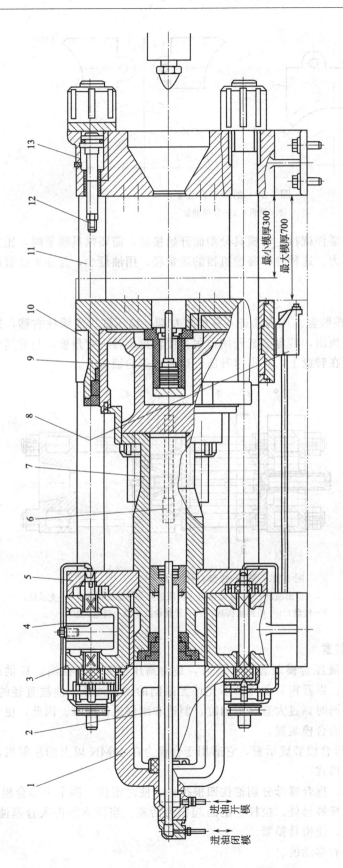

图 8-36　液压-闸板合模装置

1—后承座；2—进出油管；3—移模缸支架；4—齿条活塞液压缸；5—闸板；6—顶杆；
7—移模液压缸；8—滑动托架；9—顶出液压缸；10—稳压缸(锁模液压缸)；
11—拉杆；12—辅助启模装置；13—定模板

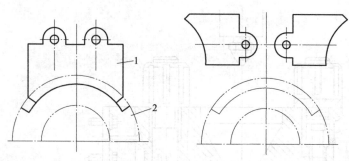

图 8-37　闸板开合装置
1—闸板；2—移模油缸

不要很大，只要能推动移动零件就行。待模具分型面开始接触，需要模具锁紧时，压力油进入稳压缸，达到需要的合模力。这种合模装置机器的质量轻，用油量少，是在单缸直压式油缸的基础上发展起来的。

3. 液压-转盘合模装置

图 8-38 是液压-转盘合模装置。压力油进入移模缸左端，稳压缸、支承柱右移，进行闭模。当支承柱从转盘的孔内拔出，转盘油缸开始作用，使转盘旋转一定角度，与此同时，高压油进入稳压缸，支承柱顶在转盘上，并迅速升压。达到所需的锁模力。

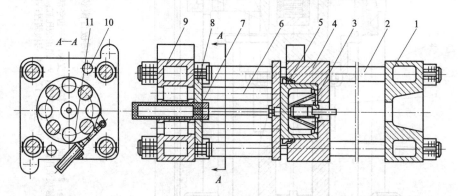

图 8-38　液压-转盘合模装置
1—前固定模板；2—拉杆；3—顶出油缸；4—移动模板（稳压缸）；5—稳压活塞；6—支承柱；
7—移模油缸；8—转盘；9—后固定模板；10—开模油缸；11—转盘油缸

4. 液压-抱合螺母合模装置

前面讲的几种二次动作液压合模装置的合模力，是由高压油和大直径油缸提供的。但是，液压系统的阀件和管路，以及密封条件都不允许无限制的增加油压。油缸直径的增加，也会受到模板尺寸的限制，同时，过大直径的油缸，制造和维修也很困难。因此，更大的注射机不适宜采用前面讲述过的合模装置。

图 8-39 为液压-抱合螺母合模装置示意，它适用于合模力在 10MN 以上的注射机，是二次动作液压合模装置的一种形式。

当移动模板行至终点时，抱合螺母分别抱住四根拉杆，使之定位。四个串接合模油缸 6 分别设置在前固定模板的拉杆螺母处。拉杆上的凸起作为活塞。当压力油进入合模油缸后，将前固定模板推向移动模板，使模具锁紧。

这里的前固定模板，是有移动的。

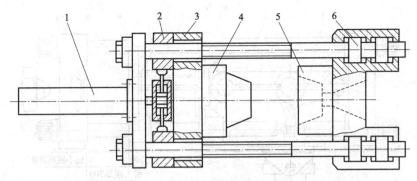

图 8-39　液压-抱合螺母合模装置

1—移模油缸；2—抱合螺母；3—移动模板；4—阳模；5—阴模；6—合模油缸

启模时，串接合模油缸首先卸压，抱合螺母松开后，移模油缸动作。

分别制造四个直径较小的合模油缸，比制造一个特大的油缸方便，所要求的加工机床也小，也容易解决密封问题。拉杆承受合模力的部分大为缩短，大大提高了合模机构的刚性。后固定模板不承受合模力，仅起支承作用，故可薄些。合模油缸直径小，移模快，并能节省能量消耗。但是，一台机器的油缸数目甚多，其液压系统的线路必然复杂。

液压合模装置的形式还有许多，如可动合模油缸式等。

液压合模装置的优点是：固定模板和移动模板间的开距大，能够加工制品的高度范围较大。移动模板可以在行程范围内任意位置停留，因此调节模板间的距离十分简便。调节油压，就能调节合模力的大小。合模力的大小可以直接读出，给操作带来方便。零件能自润滑，磨损小。在液压系统中增设各种调节回路，就能方便地实现注射压力、注射速度、合模速度以及合模力等的调节，以更好地适应加工过程的要求。

但是，液压系统管路甚多，保证没有任何渗漏是困难的。所以合模力的稳定性差，从而影响制品品质。管路、阀件等的维修工作量也大。

此外。液压合模装置应有防止超行程和只有模具完全合紧的情况下才能注射等方面的安全装置。

二、液压-曲肘合模装置

（一）液压-单曲肘合模装置

图 8-40 是 XS-ZY-125 注射机的单曲肘合模装置。当压力油从合模油缸上部进入时，推动活塞向下，迫使两根连杆伸展为一条直线，从而锁紧模具。开模时，压力油从油缸下部进入，使连杆屈曲，带动动模板后移实现开模。油缸用铰链与机架相连，开、闭模过程中，油缸可以摆动。

这种合模装置油缸小，装在机身内部，使机身长度减小，模板距离的调整较易。但由于是单臂，易使模板受力不均，只适于模板面较小的小型注射机。

（二）液压-双曲肘合模装置

图 8-41 和图 8-42 所示是液压-双曲肘合模装置的两个例子。

图 8-41 是 XS-ZY-60 的合模装置。压力油从油缸底部进入，活塞前进，肘杆伸直，使模具锁紧。图中上侧所示为合模状态，下侧所示为开模状态。

由于是双臂，可以适应较大模板面积，因此中、小型注射机都有采用。

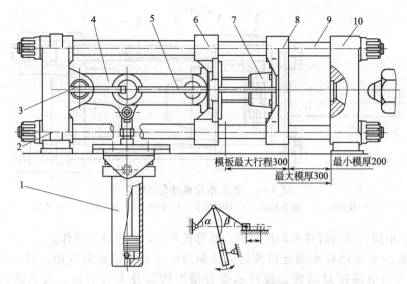

图 8-40 液压-单曲肘合模装置

1—合模油缸；2—后固定模板；3—调节螺钉；4—肘杆机构；5—顶出杆；6—支架；
7—调模装置；8—移动模板；9—拉杆；10—前固定板

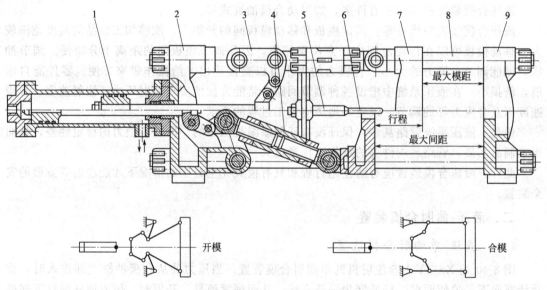

图 8-41 液压-双曲肘合模装置

1—合模油缸；2—后固定模板；3—肘杆；4—调距螺母；5—顶出装置；
6—顶杆；7—移动模板；8—拉杆；9—前固定模板

　　图 8-42 是 XS-ZY-500 注射机的合模装置。图中上半为闭模状态，下半为开模状态。开模时，肘杆收缩在机身后部，使移动模板的行程较大。调整合模力时，曲肘双臂必须一致，即使有微小的长度差别，也会造成模板受力不均，从而使模具偏斜。而且 XS-ZY-500 型的移动模板厚度甚大，双臂如果长度相差较大，甚至会出现卡死，无法启闭。

　　液压-曲肘合模装置的结构形式有以下特点：

　　① 增力作用。例如 XS-ZY-125 型注射机，其驱动肘杆的油缸直径较小，若使用 6.5MPa 油压，油缸推力为 72kN，能产生 900kN 的合模力，增力倍数为 12.5。增力倍数的

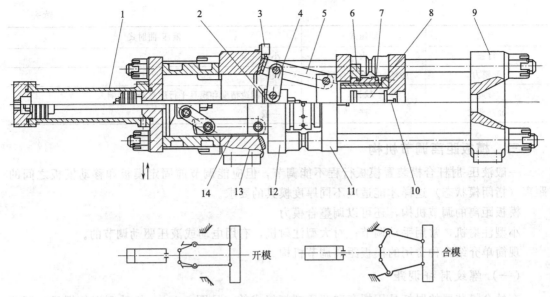

图 8-42　液压-双曲肘撑板式合模装置

1—合模油缸；2—十字头导向杆；3—限位开关；4—肘杆；5—撑板；6—压紧块；7—调模装置；8—顶出液压缸；9—前固定模板；10—顶出杆；11—前移动模板；12—后移动模板；13—撑座；14—滑道

大小同肘杆机构的形式、各肘杆的尺寸以及相互位置等有关，将在下面具体讲述。

② 自锁作用。即撤去油缸推力，合模系统仍然处于锁紧状态。

③ 模板的运动速度从合模开始到终了是变化的，如图 8-43 所示。从合模开始，速度由零很快到最高速度，以后又逐渐减慢，终止时速度为零，合模力则迅速上升到标称合模吨位。这正好符合合模装置要求。同样，开模过程中模板的运动速度也是变化的，但与上述相反。模板间距、合模力和合模速度的调节困难，必须设置专门的调模机构，因此不如液压合模装置的适应性大和使用方便。此外，曲肘机构容易磨损，加工精度要求也高。

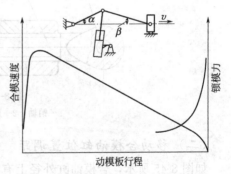

图 8-43　模板运动速度与锁模力曲线

液压合模装置和液压-曲肘合模装置都具有各自的特点（参看表 8-7），但这些特点都是相对的，也不是不可改变的。例如液压合模装置结构简单，适于中、高压液压系统，其液压系统的设计和对液压元件的要求比较高，否则难以保证机器的正常工作。液压-曲肘合模装置虽有增力作用，易于实现高速，但没有合理的结构设计和制造精度的保证，上述特点也难以发挥。因此，在中小型注射机上，上述各种形式都有应用。不过相对来说，液压-曲肘式多一些，而大中型则相反，液压式采用较多。

表 8-7　合模机构特点比较

形式	液压式	液压-曲肘式
合模力	无增力作用	有增力作用
速度	高速较难	高速较易
调整	容易	不易
维护	容易	不易
所需动力	较大	小

续表

形式	液压式	液压-曲肘式
行程	大	小而一定
开模力	10%～15%的合模力	大
寿命	较长	机器制造精度和模具平行度对寿命影响大
油路要求	严	一般

三、模板距离调节机构

一般液压-肘杆合模装置模板行程不能调节，但应能调节前固定模板和移动模板之间的距离（指闭模状态）这样才能适应不同厚度模具的要求。

模板距离的调节机构，还可以调整合模力。

小型注射机，常用手动调节；对大型注射机，有用电动或液压驱动调节的。

现简单介绍几种常用的模板距离调节机构。

（一）螺纹肘杆调距

有的合模装置的肘杆是用螺套和两段螺杆组成的（见图8-44）。松动两端的螺母，调节调距螺母（其内螺纹一端为左旋，另一端为右旋），使肘杆的两端发生轴向位移，改变肘杆的工作长度，从而达到调节模板距离。这种形式结构简单，制造容易，调节方便。但是，螺纹和调节螺母要承受合模力，因此只适用于小型注射机。

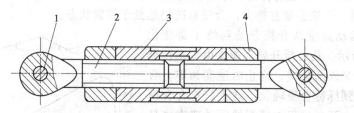

图 8-44　螺纹肘杆调距
1—销轴；2—肘杆；3—螺套；4—固定螺套

（二）移动合模油缸位置调距

如图 8-45 所示，合模油缸外径上有螺纹，并与后固定模板相连接。转动调节手柄，使

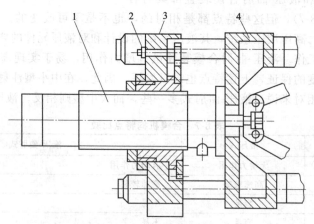

图 8-45　移动合模液压缸调距
1—合模液压缸；2—手动调节转动轴；3—后固定模板；4—后模板

大螺母转动，合模油缸发生轴向位移，从而使合模机构沿拉杆移动，调节模板距离。这种结构一般用在小型注射机上。

（三）拉杆螺母调距

如图 8-46 所示，合模油缸装在后模板上，通过调节拉杆螺母，便可调节合模油缸的位置。四个螺母调节量必须一致，否则模板会发生歪斜。用手动调节四个螺母的调节量达到完全一致相当困难，一般为使四个螺母的调节量一致，设有联动机构。

（四）动模板间连接大螺母调距

如图 8-40 或图 8-42 所示，有两块移动模板，其间用螺纹连接。调动调节螺母，改变动模板的厚度，从而达到调距的目的。这种形式调节方便，使用较多，但多了一块移动模板，增加了移动部分的质量和机身的长度。

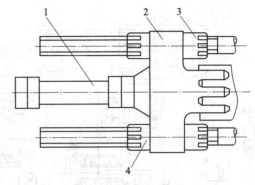

图 8-46　拉杆螺母调距
1—合模油缸；2—后模板；3,4—调节螺母

四、顶出装置

顶出装置是为顶出模内制品而设的，各种合模装置均设有顶出装置。

顶出装置可分为机械顶出、液压顶出和气动顶出三种。

机械顶出如图 8-40 所示，顶杆固定在机架上不动，开模时移动模板后退，顶出杆穿过移动模板上的孔而作用于模具顶板，将制品顶出。顶出杆长度可以根据模具的厚薄，通过螺纹调节。顶杆的数目、位置随合模机构的特点、制品的大小而定。机械顶出结构的顶出是在开模终了进行的，模具内顶板的复位要在闭模开始以后。

液压顶出如图 8-36 所示，顶出力量、速度和时间都可以通过液压系统调节。

一般小型注射机，若无特殊要求，使用机械顶出较好，因为其结构简单。较大的注射机，一般同时设有机械顶出和液压顶出，可根据需要选用。

气动顶出是利用压缩空气，通过模具上的微小气孔，直接把制品从型腔内吹出。顶出方便，对制品不留痕迹，特别适合盆状、薄壁或杯状制品的快速脱模。

第五节　注射机的液压传动系统

液压传动系统的功用为实现注射机按技术过程所要求的各种动作提供动力，并满足注射机各部分所需力、位移和速度的要求。现以 XS-ZY-125 注射机为例，介绍它的液压传动系统。

如图 8-47 所示，XS-ZY-125 注射机的工作部件大体可分为四种，即合模机构、注射移动机构、注射（包括预塑）机构和顶出机构（机械顶出），它们是按照一定的时间和顺序作

如下循环运动的

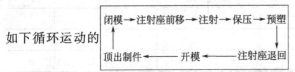

图 8-47 的符号说明见表 8-8。电磁铁动作顺序见表 8-9。

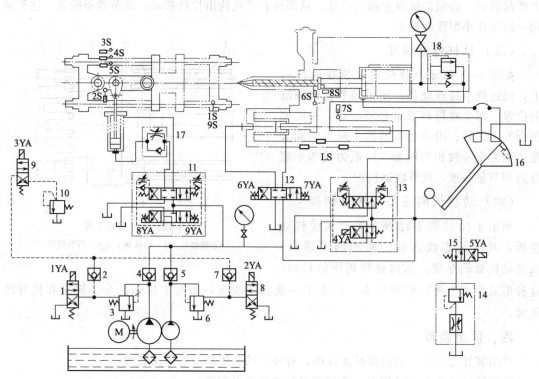

图 8-47　XS-ZY-125 注射机的液压传动系统

表 8-8　行程开关作用

代号	说　明
1S、9S	起安全作用,关上安全门才能闭模,安全门打开即开模
2S	注射座前进
3S	切断 1YA 电源,控制模板慢速移动
4S	切断 1YA 电源,使开模速度由快变慢
5S	开模停止,全自动时接通闭模
6S	开始注射
7S	注射座退停
8S	预塑停止,开模计时器计时
LS	接通 2YA 螺杆后退

表 8-9　电磁铁动作顺序

电磁铁 动作	1YA	2YA	3YA	4YA	5YA	6YA	7YA	8YA	9YA
慢速闭模		+							+
快速闭模	+								+
慢速闭模		+							+
注射座前进		+				+			+
注射	+	+	+	+		+			+
保压		+	+	+		+			+

续表

电磁铁 动作	1YA	2YA	3YA	4YA	5YA	6YA	7YA	8YA	9YA
注射座后退		+				+			
预塑									
慢速开模		+						+	
快速开模	+	+						+	
慢速开模		+						+	
螺杆后退		+							

一、XS-ZY-125 注射机的液压传动系统特点

① XS-ZY-125 注射机的合模机构是液压-机械式的，闭模可靠，可以自锁。这种合模机构具有连杆机构运动相似的特点，即在闭模过程中速度由快到慢，而在开模过程中速度逐渐变快。这一特点和液压传动系统速度控制回路配合能更好地满足成型过程的要求。

② 溢液压动力部分采用大小泵同时或分别对主油路供油，满足液压系统工作部件对速度高低不同的要求。大泵溢流阀 3 能保持系统压力恒定，保证大泵和油路安全。当工作部件需要慢速运动时，大泵通过它卸荷。

③ 溢流阀 6 能保持系统压力恒定，保证小泵和油路安全。当机器不工作时，小泵通过它卸荷。

④ 单向节流阀 17 用以调节开模速度，以满足不同制件对开模速度的不同要求。闭模速度是采用大小泵同时工作或小泵单独工作而变速的。

⑤ 合模油缸采用单杆双作用活塞式油缸，它与连杆机构组成液压-曲肘合模机构，由于连杆有自锁作用，因而是连杆承担了合模力，而合模油缸的油压能使连杆伸直和开启模具。

⑥ 远程调压阀 10 可在阀 3、阀 6 的压力调定值内调节注射压力。调速阀 14 用以调节注射速度。转阀 16 可使正向油路关闭，逆向油路开通，用以控制螺杆后退。

二、动作过程

1. 合模

慢速合模：电磁线圈 2YA、9YA 通电，大泵卸荷。小泵输出的压力油经阀 5→阀 11→合模油缸上腔，推动活塞实现慢速合模。与此同时合模油缸下腔油液经阀 17（单向阀）→阀 11→冷却器→油箱。

快速合模：电磁线圈 1YA、YA、9YA 通电，大小泵输出的压力油经阀 4、阀 5→阀 11→合模油缸上腔推动活塞实现快速合模。回油路线同前。

慢速合模：同前。

2. 注射座前移

电磁线圈 2YA、7YA、9YA 通电，大泵卸荷，小泵输出的压力油经阀 5→阀 12→注射座移动油缸右腔，推动活塞，带动注射座向前。油缸左腔的油经阀 12→冷却器→油箱。

3. 注射

电磁线圈 1YA、2YA、3YA、4YA、5YA、7YA、9YA 通电，大小泵输出的压力油经阀 4、阀 5→阀 13→阀 18（单向阀）→注射油缸右腔，推动活塞进行注射。注射速度由调速阀 14 调节。注射压力由远程调压阀 10 调节。与此同时注射座移动油缸右腔继续供油。

4. 保压

电磁线圈 2YA、3YA、4YA、7YA、9YA 通电，大泵卸荷，小泵输出的压力油经阀

5→阀 13→阀 18（单向阀）→注射油缸右腔，保持压力。

5. 预塑

大小泵均卸荷，螺杆由电动机带动旋转，与此同时螺杆在熔料的反压力作用下后退，使注射油缸右腔的油液经阀 18（调压阀）→换向阀 13→冷却器→油箱。螺杆退至计量预定的位置时，压下限位开关 8S，预塑停止。

6. 注射座退回

电磁线圈 2YA、6YA 通电，大泵卸荷，小泵输出的压力油经阀 5→阀 12→注射座移动油缸左腔，推动活塞，带动注射座后退。油缸右腔的油经阀 12→冷却器→油箱。

7. 开模

慢速开模：电磁线圈 2YA、8YA 通电，大泵卸荷，小泵输出的压力油经阀 5→阀 11→阀 17（节流阀）→合模油缸的下腔，由于小泵流量小，推动活塞实现慢速开模。油缸上腔的油液经阀 11→冷却器→油箱。

快速开模：电磁线圈 1YA、2YA、8YA 通电，大小泵输出的压力油经阀 4、阀 5→阀 11→阀 17（节流阀）→合模油缸的下腔，由于大小泵同时输油，实现快速开模。回油路线同前。

慢速开模：同前。

开模停止：半自动生产时，在慢速开模的过程中触及开模停止限位开关时，小泵卸荷。此时，大小泵输出的油都回油箱，开模停止。待安全门重新关闭时，开始第二个循环。

8. 螺杆后退

将转阀 16 的手柄顺时针扳动，电磁线圈 Y2 通电，小泵输出的压力油经阀 5→阀 16→注射油缸左腔，实现螺杆后退，油缸右腔的油经阀 18→阀 13→冷却器→油箱。

螺杆后退主要用于拆卸螺杆和清洗料筒。

第六节　注射机的选用

随着工业的发展，生产中需注射成型的塑料制品不断增多，而注射成型必须用注射模在注射机上进行。因而在生产塑料制品、设计注射模具时，选用合适的注射机是一项必不可少的工作。所选择的注射机与塑件大小、模具结构、型腔数目、位置等因素有关。在准备塑料制品的生产、设计注射模的各阶段都要考虑选择注射机的最佳方案。

一、注射机的选用原则与方法

注射机选用的总原则是技术上先进，经济上合理，确保产品品质，以此来全面衡量机器的技术经济性，一般以下列因素为选择依据。

(1) 机器的生产效率。包括注射机的注射量、循环时间和自动化程度。

(2) 成型制品的品质。以注射制品的内在品质和外在品质来考核。内在品质包括成型制品的物理和化学性能及其均匀性；外在品质为制品的几何形状、尺寸、外观和色泽等。成型制品的品质主要取决于注射机的熔融性能、熔融作用过程、物料在机内的塑化过程以及混合和分散的机能。注射成型制品品质的好坏与选择的机型、螺杆以及技术配方、原料品质、模具和加工技术条件的控制都有直接关系。

(3) 功率消耗。注射机的功率消耗主要由注射螺杆的驱动功率和加热功率构成。一般以高效、低能耗注射机为优选机型。

(4) 机器的使用寿命。主要取决于螺杆、料筒和减速器的磨损情况以及传动箱止推轴承的使用寿命。设计、选料和制造精良的塑化部件、传动减速系统和自控系统，虽然使机器投资增加，但机组使用寿命长，维修费用低，产品品质好。

（5）注射机的通用性和专用性。要求加工范围广，宜选用通用性强的注射机，如通用型螺杆注射机。如用户加工产品单一，宜选用专用注射机，如单注射多模位注射机等。专用注射机有可能使机器性能优异，产品品质提高，自动化程度高，造价也较便宜，因此经济性好。

注射机的选用一般可按三步法进行：首先是注射机形式的选择，其次是注射机螺杆形式的选择；然后再按照生产规模和产品品质要求确定注射机的主要技术参数。

二、注射机形式的选择

注射机按外形特征可分为卧式、立式、角式和特殊形式等四大类。若工厂厂房较为宽敞，生产一般性的塑料制品，又要求具有较高的自动化程度，宜选用卧式注射机；若工厂车间面积受到一定限制，又加工尺寸较小的多嵌件制品，从嵌件的安装定位角度考虑，宜选择注射量小的立式注射机；对于一些小型的、又要求加工中心部分不允许留有浇口痕迹的平面制品，较多地选用角式注射机；有些塑料制品的冷却定型时间较长，或对于安放嵌件需要较长辅助时间的大批量塑料制品的生产，为了能充分发挥注射装置的塑化能力，一般选用特殊形式的注射机，如多模转盘式注射机。

三、注射螺杆的选择

注射螺杆是注射装置的核心部分，物料的输送、混合、塑化和注射都是在注射螺杆运动时进行的。

目前，新型螺杆不断涌现，螺杆结构向高效低能耗方向发展。螺杆选择集中于结构形式和型号、规格。选择依据是产量、品质、能耗、加工性能和寿命及经济性。

1. 普通螺杆

普通螺杆结构简单，造价较低，但塑化、均匀性较差，不适于难加工的塑料。对非结晶型塑料，塑料熔融是在一个比较大的温度范围内完成的（如硬质聚氯乙烯的软化温度范围为75～165℃），因此，选用等距渐变螺杆较为合适。而结晶型塑料，因温度升高至它的熔点之前高弹态不明显，即它的软化温度较窄（如高压低密度聚乙烯的软化点为83～111℃），故一般选用等距突变螺杆。

2. 新型螺杆

目前，国内外研制开发的新型螺杆已有两百多种，其目的都是通过在普通螺杆的均化段上增设混炼元件或用其他方法来保证输送能力，提高产品产量和品质及降低能耗，提高效率。常用的新型螺杆如下。

（1）分流型螺杆　其结构特点是在螺杆上铣出凸台或安装销钉，开分流沟或分流孔。组装该螺杆的机型塑化效率高，混合均匀性好，产品品质好，在国内外得到广泛应用。

（2）屏障型螺杆　其结构特点是在螺杆上的一定位置设置"屏障"，以达到阻碍物料固相通过并促使固相熔融的目的。其中最简单的一种是在普通螺杆的头部配置一个屏障型混炼元件。主要用于聚烯烃类物料。

（3）变流道型螺杆　结构特征是螺杆流道截面形状或截面面积大小是变化的。其代表是波型螺杆。由于这种螺杆的压缩、剪切和放松比较频繁，因此不适用于热敏性塑料加工。双波槽螺杆虽然加工制造困难，但塑化、混合性能较好，适宜难加工的塑料，且塑化效率高。

3. 耐磨耐蚀螺杆

耐磨耐蚀螺杆是在螺杆表面镀铬（防止氯化物的腐蚀特别有效）、喷涂或堆焊耐磨、耐蚀的硬质合金，如钴基合金、镍基合金或碳化钨等，并与耐磨、耐蚀的双金属筒体匹配，组成一对较好的摩擦副，适用于聚合物中强磨损的无机填料，如玻璃纤维的加工，或者容易产生腐蚀性分解物的塑料加工。

四、主要技术参数的选择

注射机生产厂家给出的产品样本上，有关的设备性能分别记载在注射装置、合模装置和各附属装置等功能栏目内。当准备选用注射机时，应综合考虑以下几方面的性能，以作最终决定：①根据成型制品的大小（尺寸、质量），估算是否有足够的成型能力；②是否有足够的位置来安装准备使用的模具；③是否有足够快的操作速度以达到预定的成型周期。

1. 与塑料制品的大小有关的性能

（1）注射量　根据塑件的尺寸和材料计算出的塑件的最大品质 m_g，再加上浇注系统塑料的品质 m_j 即为一次注射到模具内所需的塑料量。考虑到注射系数，应增大 25% 左右。因为注射机的注射量是以聚苯乙烯塑料为标准的，因此，若加工其他材料的塑料制品，应根据其密度计算，即 $m_{max} = 1.25(Nm_g + m_j)$。

（2）注射压力　不同尺寸和形状的塑料制品，以及不同的塑料品种，所需的注射压力各不相同。应根据塑料的注射成型过程来确定塑件的注射压力。所选择的注射机最大注射压力要能满足该制品的成型需要。

（3）合模力　注射成形时，熔体在模具型腔内的压力很高，其作用在模具上，易使模具沿分型面胀开。首先应根据加工条件确定模腔压力，作用在分型面上的力的大小等于塑件和浇注系统在分型面上投影面积之和乘以型腔内熔体的压力。所选的注射机的额定合模力应大于作用在分型面上的力。

上述参数的选用可参考本章第二节的有关内容。

2. 与模具大小有关的尺寸

注射机型号繁多，安装模具的各种尺寸也不相同，在设计注射模和选择注射机时必须考虑喷嘴尺寸、定位圈大小、模厚、模板上安装螺孔的位置与尺寸等因素。一般来说，模具外形尺寸应在注射机动、定模板所规定的安装模具的尺寸范围内；模具厚度应在注射机规定的最大和最小范围内。所选的注射机的开合模行程必须大于制品最大高度的二倍以上。

3. 与成型周期有关的性能

注射机动作快慢的表示方法常用空循环时间表示。它是指不供给注射机原料，使机器以最高速度无负荷运转时，每个循环所需要的实际动作时间。使用时可根据制品生产量大小选定。

综上可知，用户要依据生产规模选择注射机的台数和型号，还要依制品结构、材料的性质选择注射机类型、螺杆形式和主要技术参数，两者需彼此相适应，以求确保产品的产量和品质，此外，选择的注射机类型、型号和规格应符合注射机产品样本等技术资料的规定，否则按专用或特殊机处理。

由于选择注射机时所需考虑的各项技术参数较多，它们之间又是互相制约的，要尽量同时满足各方面的要求。由设计人员用常规方法校核注射机的各项参数是比较费时的，用CAD方法来选择注射机则显示了许多优越性。

在用CAD方法选择注射机时，要与各种注射模设计的CAD软件配合使用。一般用CAD方法选择注射机时，用设计计算与校核法进行。首先调用模具CAD设计程序，计算出有关参数和数据，如实际注射量、合模力、注射压力、模具结构尺寸等。然后，检索数据库，查出拟选注射机的有关参数，再与上述实际数据比较和校核。

第七节　专用注射机

随着塑料工业的发展，塑料制品的种类越来越多，注射量虽接近，但有大面积和深腔制品，有带嵌件和不带嵌件，有单色也有多色，有单一的和复合的制品，还有发泡的和不发泡的制品等。从塑料品种分，有热固性塑料制品和热塑性塑料制品，它们要求的工艺条件差别很大。一般用途的注射机，其适用范围有限，不可能满足各种要求，所以就有一些专用注射机出现。

专用注射机有热固性塑料注射机、排气注射机、发泡注射机、双色或多色注射机、注射吹塑机等。

一、热固性塑料注射机

热固性塑料在耐热性、抗热变形以及物理和电性能方面，具有突出的优点，因此，在塑料制品中占有重要地位。

热固性塑料在成型过程中，既有物理变化，也有化学变化。成型固化的快慢和原料的活性、硬化剂的种类和用量有关。

长期以来，热固性塑料主要用压制方法成型，生产效率低、劳动强度大、产品质量不稳定，远不能满足生产发展的要求。热固性塑料注射机的出现，前进了一大步。

图 8-48 为热固性塑料注射机注射系统。

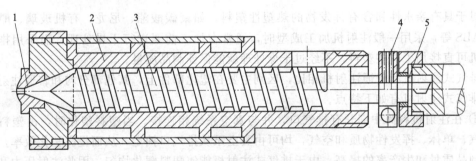

图 8-48　热固性塑料注射机注射系统
1—喷嘴；2—夹套式机筒；3—螺杆；4—旋转接头；5—连接套

热固性塑料注射成型时，料筒温度必须严格要求。物料在料筒内仅起预热、达到流动状态，并向模具供料的作用。一般用热水循环加热，控制在 90℃ 左右，同时要防止过度剪切，以免在料筒内提前固化。注射速度不能太高，防止通过喷嘴过热而硬化。一般来说，对注射用塑料粉，温度在 80～90℃ 情况下，能保持流动状态 3～10min 左右。

模具要预热。一般预热到 150～180℃ 左右，继续给物料供热，经过保温、保压完成化学反应，固化成型，最后开模取出制品。

热固性螺杆的主要特征：长径比小，一般 $L/D=10～15$；压缩比小，约 0.8～1.2；螺槽较深，以减少剪切作用。热固性注射螺杆如图 8-49 所示。

螺杆头一般呈角锥形，不宜采用带止逆环的结构，并且注射后，螺杆头前端留下的余料必须要少，以免产生滞料现象。

喷嘴不宜采用自锁式。孔径口一般较小，并做成外大内小的锥孔，以便拉出喷嘴孔处硬料。喷嘴要便于装拆，以便发现有硬化物时能及时打开清理。喷嘴内表面应精加工，防止滞料引起硬化。

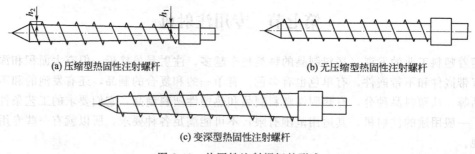

(a) 压缩型热固性注射螺杆　　　　　　　(b) 无压缩型热固性注射螺杆

(c) 变深型热固性注射螺杆

图 8-49　热固性注射螺杆的形式

螺杆与料筒间隙要小,在 $0.012 \sim 0.037$mm 左右,以减少注射过程中的反流,防止在料筒内停留时间过长而固化。螺杆内可通冷水,以控制温度。

由于固化过程中有气体产生,因此,合模装置必须有排气动作。实践证明,只需将合模压力卸除,便可使模腔中的气体经模具分型面逸出。

此外,模具要有加热和温控系统。

由于注射过程即为热固性塑料缩合反应过程,并且受热均匀,故比压制成型的固化时间大为缩短,生产能力可提高 $10 \sim 20$ 倍,制品质量和劳动条件都有改善。但机器和模具的成本较高,易于大批量的制品生产。

二、排气式注射机

对于具有亲水性和含有挥发物的热塑性塑料,如聚碳酸酯、尼龙、有机玻璃、醋酸纤维、ABS 等,采用一般注射机加工成型时,通常在加工前要进行干燥处理。而采用排气式注射机可直接加工这些塑料,不经过干燥处理就能保证制品质量。

排气式注射机和普通注射机相比,区别主要在塑化部件上,其他部分均和普通注射机相同。排气式注射机有如下特点。

① 在注射机料筒中部开有排气口,并与真空系统相连接。当塑料塑化时,由塑料发出的水汽、单体、挥发性物质和空气,均可由真空泵从排气口抽走,从而提高塑化效率,并有利于制品质量和生产率的提高。由于排气式注射机能使塑料塑化均匀,因此注射压力和保压压力均可适当降低,而无损于制品的质量。

② 典型的排气式注射机一般采用一种双阶四段螺杆,如图 8-50 所示。第一阶段是加料区和压缩区,第二阶段为减压区(即排气区)和均化区。塑料由料斗进入料筒后,由加料区压缩输送到压缩区并受热熔融。进入减压区时,因螺槽深度突然变大而减压,熔料中的水分及挥发性物质气化,并由真空泵从排气口抽走。塑料再进入均化区进一步塑化后被送至螺杆头部,并维持压力平衡所需的压力值。当螺杆头部熔料集聚至一定数量时(即螺杆退回计量),螺杆停止转动。为了防止螺杆前端熔料反流而由排气口向外流出,螺杆前端都要设置带止逆结构的螺杆头。

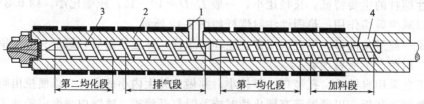

图 8-50　四段螺杆排气式结构

1—排气口;2—料筒;3—螺杆;4—加料口

③ 排气式螺杆较长。因为在塑化时，螺杆除旋转运动外，还要作轴向移动，所以排气段的长度应在螺杆作轴向移动时始终对准排气口，一般应大于注射行程。通常排气段的螺槽较深，其中并不完全为熔料充满，从而防止螺杆转动时物料从排气口推出。

最近新出现的一种异径螺杆，如图 8-51 所示，螺杆前端为大直径，另一端为小直径，是利用小直径端进行塑化，大直径端完成混炼和注射。注射时，原小直径螺槽内的熔料将进入大直径的前料筒处，此时将形成负压，使气体从熔料中逸出，并通过排气口排出。前料筒直径加大的另一个作用，是加大排气室容积，防止注射时熔料反流从排气口溢出。

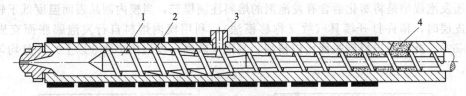

图 8-51　异径螺杆排气结构
1—异径螺杆；2—异径料筒；3—排气口；4—加料口

三、发泡注射机

泡沫塑料是以气体为填料，在树脂中形成无数微孔的轻质材料。泡沫塑料的注射成型是在塑料内混入分解性或挥发性的发泡剂，经过预塑精确计量，注射入模腔，经发泡并充满模腔而硬化定型，获得发泡制品。根据成型方法不同分为低压法（不完全注满法）和高压法（注满法或移模法）两种，目前普遍使用低压发泡成型法。

1. 低压发泡注射机特点

低压发泡是按照 80% 左右的制晶体积的熔料注入模腔，由其本身的发泡压力使熔料发泡并充填模型。低压发泡注射机的基本形式有往复螺杆式和螺杆柱塞式两种，由于螺杆柱塞式易于满足计量准确（误差不超过 1%）、塑化均匀、机器功率小等方面的要求，所以使用较多，如图 8-52 所示。

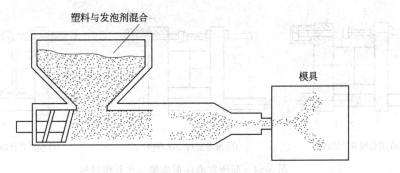

塑料与发泡剂混合　模具

图 8-52　普通注射成型机低压发泡法

低压发泡注射机与普通注射机相比具有如下特点：

① 物料中的发泡剂在料筒内受热产生气体，压力升高，为防止熔料从喷嘴处流出，必须采用弹簧针阀式自锁喷嘴。同时，为防止螺杆后退，保持计量准确，螺杆背压较大。

② 熔料一进入模腔，因压力降低，立即发泡。为了使发泡均匀，注射速度要高，一般要求在 1s 内完成。为达到高速注射，可采用储油器或高压大流量油泵对注射油缸直接供油的装置。

③ 发泡用的注射螺杆的长径比一般在 16～20 范围内，压缩比为 2～2.8，螺杆全长为三段均分。

④ 泡沫注射的模腔压力很低，约为 1～3MPa，因此，所需锁模力小。所以这类专用注射机与普通注射机相比，在合模力相同的情况下，具有较大的注射量以及大的模板尺寸和模板间距。

⑤ 其他方面。制品顶出时，最好用推板，防止顶破。模具分型面或死角处要有排气孔，否则会影响发泡膨胀。模具要有冷却水通道。

2. 高压发泡注射机特点

高压发泡成型是将塑化后含有发泡剂的熔料注满模腔，当模内制品表面温度低于软化点形成结皮层时，稍许打开模具（故又称移模法），利用模内熔料自行发泡膨胀而充满模腔（见图 8-53）。此法可以得到表面比较精细、发泡率较高（发泡倍率在 5 以上）并且均匀的塑料制品。

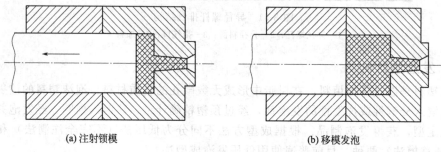

(a) 注射锁模　　　　　　　　　　　　(b) 移模发泡

图 8-53　高压发泡成型原理（移模法）

高压发泡使用的注射机类同于低发泡注射机，但为了在发泡时能移模，在合模装置上增设了距离可以调节的二次开模机构，如图 8-54 所示。图 8-54(a) 为闭合模具开始注射；图 8-54(b) 表示注射完毕，准备进行二次开模；图 8-54(c) 表示在液压缸的控制下模具打开 ΔL 的距离，模腔内塑料发泡。

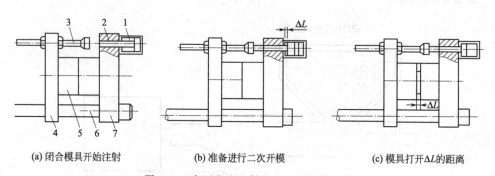

(a) 闭合模具开始注射　　　　(b) 准备进行二次开模　　　　(c) 模具打开ΔL的距离

图 8-54　高压发泡注射成型二次开模机构

1—二次开模控制液压缸；2—活塞；3—调节杆；4—动模板；5—模具；6—拉杆；7—定模板

这种结构是在定模板 7 上设置了二次开模控制液压缸 1，在动模板 4 上设置了调节杆 3。使用前，按发泡倍率调整移模量 ΔL，在移模发泡时如控制各力之间的关系，使得

$$F_发 < F_合 + F_阻 < F_发 + F_移$$

式中　$F_发$——发泡时模内总压力；

　　　$F_合$——机器合模力；

　　　$F_阻$——移动模板的运动阻力；

$F_{移}$——移模控制油缸推力。

则模具将被打开 ΔL 。

若在普通注射机上增设高速注射油路和将模具设计成具有二次移模功能的结构,也能进行此发泡制品的加工。

四、双色(或多色)注射机

为了生产两种或两种以上颜色的复合制品,发展了双色或多色注射机。双色或多色注射机又有青色和混色两种。

图 8-55 所示的双色注射机是具备两套注射装置和一个公用合模装置的结构形式,主要用来加工双清色塑料制品。模具的一半装在回转板上,另一半装在固定模板上。当第一种颜色的塑料注射完毕并定型后,模具局部打开,回转板带着模具的一半和制件一同回转 180°,到达第二种颜色的注射位置上,进行第二次合模、注射,即可得到具有明显分清颜色的双色制品。

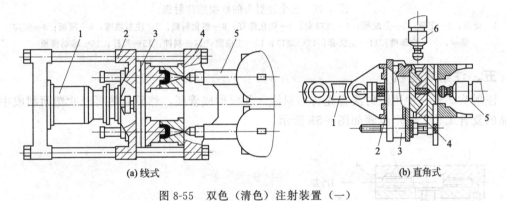

(a)线式　　　　　　　　　　(b) 直角式

图 8-55　双色(清色)注射装置(一)

1—合模装置;2—回转盘驱动装置;3—动模板;4—回转盘;5—注射装置(1);6—注射装置(2)

近年来,随着汽车部件和台式计算机部件对多色花纹制品需要量的增加,又出现了新型的双色(混色)注射机,其结构如图 8-56 所示。混色用的注射装置,也有用两套柱塞式塑化装置共用一个喷嘴结构的。该装置通过液压系统可调整两个推料柱塞注射时的先后次序和注射塑料量的比率,这样可得到不同混色情况,具有自然过渡色彩的双色塑料制品。

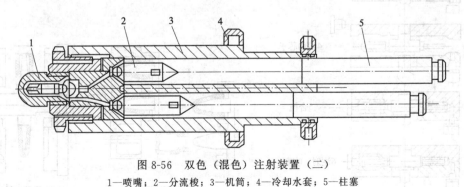

图 8-56　双色(混色)注射装置(二)

1—喷嘴;2—分流梭;3—机筒;4—冷却水套;5—柱塞

图 8-57 为一种带有三个注射头的单型腔注射机,在三个料筒中可盛三种不同的物料,可成型内、中、外三层不同物料的制品。最内层的可以是泡沫塑料,也可以成型同种物料不同颜色的花纹制品。

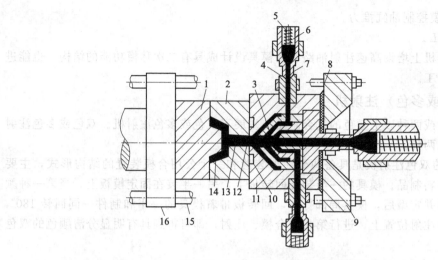

图 8-57　三个注射头的单型腔注射机

1—动模；2—定模；3—分配模；4—浇口套；5—塑化螺杆；6—塑化料筒；7—注射喷嘴；8—隔板；9—固定
模板；10—冷却槽；11—主浇套；12—浇口；13—主浇道；14—制件；15—拉杆；16—移动模板

五、注射吹塑机

注射吹塑是一种用注射法首先将熔料注入胚模形成管胚，然后趁热再经吹塑而制成中空制品的复合工艺，生产步骤如图 8-58 所示。

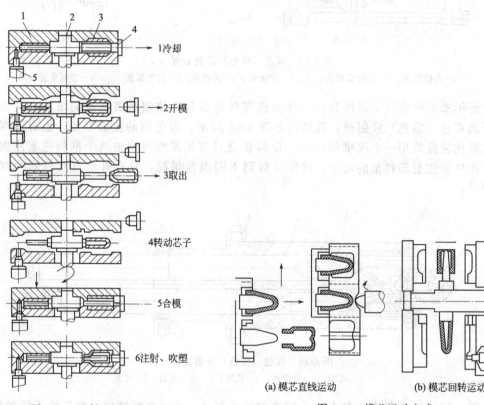

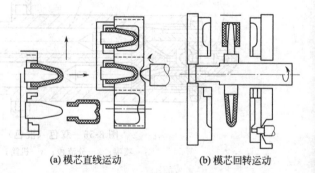

(a) 模芯直线运动　　　(b) 模芯回转运动

图 8-58　注射吹塑工艺过程　　　图 8-59　模芯运动方式

1—注射模腔；2—回转装置；3—吹塑
模腔；4—瓶底芯模；5—注射装置

注射吹塑机与一般注射机的主要区别是在模芯运动机构上，即在合模装置上增设了模芯运动机构。模芯运动机构如图 8-59 所示，图 8-59（a）所示为模芯运动以直线运动方式设置，这种方式的特点是模板开距小，利于高速成型。

注射吹塑与双色注射原理相结合也可用来制作双色（附不同衬里材料）的高级包装容器。其机器工作原理如图 8-60 所示。第一注射装置 2 首先往第一注射模 4 注入内衬料，当内衬料外侧硬化，而内侧半硬化时，开模后回转轴 5 逆时针旋转 90°，即使带着内衬料的芯模 12 转至第二注射模 6 处，合模后由第二注射装置 7 注射入表层料。此时模具是由模温调节器控制，使料温控制到最适宜的吹塑温度。逆时针再旋转 90°，进入吹塑工位（即吹塑模 11），经吹塑，冷却定型再进入制品取工位。

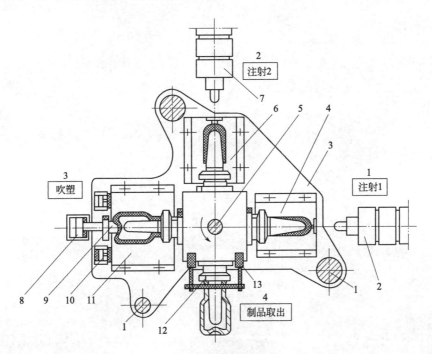

图 8-60　双色注射吹塑机

1—拉杆；2—第一注射装置；3—模板；4—第一注射模；5—回转轴；6—第二注射模；7—第二注射装置；
8—移动瓶底模油缸；9—瓶底油缸；10—吹塑模移动油缸；11—吹塑模；12—芯模；13—制品脱模油缸

习　题

1. 注射剂由哪几部分组成？各部分功能如何？
2. 试简述注射成型过程。
3. 分析比较卧式、立式、角式注射剂的优缺点。
4. 注射机的基本参数有哪些？与注射模有何关系？
5. 简述柱塞式和螺杆式注射装置的结构组成和工作原理，并比较二者的优缺点。
6. 柱塞式注射成型装置中分流梭的作用是什么？
7. 注射螺杆有哪些基本形式？螺杆各参数对注射成型有何影响？
8. 注射螺杆与挤出螺杆有何区别，为什么？
9. 注射机螺杆头的结构有哪些？带有止逆结构的螺杆头是如何工作的？

10. 注射机的喷嘴的功能有哪些？常用喷嘴的类型有哪些？其特点是什么？分别用于何种场合？

11. 螺杆式注射机的传动装置有哪些形式？

12. 合模系统由哪几部分组成？

13. 调模装置的作用是什么？常用的调模装置有哪几种形式？其特点是什么？

14. 试述专用注射机与普通注射机的主要区别有哪些？为什么？

第九章 压 铸 机

第一节 压铸机的工作原理与分类

压铸机是压铸生产的专用设备，设计压铸模时必须熟悉压铸机的特性和技术规范，通过必要的计算选用合理的压铸机，以发挥其最大的效用。为了正确地使用和操纵压铸机，也必须了解和掌握压铸机的性能和结构组成。

一、压铸机的特点

压力铸造简称压铸，它是将熔融合金在高压、高速条件下充型并在高压下冷却凝固成形的一种精密铸造方法，是一种发展较快的少、无切削加工制造金属制品的成形工艺。高压和高速是压铸区别于其他铸造方法的重要特征。

压铸有以下主要特点：

（1）压铸件尺寸精度和表面质量高。尺寸精度一般可达 IT11～IT13，最高可达 IT9；表面粗糙度 Ra 可达 $3.2～0.4\mu m$。制品可不经机械加工或少量表面机械加工就可直接使用，并且可以压铸成形薄壁（最小壁厚约 0.3mm）、形状复杂、轮廓清晰的铸件。

（2）压铸件组织致密，硬度和强度较高。因熔融合金在压力下结晶，冷却速度快，故表层金属组织致密，强度高，表面耐磨性好。

（3）可采用镶铸法简化装配和制造工艺。压铸时将不同的零件或嵌件先放入压铸模内，一次压铸将其连接在一起，可代替部分装配工作量，又可改善制品局部的性能。

（4）生产率高，易实现机械化和自动化。

（5）压铸件易出现气孔和缩松，除充氧压铸件外一般不宜进行热处理。因压铸速度极快，模腔内的气体难以完全排除，金属液凝固后残留在铸件内部，形成细小的气孔；而厚壁处难以补缩易形成缩松。

（6）压铸模具结构复杂、对材料及加工的要求高，模具制造费用高，适于大批量生产的

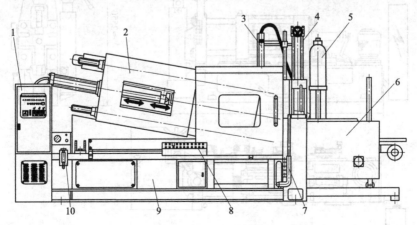

图 9-1 热压室压铸机

1—电气控制柜；2—合模部分；3—机械手；4—压射装置；5—增压蓄能器；6—合金熔炉；
7—冷却装置；8—操作面板；9—床身；10—手动润滑泵

制品。

二、压铸机的分类、型号

1. 压铸机的分类

压铸机的分类主要按熔炼炉的设置、压射装置和锁模装置的布局等情况进行分类。常用压铸机分为热压室压铸机和冷压室压铸机。冷压室又可分为立式、卧式和全立式三种类型。

(1) 热压室压铸机　热压室压铸机是指金属熔炼和保温与压射装置连为一体的压铸机，其结构形式如图9-1所示。

(2) 卧式冷压室压铸机　卧式冷压室压铸机指金属熔炼部分与压射装置分开单独设置，压射冲头水平方向运动，锁模装置呈水平分布的压铸机，其结构形式如图9-2所示。

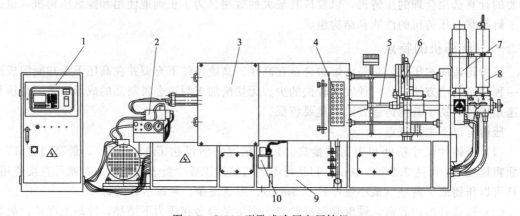

图9-2　J1116型卧式冷压室压铸机

1—电气控制柜；2—液压系统；3—锁模装置；4—操作面板；5—压射装置；6—机械手；
7—快速压射蓄能器；8—增压蓄能器；9—床身；10—自动润滑系统

(3) 立式冷压室压铸机　立式冷压室压铸机指金属熔炼部分与压射装置分开单独设置，压射冲头垂直方向运动，锁模装置呈水平分布的压铸机，其结构形式如图9-3所示。

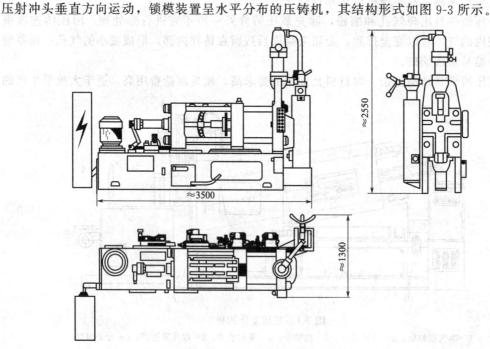

图9-3　J1513型立式冷压室压铸机

（4）全立式冷压室压铸机　全立式冷压室压铸机指金属熔炼部分与压射装置分开单独设置，压射冲头垂直方向运动，锁模装置呈垂直分布的压铸机。其中按压射冲头运动方向的不同，还可分为上压式和下压式两种。上压式为压射冲头由下往上压射的压铸机；下压式为压射冲头自上而下压射的压铸机，其结构形式如图9-4所示。

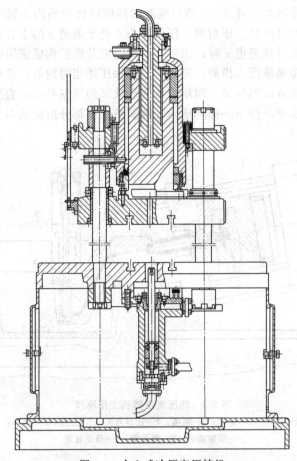

图9-4　全立式冷压室压铸机

不同类型的压铸机对模具的结构形式和安装、使用要求均有不同，生产上应注意合理选用。

2. 压铸机型号表示

目前，国产压铸机已经标准化，其型号主要反映压铸机类型和锁模力大小等基本参数。压铸机型号表示方法为"Jxx X"。其中"J"表示"金属型铸造设备"，J后第一位阿拉伯数字表示压铸机所属"列"，压铸机有两大列，分别用"1"和"2"表示，"1"表示"冷压室"，"2"表示"热压室"；J后第二位阿拉伯数字表示压铸机所属"组"，共分9组，"1"表示"卧式"，"5"表示"立式"；第二位以后的数字表示锁模力的1/100kN；在型号后加有A、B、C、D…字母时，表示第几次改型设计。例如：

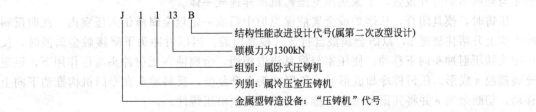

三、压铸机的工作原理

1. 热压室压铸机

热压室压铸机的压射部分与金属熔化部分连为一体，并浸在金属液中，如图9-5所示。装有金属液的坩埚6内放置一个压室5，压室与模具之间用鹅颈管相通。金属液从压室侧壁的通道a进入压室内腔和鹅颈通道c，鹅颈嘴b的高度应比坩埚内金属液最高液面略高，使金属液不会自行流入模具模腔。压射前，压射冲头4处于通道a的上方；压射时，压射冲头向下运动，当压射冲头封住通道a时，压室、鹅颈通道及模腔构成密闭的系统。压射冲头以一定的推力和速度将金属液压入模腔，充满型腔并保压适当时间后，压射冲头提升复位。鹅颈通道内未凝固的金属液流回压室，坩埚内的金属液又向压室补充，直至鹅颈通道内的金属液面与坩埚内液面呈水平，待下一循环压射。压铸机锁模部分的结构与工作过程同塑料注射成型机相似，不再多述。

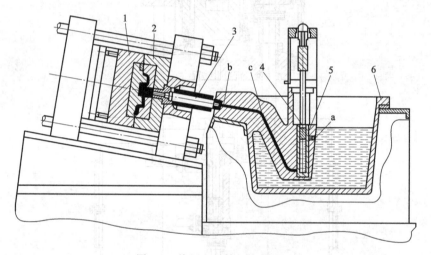

图9-5　热压室压铸机工作原理

1—动模；2—定模；3—喷嘴；4—压射冲头；5—压室；6—坩埚；

a—压室通道；b—鹅颈嘴；c—鹅颈通道

热压室压铸机操作程序比较简单，不需要单独供料，压铸动作能自动进行，生产效率较高；金属液由压室直接进入型腔，温度波动范围小；浇注系统较其他类型的压铸机所消耗的金属材料要少；金属液从液面下进入压室，不易带入杂质。但是热压室压铸机的压室和压铸冲头长期浸于熔融金属溶液中，易受侵蚀，所以压室和压铸冲头使用寿命缩短。若长期使用会增加合金中的铁含量。另外热压室压铸机的压铸比压较低，通常仅适用于压铸铅、锡、锌等低熔点合金，也可用于镁合金的压铸。

2. 立式冷压室压铸机

图9-6所示为立式冷压室压铸机工作原理，锁模部分呈水平设置，负责模具的开、合模及压铸件的顶出工作；压射部分呈垂直设置，压射冲头3与反料冲头5可上下垂直运动。压室4与金属熔炉分开设置，不像热压室压铸机那样连成一体。

压铸时，模具闭合，从熔炉或金属液保温炉中舀取一定量金属液倒入压室内，此时反料冲头应上升堵住浇道b，以防金属液自行流入模具模腔。当压射冲头下降接触金属液时，反料冲头随压射冲头向下移动，使压室与模具浇道相通，金属液在压射冲头高压作用下，迅速充满模腔a成形。压铸件冷却成形后，压射冲头上升复位，反料冲头在专门机构推动下向上移动，切断余料e并将其顶出压室，接着进行开模顶出压铸件。

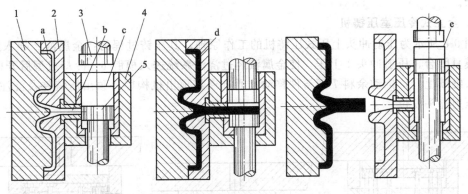

图 9-6　立式冷压室压铸机工作原理

1—动模；2—定模；3—压射冲头；4—压室；5—反料冲头；
a—模腔；b—浇道；c—金属液；d—压铸件；e—余料

立式冷压室压铸机金属液是注入直立的压室中，有利于防止杂质进入型腔；同时压射机直立，占地面积较小；适宜于需要设置中心浇口的铸件；但是立式压铸机金属液进入型腔时经过转折，消耗部分压射压力；余料在未切断前，模具不能开模，否则将影响压铸效率；同时，立式压铸机由于要切断余料，增加了一套切断余料机构，使压铸机结构复杂化，维修不便。

3. 卧式冷压室压铸机

卧式冷压室压铸机的成形过程如图 9-7 所示。压铸机压室与金属合金熔炉也是分开设置的，压室呈水平布置，并可从锁模中心向下偏移一定距离（部分压铸机偏移量可调）。压铸时，将金属液 c 注入压室中［图 9-7(a)］；而后压射冲头向前压射，金属液经模具内绕道 a 压射入模腔 b，保压冷却成形［图 9-7(b)］；冷却时间到，开模，同时压射冲头继续前推，将余料 e 推出压室，让余料随动模 1 移动，压射冲头复位，等待下一循环。动模开模结束，顶出压铸件 d，再合模进行下一循环工作。

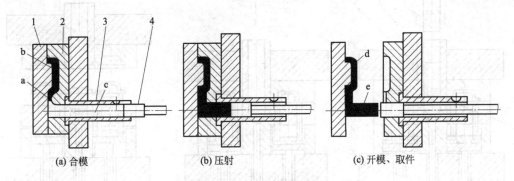

(a) 合模　　　　　　　　(b) 压射　　　　　　　　(c) 开模、取件

图 9-7　卧式冷压室压铸机压铸过程示意

1—动模；2—定模；3—压室；4—压射冲头；a—内浇道；b—模腔；c—金属液；d—压铸件；e—余料

卧式冷压室压铸机金属液进入型腔时转折少，压力损耗小，有利于发挥增压机构的作用；卧式压铸机一般设有偏心和中心两个浇注位置或在偏心与中心间可任意调节，供设计模具时选用；压铸机的操作程序少，生产率高，维修方便，也容易实现自动化生产；但是卧式冷压室中金属液在压室内与空气接触面积大，压铸时容易卷入空气和氧化夹渣；适用于压铸有色及黑色金属；另外卧式冷压室压铸机对需要设置中心浇口的铸件，模具结构

较复杂。

4. 全立式冷压室压铸机

图 9-8 所示为压射冲头上压式压铸机的工作原理，其压铸过程为：金属液 2 导入压室 3 后，模具闭合，压射冲头 1 上压，使金属液经过浇注系统进入模腔 6，冷却成型后开模，压射冲头继续上升，推动余料 7 随铸件移动，通过模具顶出机构即可顶出压铸件及浇注系统，同时压射冲头复位。

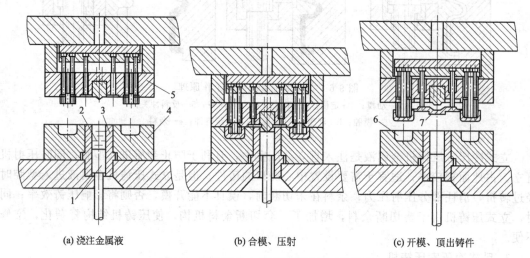

(a) 浇注金属液　　　　(b) 合模、压射　　　　(c) 开模、顶出铸件

图 9-8　压射冲头上压式压铸机的工作原理

1—压射冲头；2—金属液；3—压室；4—定模；5—动模；6—模腔；7—余料

图 9-9 所示为压射冲头下压式压铸机的工作原理，其压铸过程为：模具闭合后，将金属液 3 浇入压室 2 内，此时反料冲头在弹簧 5 的作用下上升封住横浇道 6，当压射冲头 1 下压

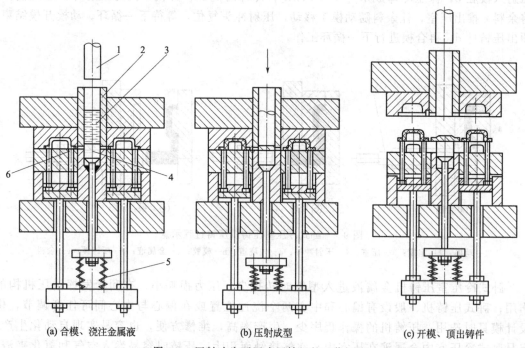

(a) 合模、浇注金属液　　　　(b) 压射成型　　　　(c) 开模、顶出铸件

图 9-9　压射冲头下压式压铸机的工作原理

1—压射冲头；2—压室；3—金属液；4—反料冲头；5—弹簧；6—横浇道

时，迫使反料冲头后退，金属液经浇道进入模腔，冷却定型后开模，压射冲头复位，顶出机构顶出铸件及浇注系统凝料。推出机构复位后，反料冲头在弹簧作用下复位。

全立式压铸机上的模具是水平放置，稳固可靠，放置嵌件比较方便，广泛用于压铸电机转子类及带硅钢片的零件；并且压铸冲头是上下运行，十分平稳，金属液注入压室中占有一定的空间，带入型腔空气较少；全立式压铸机金属液的热量集中在靠近浇道的压室内，热量损失少；并且金属液进入型腔时转折少，流程短，减少压力的损耗，全立式压铸机占地面积小。

第二节　压铸机的主要机构

压铸机主要由合模机构、压射机构、机座和拉力柱、传动系统、控制操纵以及一些附属装置组成。下面仅将压射机构和合模机构进行简单叙述。

一、压射机构

压射机构是实现液态金属高速充型，并使金属液在高压下结晶凝固成铸件的重要机构。压射装置不仅能达到压铸工艺要求的压射比压和压射速度，而且还应使压射过程的压射速度、压射力、压力建立时间等能方便地调节，以便更好地适应各种压铸工艺要求。

1. 增压缸有背压压射装置

图 9-10 所示为 J1113A 型压铸机采用的三级压射增压机构。它由带缓冲器的普通液压缸和增压器组成，联合实现分级压射，具有两种速度和一次增压压射机构。压室 1 和压射缸 6 固定在压射支架 16 上，支架底部装有升降器 17，以便调节压射机构位置，使之与模具浇口套对准。

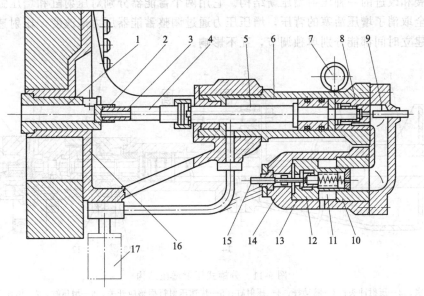

图 9-10　压射增压机构

1—压室；2—压射冲头；3—冷却水通道；4—压射杆；5—活塞杆；6—压射缸；7—压力表；
8—分油器；9—节流阀杆；10—弹簧；11—背压腔；12—增压活塞；13—单向阀阀芯；
14—油孔；15—调节螺杆；16—压射支架；17—升降器

第一级压射：压力油经增压器的油孔 14 进入，由于增压器活塞的背压腔 11 有背压，增压活塞 12 不能前移，压力油经活塞中的单向阀进入压射缸的后腔，汇集在缓冲杆周围的分油器 8 中，由于节流阀杆 9 的作用，只有很小流量的压力油从分油器的中心孔进入，作用在压射活塞的缓冲杆端部截面上，作用力也小，因而压射活塞慢速前进，进行慢速压射，压射冲头 2 缓缓地封闭压室 1 的注液口，以免金属液溢出，同时以利于压室中空气的排出和减少气体卷入。

第二级压射：当压射冲头越过注液口（即缓冲杆脱开分油器 8 时），大流量压力油进入压射缸，推动压射活塞快速前进，实现快速压射充模。

第三级压射：金属液充满模腔，压射活塞停止前进的瞬间，增压活塞及单向阀阀芯 13 前后压力不平衡，增压活塞因压差作用而前移，单向阀阀芯在弹簧 10 的作用下自行关闭，实现压射增压。

压射结束后，只要压射缸前腔进入压力油，同时增压器的油孔 14 回油即实现压射冲头回程。回程后期由于缓冲杆重新插入分油器中，回程速度降低起缓冲作用。这种压射机构的压射速度和压射力均可按工艺要求进行调节。

压射力的调节：从上述分析可以看出，当压射活塞面积一定时，压射力决定于增压压力，而增压压力的大小又决定于背压腔压力的大小。背压力越大增压力越小，反之亦然。背压力可通过接通背压腔油路上的单向顺序阀与单向节流阀配合调整。J1113A 型压铸机的压射增压压力最高可达 20MPa，相应的最大压射力达 140kN（无级调节范围是 70～140kN）。

压射速度的调节：第一级低速压射速度，可通过节流阀杆 9 调节；第二级高速压射速度，由油孔 14 的调节螺杆 15 调整。

2. 增压缸无背压压射装置

图 9-11 所示为 J1116 型 PLC 控制压铸机的压射装置，它采用分罐式压射增压结构，是近年来发展和改进的一种压射增压新结构。它用两个蓄能器分别对压射缸和增压缸进行快速增压，完全取消了增压活塞的背压，增压压力通过调整蓄能器压力来改变，压射速度、压射力和压力建立时间都能分别单独调节，互不影响。

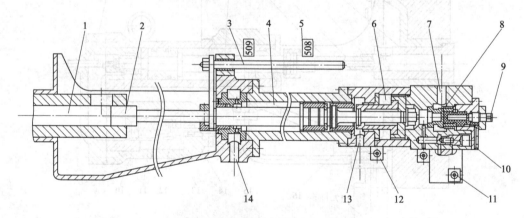

图 9-11 分罐式压射增压结构

1—压室；2—压射冲头；3—随动杆；4—压射缸；5—快速压射行程感应开关；6—增压缸；7—增压蓄能器
入油口；8—增压缸控制阀；9—增压速度调节螺栓；10—增压起始时间调节入油口；11—压射力调节阀；
12—增压缸启动阀；13—慢速压射与快速压射蓄能器入油口；14—压射冲头回程入油口

其工作过程如下：合模结束信号发信号后压射开始，压力油由油口 13 进入压射缸 4 进行慢速压射，当随动杆 3 离开行程感应开关 5 时，切换为快速压射，此时快速压射蓄能器的压力油通过油口 13 进入压射缸进行快速压射，快速压射工作油同时进入增压缸启动阀 12，当模腔内金属液充满，快速压射突然停止，而引起压力冲击使阀 12 换向，受阀 12 控制的增压缸控制阀 8 打开，增压蓄能器的压力油进入增压缸，推动增压活塞产生压射增压，这一系列动作是在极短时间内完成的。

这种压射增压系统具有如下优点：①压射速度高，反应与升压时间短；②反应与升压时间可单独调节；③压力稳定不受压射速度影响；④增压压力可通过增压蓄能器上的减压阀直接进行调整；⑤压射与增压蓄能器分开，互不干扰。

因此，该压射增压装置允许在很大范围内调整压铸工艺参数，对不同的铸件压铸成形，可以选择较佳的压铸工艺。

二、合模装置

压铸机的合模机构主要完成模具的开、合动作及压铸件的顶出等工作，是压铸机的重要组成部分。合模机构的优劣直接影响到压铸件的精度、模具的使用寿命以及操作安全性等，因此要求它动作既平稳又迅速，锁紧可靠，便于压铸模的装卸和模具的清理，压铸件的取出方便可靠。压铸机的合模机构与塑料注射成型机相似，也有全液压锁模和液压曲肘式联合锁模两大类。

1. 复缸补压式

复缸补压式属于全液压式锁模机构。J116 型卧式冷压室压铸机的合模机构即为此种形式，如图 9-12 所示。合模缸座、内缸、外缸和动模板结合，组成开模腔、内合模腔和外合模腔。内合模腔由 b 孔进入压力油后，其受压面积大于开模腔，在压力差的作用下，产生合模动作，此时，外缸随着移动，外合模腔空间扩大，对填充阀阀塞产生吸力，将其吸开，填充箱内的无压油液充入外合模腔内，其后，经过一定机构的控制，管路中的压力油经油孔 a 进入外合模腔并对油液充压，外合模腔即成为具有工作压力的压力腔。填充阀 b 的阀杆提开，使阀塞在压力油的作用下，关闭填充箱的充油孔。这样，内、外合模腔均有压力，从而达到最大合模力 63t。在这过程中，外合模腔内的压力液的压力并不增大，其大小仍然与管路工作压力相同，实际上只作了一个压力的补充，故称为补压。这种机构是小缸合模，双缸锁模。由于锁模用的油液量由填充箱来补充，因而管路油液消耗较少。

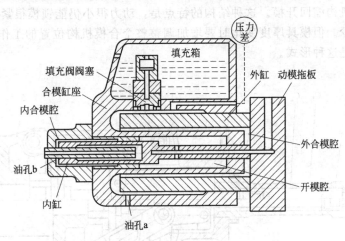

图 9-12 复缸补压式合模机构

2. 复缸增压式

如图 9-13 所示为 J1113 型压铸机合模机构。这种形式的合模机构同样有内、外模腔 C_1、C_2 和开模腔 C_3 三个液腔。外合模腔内的油液也是由填充箱充入，其后，腔内压力不但补充至管路工作压力相同，而且还通过增压机构的作用使腔内油压升高，比管路工作压力高两倍或更多倍，从而达到最大合模力。因此，这种形式所具有的动力小、功率大的优点比补压式更为突出。J1163 型和 J1512 型压铸机的合模机构也是这种形式。

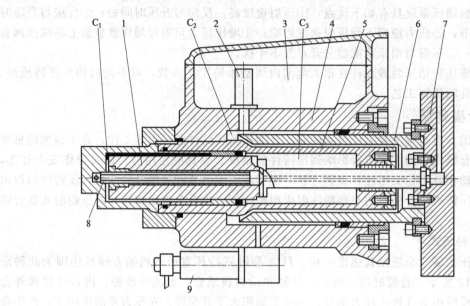

图 9-13　复缸增压式合模机构

1—内缸；2—填充阀；3—填充瓶；4—合模缸座；5—合模缸；6—外缸；7—动模板；

8—内通路；9—增压机构；C_1—内合模腔；C_2—外合模腔；C_3—开模腔

3. 液压曲肘式

图 9-14 所示为 J1125 型压铸机的合模机构。合模缸 1 的合模腔 C_1 进入压力油后，推动合模柱塞 2，继而推动连接于合模缸座 3 和动模板 5 之间的曲肘机构 4，直至伸直达到"死点"，从而撑紧动模板进行合模。当开模腔 C_2 进入压力油，而合模缸放出压力油时，合模柱塞便带动曲肘机构缩回开模。这种结构的特点是：动力很小仍能锁模很紧；液压传动系统简单；油液用量少。但模具厚度变化时要增加调整整个合模机构位置的工作。J1140 型压铸机的合模机构就是这种形式。

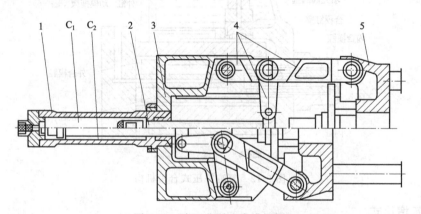

图 9-14　液压曲肘式合模机构

1—合模缸；2—合模柱塞；3—合模缸座；4—曲肘机构；5—动模板；

C_1—合模腔；C_2—开模腔

第三节 压铸机的主要技术参数与选用

一、压铸机的主要技术参数

压铸机的性能特征常用一些性能参数来表示，包括压射、合模及设备技术经济指标等部分的内容，具体参数的定义如下。

（1）合模力 它是指压铸机的合模装置对模具所能施加的最大夹紧力，单位常用 kN。它限制了设备所能成形制品的最大投影面积。合模力是压铸机生产能力的一个重要参数，所以，压铸机型号规格中的主参数常用合模力大小来表示。

（2）压射力 它是指压射冲头作用于金属液的最大力，单位常用 kN。压射过程中设备作用于金属液的压射力不是恒定不变的，它的大小随不同的压射阶段而改变，在金属液充满模腔的瞬间升至最大值。

（3）压射比压 它是压射冲头作用于单位面积金属液表面上的压力，单位常用 MPa。压射比压是确保制品致密性和金属液充填能力的重要参数，其大小受压铸机的规格和压室直径的影响，它们之间的关系为

$$p = \frac{F}{A} = \frac{4F}{\pi d^2}$$

式中，p 为压射比压，Pa；F 为压射力，N；d 为压室直径，m；A 为压射冲头截面积，m^2。

（4）压室容量 它是指压铸机压室每次浇注能够容纳金属液的最大质量，单位常用 kg，其大小与压室直径及压铸合金的种类有关，反映了设备能够成形制品的最大质量。

（5）工作循环次数 它是指压铸机每小时最高的循环周期数。它与设备的压射装置性能、合模装置性能、压铸合金的种类、压铸工艺参数、制品结构形状、模具结构等有关。因此，一般以设备的空循环时间来表示。

空循环时间是在没有浇注、压射、保压、冷却及取出制品等动作的情况下，完成一次循环所需要的时间，它由合模、压射、压射退回、开模、顶出、顶出回退等动作过程组成。

（6）合模部分基本尺寸 它包括模板尺寸和拉杆有效间距，模板间距与模具最大、最小厚度等，这些参数决定了设备所用模具尺寸的大小和它们之间的安装关系。

此外，压铸机的基本参数还有开模力、开模行程、顶出力和顶出行程、浇注中心偏距、设备动力和外形尺寸大小等，它们从不同的角度反映出了设备的性能和特征。压铸机的主要技术参数见表 9-1。

二、压铸机的选用

1. 锁模力的计算

为保证压铸成形时不因胀模力在模具分型面上产生溢料，必须使设备提供的锁模力大于模具的胀模力，所需锁模力的大小与压射比压、压铸制品（含浇注与排溢系统）在开模方向上总的投影面积及胀模合力中心偏移情况有关。即

$$F_{锁} \geq K(F_{主} + F_{分}) \tag{9-1}$$

式中 $F_{锁}$——压铸机应有的锁模力，kN；

K——安全系数，一般取 1.25；

$F_{主}$——主胀型力，kN；

$F_{分}$——分胀型力，kN。

表 9-1　压铸机

序号	型号	类型特征	合模机构形式	合模力/kN	开模力/kN	合模行程/mm	拉杆内间距/mm	模具尺寸(长×宽)/mm	压铸模厚度/mm	压射力/kN	压射回程力/kN	压射行程/mm	压射比压/MPa				压室直径/mm			
													1	2	3	4	1	2	3	4
1	J113	卧式冷压室	全液压	250	30	250	340	240×330		40	15	220	82	57	42		25	30	35	
2	J116	卧式冷压室	全液压	630	70	320	500	360×450		50~90	20~50		56.5~127				30	40	45	
3	J116A	卧式冷压室	液压-机械	630		250		350×350	150~350	46~100		270	48~104	37~80			35	40		
4	J3113 J1113A	卧式冷压室	全液压	1250	125	450	650	450×450	最小350	140	40	320	112	72	50	37	40	50	60	70
5	J1113B	卧式冷压室	液压-机械	1250		350		420×420	250~500	85~150		300	33~115				40	50	60	
6	J1125	卧式冷压室	液压-机械	2500		400		420×520	300~650	125~250			32~127				50	60	70	
7	J1125A	卧式冷压室	全液压	2500	200	500		420×520		114~250		385	128				50	60	70	
8	J1140	卧式冷压室	液压-机械	4000		450		770×670	400~750	400 200			120 60	71 35	51 25		65 65	85 85	100 100	
9	J1I63	卧式冷压室	全液压	6300	450	800		900×800		280~500		340	88	64	27		85	100	130	
10	J1512	立式冷压室	全液压	1150	102	450		400×550		55 220 340	76	270	43~86				80	100		
11	J1513	立式冷压室	液压-机械	1250		350			250~500	135~340	83	260	40~100	27~68			65	80		
12	JZ213	热压室自动	液压-机械	250		100		265×265	120~240	30		95					45			
13	J2113	热压室	液压-机械	1250		350		420×420	250~500	85		17					80			
14	J2213A	热压室	液压-机械	250		200		240×240	120~320	30		105	19				45			

型号及技术参数

压铸件最大投影面积/cm²				压铸件最大质量/kg				模板最大间距/mm	压室偏心距/mm	切料力/kN	铸件顶出力/kN	铸件顶出行程/mm	管路工作压力/MPa	工作循环次数/次·h^{-1}	液压泵流量/(L/min)	电动机功率/kW	机质量/t	外形尺寸(长×宽×高)/mm
1	2	3	4	1	2	3	4	/mm	/mm	/kN	/kN	/mm	/MPa	/次·h^{-1}	/(L/min)	/kW	/t	/mm
26	37	51		铝0.18	铝0.26	铝0.35		450	50				6.5	240		7.5	2.5	3000×800×1560
95				铝0.6				570	60				10	150~180		11	3	3430×1200×1360
60~131	78~170			铝0.46	铝0.6				60		50	50	12	280		11		
95	150	215	210	铝2				800	0~125		125		10	180		13 15	5	4370×2160×1815
110~380				铝1.5					0~100		100	80	12	180	50,25	10	5	4500×1100×1400
380				铝2.5					0~150		120	120	12	50~70		15	10	5600×1100×1600
320				铝2.5				400	0~150		120	100	12	40~80	70	17	10	5000×1100×1600
280 480 670 / 560 960 1340				铝2.4 铝4 铝5.6 / 锌6 锌10.5 锌14.5				850~1200	0 110 220		180	120	12	30~70		22	20	7270×2420×1840
610	850	1412		铝5.37	铝7.36	铝12.4		600~1400	250			100	12	45	100	26	30	7000×2750×3910
160(铜、锌)、250(铝)				4(铜、锌)、1.8(铝)					45	80			12	20~70	60	22	4.6	2600×1700
310-125	460-180			4.3(铜)、2.9(锌)、1.3(铝)						135	10	80	12		75	11	5	3500×1300×2500
138				锌0.5					40		20		6.3	600		7.5	2.5	3300×1110×1860
735				锌3					0~60		100		12	300		11	5.5	4700×1100×2100
132				锌0.6					0~40		25	50	7	600	52,5	7.5	2.5	3350×1760×1230

（1）确定压射比压　根据合金种类并按铸件特征及要求选择比压，见表 9-2。

表 9-2　压射比压参考值　　　　　　　　　　　　　　　MPa

项目	锌合金	铝合金	镁合金	铜合金
一般件	13～20	30～50	30～50	40～50
承载件	20～30	50～80	50～80	50～80
耐气密性件	25～40	80～100	80～100	60～100
电镀件	20～30			

（2）主胀型力

$$F_{主} = \frac{Ap}{10} \tag{9-2}$$

式中　$F_{主}$——主胀型力，kN；

　　　A——铸件在分型面上的总投影面积，一般另加 30% 作为浇注系统和溢流排气系统的面积，cm^2；

　　　p——压射比压，MPa。

为简化压铸机选用时的计算，在已知模具分型面上铸件总投影面积 $\sum A$ 和所选用的比压 p 后，可以从图 9-15 中直接查到所选用的压铸机型号和压室直径。也可根据压射比压和投影面积查找胀型力，如图 9-16 所示。

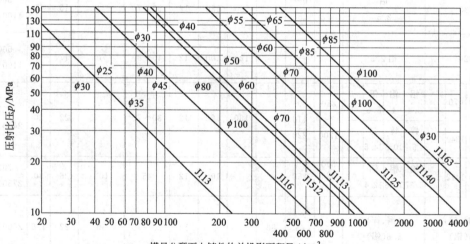

图 9-15　国产压铸机比压投影面积对照

（3）分胀型力。根据抽芯方式（图 9-17），分别按式(9-3)～式(9-5)计算。

① 斜销抽芯和斜滑块抽芯时的分胀型力计算：

$$F_{分} = \sum \left[\frac{A_{芯} p}{10} \times \tan\alpha \right] \tag{9-3}$$

式中　$F_{分}$——由法向分力引起的胀型力，为各个型芯所产生的法向分力之和，kN；

　　　$A_{芯}$——侧向活动型芯成形端面的投影面积，cm^2；

　　　p——压射比压，MPa；

　　　α——楔紧块的楔紧角，(°)。

② 液压抽芯时分胀型力计算

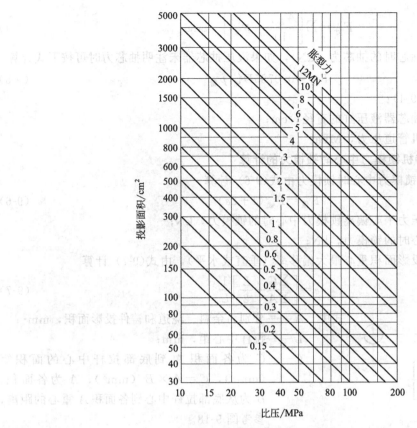

图 9-16 比压投影面积与胀型力

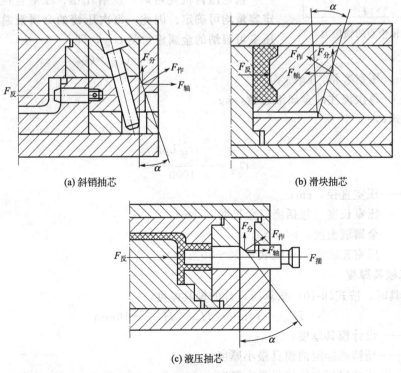

(a) 斜销抽芯 (b) 滑块抽芯

(c) 液压抽芯

图 9-17 计算法向分胀型力

9

$$F_{分} = \sum \left[\frac{A_{芯} p}{10} - F_{插} \right] \times \tan\alpha \tag{9-4}$$

式中　$F_{插}$——液压抽芯时的抽芯力（kN），如果液压抽芯器未注明抽芯力时可按下式计算

$$F_{插} = 0.0785 D_{插}^2 \, p_{管} \tag{9-5}$$

式中　$F_{插}$——同式(9-4)；

　　　$D_{插}$——液压抽芯器液压缸的直径，cm；

　　　$p_{管}$——压铸机管道压力，MPa。

2. 型腔偏离压铸机锁模力中心时锁模力的计算

型腔偏离压铸机锁模力中心时锁模力由式(9-6)计算

$$F_{偏} = F_{锁}(1 + 2e) \tag{9-6}$$

式中　$F_{偏}$——实际压力中心偏离锁模力中心时的锁模力，kN；

　　　$F_{锁}$——同中心时的锁模力，kN；

　　　e——型腔投影面积重心最大偏移率（垂直或水平），由式(9-7)计算

$$e = \left[\frac{\sum C}{\sum A} - \frac{L}{2} \right] \frac{1}{L} \tag{9-7}$$

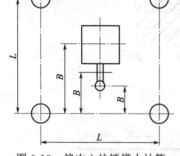

图 9-18　偏中心的锁模力计算

式中　A——分别为余料、浇道和铸件投影面积，mm²；

　　　L——拉杆中心距，mm；

　　　C——C 为各面积 A 到底部拉杆中心的面积矩 (mm³)，$C = A \times B$ (mm³)，A 为各面积，B 为从底部拉杆中心到各面积 A 重心的距离，参考图 9-18。

3. 压室容量计算

选定压铸机规格后，压射比压、压室直径以及压室额定容量均可确定。因此，每次压铸的金属液总量不得超过压室可容纳的金属液总量 $G_{室}$，即

$$G_{室} > G_{浇} \tag{9-8}$$

式中　$G_{室}$——压室容量，kg；

　　　$G_{浇}$——每次浇注的金属液总量，kg。

压室容量由式(9-9)计算

$$G_{室} = \frac{\frac{\pi}{4} D_{室}^2 L \rho K}{1000} \tag{9-9}$$

式中　$D_{室}$——压室直径，cm；

　　　L——压室长度（包括浇口套长度），cm；

　　　ρ——金属液密度，g/cm³；

　　　K——压室充满度，一般取 60%～80%。

4. 核算模具厚度

设计模具时，按式(9-10)核算所设计的模具厚度

$$H_{min} + 10mm \leqslant H_{设} \leqslant H_{max} - 10mm \tag{9-10}$$

式中　$H_{设}$——设计模具厚度，mm；

　　　H_{min}——压铸机标定的模具最小厚度，mm；

　　　H_{max}——压铸机标定的模具最大厚度，mm。

5. 核算动模板行程

压铸机开模后，模具分型面之间的最大距离即为动模板行程。设计模具时，应根据铸件形状、浇注系统和模具结构核算是否能够取出铸件，根据式（9-11）～式（式 9-17）来核算

$$L_{取} \leqslant L_{行} \tag{9-11}$$

式中　$L_{取}$——开模之后分型面之间能取出铸件时的最小距离，mm；

　　　$L_{行}$——动模板行程，mm。

① 推杆推出时的动模板行程的计算见图 9-19。计算如下

$$L_{取} \geqslant L_{芯} + L_{件} + K \tag{9-12}$$

② 曲折分型面的动模板行程计算见图 9-20。计算如下

$$L_{取} \geqslant L_{件} + K \tag{9-13}$$

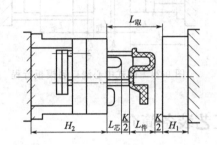

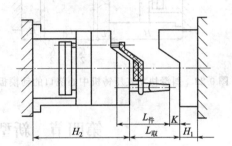

图 9-19　推杆推出时的动模板行程的计算　　　　图 9-20　曲折分型面动模板行程的计算

③ 推板推出的动模板行程计算见图 9-21。计算公式如下

$$L_{取} \geqslant L_1 + H_{板} + L_{件} + K \tag{9-14}$$

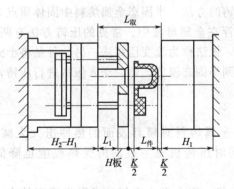

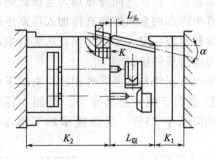

图 9-21　推板推出时动模板行程　　　　　　图 9-22　斜销抽芯的动模板行程

④ 斜销抽芯的动模板行程计算见图 9-22。计算公式如下

$$L_{取} \geqslant \tan\alpha S_{抽} + L_{头} + K \tag{9-15}$$

⑤ 斜滑块立式压铸机中心浇口的动模板行程计算见图 9-23。计算公式如下

$$L_{取} \geqslant L_1 + L_{件} + K \tag{9-16}$$

⑥ 卧式中心浇口的动模板行程计算见图 9-24。计算公式

$$L_{取} \geqslant L_{芯} + L_{件} + L_{余} + K + H_3 \tag{9-17}$$

式中　$L_{取}$——取出铸件的分型面间的最小距离，mm；

　　　L_1——最小推出距离，mm；

$L_件$——铸件高度（包括浇注系统），mm；

$L_芯$——型芯高出分型面尺寸，mm；

$L_余$——取下余料的距离，mm；

　α——斜销斜角，(°)；

$S_抽$——抽芯距离，mm；

　K——安全值（取 10mm）。

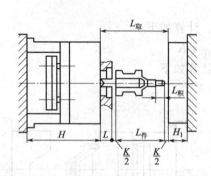 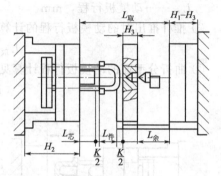

图 9-23　斜滑块立式压铸机中心浇口的动模板行程　　　图 9-24　卧式中心浇口动模板行程

第四节　新型压铸工艺装备简介

一、半固态压铸成形

1. 半固态压铸成形工艺特点

半固态压铸是当金属液凝固时对其进行强烈搅拌，并在一定的冷却条件下获得 50％左右甚至更高的固体组分的金属熔料，对其进行压铸的方法。半固态金属熔料中固体质点为球状或等轴状，相互之间分布均匀且彼此隔离地悬浮在金属母液中。常见的压铸方法有两种：一是将半固态的金属熔料直接加入压室压铸成形，该法称为流变压铸法；另一种是将半固态金属熔料制成一定大小的锭块，压铸前重新加热到半固态温度，然后送入压室进行压铸，该法称为搅溶压铸法。

半固态压铸与普通压铸相比，有以下优点：

① 有利于延长模具寿命。半固态压铸时，金属熔料对模具表面的热冲击大大减小，据测约降低了 75％，受热速率约下降 86％。同时压铸机压室表面的受热程度也降低了许多。

② 半固态熔料黏度大，充型时无涡流，较平稳，不会卷入空气，成形收缩率较小，压铸件不易出现疏松、缩孔等缺陷，提高了压铸件质量。

③ 半固态熔料输送方便简单，便于实现机械化与自动化。

④ 金属半固态浆料的流变性能受温度影响较大且浆料黏度大，半固态压铸时要求设备能提供更快的压射速度和更大的压射力。

因而，半固态压铸工艺的出现，为高温合金的压铸开辟了新的道路。

2. 半固态压铸成形设备

半固态压铸成形设备除原有的冷压室压铸机之外，还必须配备半固态金属熔料制备装置，若采用搅溶压铸法成形，还要配置对锭料重新加热到半固态温度的重温炉。图 9-25 为半固态压铸成形辅助设备示意图。

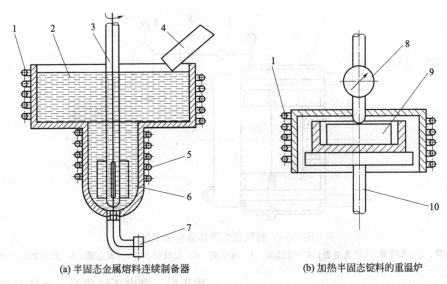

(a) 半固态金属熔料连续制备器　　　　(b) 加热半固态锭料的重温炉

图 9-25　半固态压铸成形辅助设备示意图

1—感应加热器；2—金属液；3—搅拌器；4—供液槽；5—冷却装置；6—半固态金属液；

7—出液口；8—软度计；9—半固态锭料；10—锭料加热托架

二、真空压铸成形

1. 真空压铸成形工艺特点

真空压铸是用真空泵装置将模具模腔中的空气抽出，达到一定的真空度后再注入金属液进行压铸的工艺方法。真空压铸有以下特点。

① 消除或减少了压铸件内部的气孔，提高了压铸件的强度和质量，可进行适当的热处理。

② 改善了金属液充填能力，压铸件壁厚可以更薄，形状复杂的压铸件也不易出现充不满现象。

③ 减少了压铸时模腔的反压力，因此可以采用较低的压射比压和用于压铸性能较差的合金，扩大了压铸机允许压铸的零件尺寸，提高设备的成形能力。反压力的减小，使结晶速度加快，缩短了成形时间，一般可提高生产率 10%～20%。

④ 真空压铸密封结构复杂，还需配备快速抽真空系统，控制不当则效果不明。

2. 真空压铸成形设备

真空压铸工艺要求在很短时间内使模腔达到预定的真空度，故真空系统应根据抽真空容积的大小确定真空罐的容积和足够大的真空泵。获得真空常见的方法有以下两种。

（1）利用真空罩密封压铸模　如图 9-26 所示，在压铸机动、定模板之间加真空密封罩，将压铸模整体密封在罩内。压铸时，金属液注入压室，压射冲头慢速移动，当压射冲头密封注料口时，启动抽真空系统把密封区域内的空气全部抽出，达到预定的真空度后，压射冲头切换为快速压射，保压冷却后，真空阀换向使密封罩与大气连通，进行开模取件。这种方法每次抽气量大，抽真空系统要求高。为了尽可能地减少抽气量，压铸模结构零件不应使真空罩尺寸过大，带液压抽芯的模具受到了限制。

（2）模腔直接抽真空　如图 9-27 所示，压铸模分型面上总排气槽与抽真空系统连通。压铸时，金属液注入压室，压射冲头密封注料口后开始抽真空，达到一定的真空度后，压力继电器使液压装置关闭总排气槽，以防止压射时金属液进入真空系统，此时压射冲头转为快

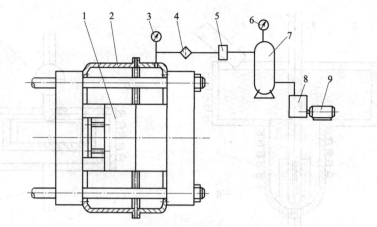

图 9-26　利用真空罩抽真空示意图

1—压铸模；2—真空罩；3—真空表；4—过滤器；5—真空阀；6—电真空表；7—真空罐；8—真空泵；9—电动机

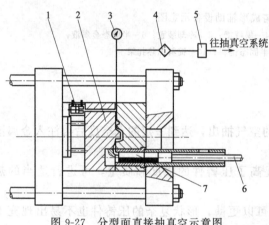

图 9-27　分型面直接抽真空示意图

1—排气槽开闭液压缸；2—压铸模；
3—电真空表；4—过滤器；5—真
空阀；6—压射冲头；7—压室

速压射，完成压铸成形。此种方法抽气量少，对抽真空系统要求较低，容易实现，但对模具分型面的密封要求提高了。

上述两种方法在抽真空时压室与模腔通过浇注系统相通，为了防止金属液因真空度的提高被吸入模腔，因此真空度不宜太高，压室内的空气难以完全抽出，影响了真空压铸的效果。目前国外开发了一种新型的真空压铸装置，如图 9-27 所示。该装置通过控制阀使抽真空时压室内的金属液与模具模腔隔离开，并通过专门通道同时将压室内的气体抽出，压射时阀芯换位，使压室与模腔连通，同时切断抽真空通道，完成压铸成形。采用此法可以提高模腔的真空度，且压室内的空气完全被抽

出，提高了压铸件的质量。其工作过程如下：

开始压铸时，缓冲装置使阀芯处于图 9-28（a）所示位置，阀芯的左端将阀体与大气隔开，阀芯的右端将模腔与压室隔开，而使抽真空回路与模腔相通。在注料孔中浇入定量的金属液，压射冲头密封注液口后转入慢速移动，同时启动真空泵，对模腔进行抽真空，由于压室与抽真空回路有专设的通道相连，所以对模腔抽真空的同时也能对压室抽真空。当模腔内真空度达到要求时（一般为 0.04MPa），此时随着压射冲头的不断前进，金属液充满压室［图9-28（b）所示状态］，压力升高，阀芯受压，克服了缓冲装置的阻力，阀芯换位至图 9-28（c）所示位置，使模腔与压室连通，同时切断抽真空通道与模腔的通路，此刻压射冲头由慢速迅速转为快速压射状态，将金属液快速充填模腔，完成压铸成形。值得注意的是，抽真空的速率应根据不同的模腔和压室容积认真选定；压射冲头由慢速转为快速的间隔时间应尽可能短，几乎与阀芯换向同时动作，以确保真空压铸效果。图 9-28（d）所示为压室的抽真空专用通道，它位于压室内壁的正上方，宽度为 20mm，深度为 0.2mm。

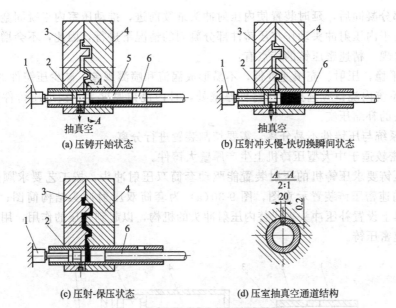

(a) 压铸开始状态

抽真空

(b) 压射冲头慢-快切换瞬间状态

抽真空

(c) 压射-保压状态

(d) 压室抽真空通道结构

图 9-28　新型真空压铸装置示意图

1—缓冲装置；2—阀芯；3—动模部分；4—定模部分；5—压室；6—压射冲头

三、充氧压铸

充氧压铸是将干燥的氧气充入压室和压铸模模腔，以取代其中的空气。当铝（或锌）金属液压入压室和模具模腔时，与氧气发生氧化反应，形成均匀分布的三氧化二铝（或氧化锌）小颗粒，从而减少或消除了气孔，提高压铸件的致密性。此类压铸件可进行热处理以改善零件力学性能，目前该压铸方法主要用于铝、锌合金压铸。

图 9-29 为充氧压铸装置示意图，图 9-29(a) 为氧气从模具上开设的通道加入，尽快取代模腔和压室中的空气。图 9-29(b) 为氧气从压射装置的反料冲头中加入，此法用于立式冷压室压铸机中，结构简单，密封可靠，易保证质量。

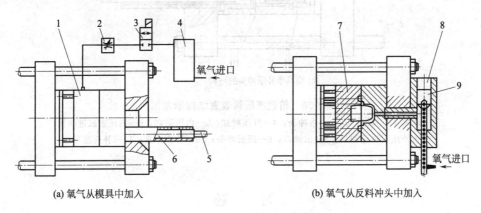

氧气进口

(a) 氧气从模具中加入

氧气进口

(b) 氧气从反料冲头中加入

图 9-29　充氧压铸装置示意图

1,7—压铸模；2—节流阀；3—电磁换向阀；4—氧气干燥箱；5—压射冲头；6,8—压室；9—反料冲头

四、精速密压铸

精速密压铸是精确、快速、密实压铸方法的简称，它采用两个套在一起的内外压射冲头进行压射，故又称套筒双冲头压铸法。压射开始时，内外冲头同时压射，当模腔填充结束，

压铸件外壁部分凝固后，延时装置使内压射冲头继续前进，推动压室内未凝固金属液补缩压实压铸件。由于内压射冲头动作在压铸件部分凝固的情况下进行，因此，不会增大胀模力而造成飞边的出现。精速密压铸的特点有：

① 充模平稳，压射、充填速度低，不易形成涡流和喷溅现象，减少压铸件的气孔数量。

② 浇注系统内浇口应选择在压铸件厚壁处，且内浇口厚度大，接近压铸件壁厚，以利于内压射冲头的补缩压实。

③ 浇注系统与压铸件不易分离，需要切割装置进行分离。

④ 精速密较适于中大型压铸机上生产厚壁大铸件。

精速密压铸要求压铸机的压射装置能驱动套筒双压射冲头，按工艺要求顺序工作。图9-30 所示为精速密压铸装置示意图，图 9-30（a）为套筒双压射冲头结构简图；图 9-30（b）为在压铸模具上设置补压冲头来代替内压射冲头的机构，以起到补压的作用，用于普通压铸机上进行精速密压铸。

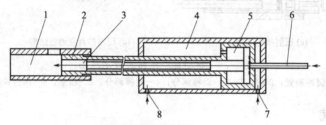

(a) 套筒双压射冲头结构

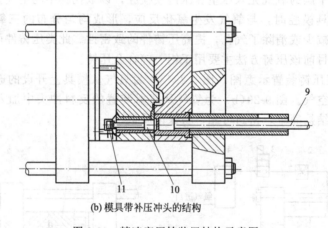

(b) 模具带补压冲头的结构

图 9-30　精速密压铸装置结构示意图

1—压室；2—外冲头；3—内冲头；4—外压射缸；5—内压射缸；6—内压射缸进油管；
7—外压射缸进油口；8—出油口；9—压射冲头；10—补压冲头；11—补压液压缸

习　题

1. 压铸机分为哪几种类型？各有什么特点？
2. 压铸机由哪几部分组成？
3. 压铸机合模机构有哪几种类型？简述其工作原理？
4. 何谓三级压射？简述 J1113A 型压铸机三级压射的工作原理。
5. 新型压铸成形工艺及装备的主要特点及应用场合有哪些？

参 考 文 献

[1] 何德誉. 曲柄压力机 [M]. 修订版. 北京：机械工业出版社，1987.
[2] 赵呈林. 锻压设备 [M]. 西安：西北工业大学出版社，1987.
[3] 王卫卫. 材料成型设备 [M]. 北京：机械工业出版社，2004.
[4] 李永堂. 塑性成形设备 [M]. 北京：机械工业出版社，2011.
[5] 孙凤勤. 冲压与塑压设备 [M]. 第2版. 北京：机械工业出版社，1997.
[6] 葛正浩. 材料成形机械 [M]. 北京：化学工业出版社，2007.
[7] 樊自田. 材料成形装备及自动化 [M]. 北京：机械工业出版社，2012.
[8] 范有发. 冲压与塑压成型设备 [M]. 北京：机械工业出版社，2001.
[9] 戴亚春. 现代模具成形设备 [M]. 北京：机械工业出版社，2010.
[10] 王敏. 材料成形设备及自动化 [M]. 北京：高等教育出版社，2010.
[11] 中国工程机械锻压学会. 锻压手册：第2卷. 冲压 [M]. 第3版. 北京：机械工业出版社，2013.
[12] 俞新陆. 液压机的设计与应用 [M]. 北京：机械工业出版社，2007.
[13] 丁树模. 液压传动 [M]. 北京：机械工业出版社，1999.
[14] 张明善. 塑料成型工艺及设备 [M]. 北京：中国轻工业出版社，1998.
[15] 陈世煌. 塑料成型机械 [M]. 北京：化学工业出版社，2006.
[16] 王善勤. 塑料注射成型工艺与设备 [M]. 北京：中国轻工业出版社，1997.
[17] 李培武. 塑料成型设备 [M]. 北京：机械工业出版社，1995.
[18] 欧圣雅. 冷冲压与塑料成型机械 [M]. 北京：机械工业出版社，1998.
[19] 冯少如. 塑料成型机械 [M]. 西安：西北工业大学出版社，1994.
[20] 吴培熙，王祖玉. 塑料制品生产工艺手册 [M]. 北京：化学工业出版社，1993.
[21] 黄虹. 塑料成型加工与模具 [M]. 第2版. 北京：化学工业出版社，2009.
[22] 杨鸣波，黄锐. 塑料成型工艺学 [M]. 第3版. 北京：中国轻工业出版社，2014.
[23] 申开智. 塑料成型模具 [M]. 北京：中国轻工业出版社，2013.
[24] 杨卫民. 塑料挤出加工新技术 [M]. 北京：化学工业出版社，2006.
[25] 王加龙. 塑料挤出工艺 [M]. 北京：化学工业出版社，2006.
[26] 陈嘉真. 塑料成型工艺及模具设计 [M]. 北京：机械工业出版社，1995.
[27] 王兴天. 注射技术与注塑机 [M]. 北京：化学工业出版社，2005.
[28] 李永堂，付建华，白墅洁等. 锻压理论与设备 [M]. 北京：国防工业出版社，2005.
[29] 夏巨谌. 塑性成形工艺及设备 [M]. 北京：机械工业出版社，2001.
[30] 殷国富. 压铸模设计手册 [M]. 北京：机械工业出版社，2005.
[31] 杨裕国. 压铸工艺与模具设计 [M]. 北京：机械工业出版社，2002.
[32] 赖华清. 压铸工艺及模具 [M]. 北京：机械工业出版社，2004.
[33] 潘宪曾. 压铸模设计手册 [M]. 北京：机械工业出版社，1999.
[34] 王卫卫. 金属与塑料成型设备 [M]. 北京：机械工业出版社，1995.
[35] 范宏才. 现代锻压机械 [M]. 北京：机械工业出版社，1994.
[36] 阎亚林. 冲压与塑压成型设备 [M]. 西安：西安交通大学出版社，1999.
[37] 模具设计手册编写组. 模具设计手册 [M]. 修订版. 北京：机械工业出版社，1989.
[38] 中国机械工业学会锻压学会. 锻压手册：第3卷. 锻压车间设备 [M]. 第3版. 北京：机械工业出版社，2013.
[39] 孙凤勤. 冲压与塑压设备 [M]. 北京：机械工业出版社，1997.
[40] 中国工程机械锻压学会. 锻压手册. 第1卷. 锻造 [M]. 第3版. 北京：机械工业出版社，2013.